KB047404

우리는 모두 조금은 이상한 것을 믿는다

우리는 모두 조금은 이상한 것을 믿는다

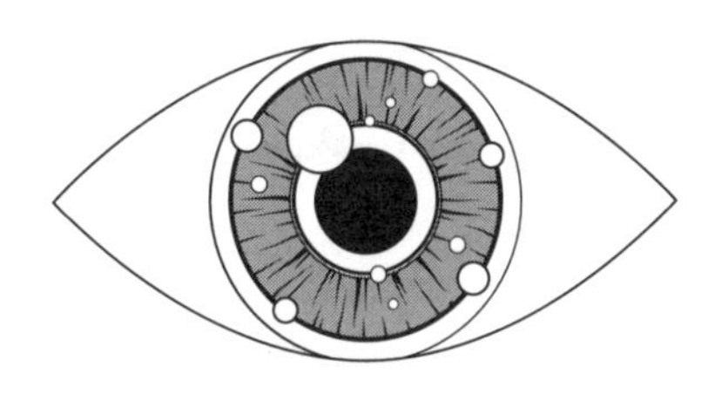

누구나 한 번쯤은 믿어봤을
재밌거나 이상하거나 위험한 생각들

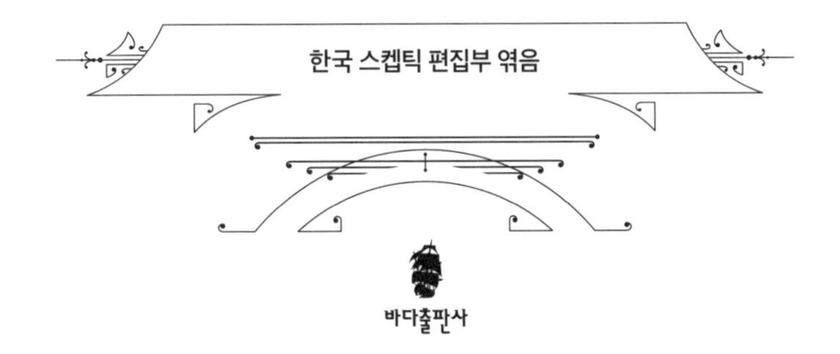

차례

들어가며 6

1부 성격과 운명에 관한 이상한 믿음

너무 복잡한 인간, 너무 단순한 MBTI **박진영** 11
당신의 혈액형에 당신은 없다 **레베카 버크너·존 버크너** 22
물고기 자리는 이타적이다? **찰스 S. 레이카트** 32
운명론의 딜레마 **데이비드 자이글러** 47
주역을 '믿어선' 안 되는 7가지 이유 **이지형** 57

2부 우리 일상 속 과학에 관한 이상한 믿음

물은 답을 알고 있다? **니콜라 고브리트·스타니슬라스 프랑포르** 75
휴대폰은 암을 유발할 수 있을까? **버나드 레이킨드** 81
음식으로 뇌를 고칠 수 있다고? **최낙언** 94
음이온 환상에 빠져버린 사회 **이덕환** 105
파란색 냄새를 맡는 소녀 **제시 베링** 116

저자 소개 377
역자 소개 382

3부 숨은 진실에 관한 이상한 믿음

인지 부조화는 어떻게 현실을 왜곡하는가 대니얼 록스턴 133
UFO에 대한 세 가지 가설 마이클 셔머 165
우주의 중심에 지구를 놓으려는 사람들 도널드 프로세로 187
지구가 평평하다고 믿는 사람들 대니얼 록스턴 209
텅 빈 지구 속으로의 환상 여행 대니얼 록스턴 254

4부 저세상에 관한 이상한 믿음

돌아가신 어머니가 보내는 신호 제시 베링 315
과학은 예지몽을 어떻게 설명하는가 리처드 와이즈먼 323
모두가 다른 천국을 보았다 코리 마컴 332
뇌의 전기자극과 유체이탈경험에 대하여 제임스 앨런 체인 341
심령사진의 비밀 대니얼 록스턴 352

들어가며

이상한 믿음은 인간을 이해하는 출발점이다

16세기의 회의론자 레지널드 스콧은 유령과 악마에 관해 몰두하는 르네상스 시대의 사람들을 한탄하며 곧 모든 환상이 신의 은총으로 사라질 것이라고 예측했다. 하지만 그의 예측과 달리 약 5세기가 지난 지금도 우리는 여전히 이상한 믿음을 믿고 있다. 사주팔자나 타로에 몰두하기도 하고 MBTI에 열광하기도 하며 심령사진을 보고 악령이 혹시 찾아오지 않을까 두려워하기도 한다. 사실 인간사를 통틀어 이상한 믿음은 늘 인기를 누려왔다. 이상한 믿음은 인간사의 일반적이고 중심적이며 거의 보편적인 양상이다.

스콧의 예측이 실패한 건 우리가 과학적으로 덜 계몽되었기 때문이 아니라 우리 마음이 원래 그와 같이 작동하기 때문이다. 이상한 믿음은 인간의 소프트웨어에 내장되어 있다. 마이클 셔머는 이를 일컬어 '믿음 엔진'이라고 불렀다. 인류 성취의 근간이 되는 불확실한 정보에서 패턴을 찾아 이야기를 만드는 능력은 상대성이론이나 양자역학 같은 위대한 과학의 성취를 선물하기도 하지만 음모론이나 초자연적 믿음의 대안적 세계를 꾸며내기도 한다. 우리는 상상하며 꿈꾸는 종이다. 이야기꾼인 우리는 늘 이상한 믿음과 함께할 것이다.

지난 8년간 과학의 관점에서 우리 사회를 비판적으로 살펴온 한국 스켑틱 편집부가 흥미롭고 기이하며 황당하고 이상한 믿음에 관한 25가지 이야기를 하나로 묶었다. 이어지는 글들에서 여러분은 지구가 평평하다고 우기는 지구평면론자, UFO가 지구에 방문한 외계인의 증거라는 외계인신봉자, 자기가 누구인지 혈액형에 묻는 혈액형 성격론자, 종말이 온다고 재산을 모두 탕진한 밀레니엄 종말론자, 사후세계를 경험하고 왔다는 임사체험자 등 우리 인간의 가장 대표적인 이상한 믿음을 만나게 될 것이다. 단순한 재미와 웃음을 넘어 이들은 우리가 가진 믿음 엔진의 정체가 무엇이고, 우리 마음이 어떻게 작동하는지 힌트를 제공한다. 이상한 믿음에 대한 이해는 우리 인간에 대한 이해를 더 깊게 해줄 것이다.

칼 세이건은 똑똑하고 호기심 많은 사람의 관심을 끄는 가장 비효율적인 방법이 그들의 믿음을 깔보거나 겸손을 가장해 오만함을 보여주는 것이라고 말했다. 또한 회의주의자 대니얼 록스턴은 사람들이 존중받을 자격이 있고 똑똑하며 호기심 많고 정상적인 사고를 한다고 인정하지 않고는 누군가의 생각을 변화시킬 수 없다고 말했다. 이해해야 통할 수 있고, 통해야 바뀔 수 있다. 조소와 비난보다는 경청의 자세로 이상한 믿음들의 이야기에 귀 기울여보자.

1부

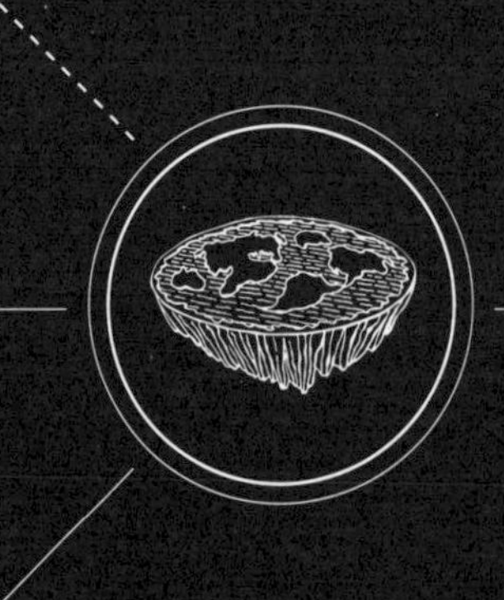

성격과 운명에 관한 이상한 믿음

너무 복잡한 인간,
너무 단순한 MBTI

박진영

"내가 지금껏 살아보니 인간은 결국 이런 거 같더라"며 장문의 썰을 풀었다고 해보자. 이는 분명 '나'라는 사람의 삶과 경험, 인간관에 대해 많은 정보를 담고 있을 것이다. 하지만 과연 내가 아닌 다른 사람들에게도 나의 주관적 경험을 일반화할 수 있을까? 나는 탕수육을 먹을 때 '부먹'이 '찍먹'보다 확실히 더 좋다고 해도, 나아가 내 가족과 친구들 중 90퍼센트가 부먹을 선호한다고 해도 부먹이 더 인간에게 알맞은 '탕수육 먹는 법'이라고 결론을 내릴 수는 없다. 고작 한 개인의 경험이 담을 수 있는 정보의 양은 한정되어 있으며 또 우리는 보고 싶은 것만 보고 듣고 싶은 것만 듣는 많은 '편향'을 가진 존재이기 때문이다.

하지만 100년 전 즈음, 아직 심리학이 과학적인 연구 방법론을 취하지 않던 시절이 있었다. 그러니까 실험과 설문 등 데이터 수집을 통해 마음의 작동 원리를 밝히기보다 자신의 경험과 생각을 바탕으로 한 내적 추론을 통해 '인간의 마음은 이렇다!'라고 일반화하는 행위가 아직 받아들여지던 시절이었다. 이후 현대 심리학이 등장하면서 프로이트의 정신분석학을 비롯해서 이 시절에 생긴 많은 이론들은 큰 비판을 받았다. 하지만 사업화와 꾸준한 영업을 통해 지금까지도 일반인 사이에서 많은 관심을 받는 이론들이 있으니 그중 하나가 마이어스-브릭스 유형 지표Myers-Briggs Type Indicator, MBTI다.

자세한 개발 과정이나 연구 방법이 담긴 기록, 데이터 등이 남아 있지 않아서 정확한 내용은 알 수 없지만, MBTI는 평소 사람의 성격에 관심이 많았던 캐서린 쿡 브릭스Katharine Cook Briggs와 그녀의 딸 이사벨 브릭스 마이어스Isabel Briggs Myers가 융의 심리학 이론을 참고해서 독자적으로 만든 성격 이론 및 검사라고 전해진다. 이후 이 성격 검사를 판매하는 회사가 생겨났고, 많은 회사와 기관이 이 검사를 활용하기에 이르렀다.

하지만 그 시작이 객관적인 데이터를 통해 검증되었다기보다 내적 추론을 통해 탄생한 이론인 만큼 MBTI에는 많은 한계가 존재한다. 한계점들을 본격적으로 살펴보기 전에 우선 '성격'이란 무엇인지에 대해 알아보도록 하자.

성격이란 무엇인가

'발가락이 이쁜 성격' 같은 말이 성립하지 않듯 성격은 인간의 외적 특성이 아닌 내적 특성에 관한 것이다. 흔히 "저 사람 성격이 어때?"라고 물었을 때 겉모습이나 재산 사항 같은 객관적 조건에 대해 얘기하기보다 그 사람의 인성 또는 캐릭터 전반을 잘 드러내는 특성들(쾌활하고 덜렁거리는 면도 있으나 꽤 믿음직한 사람 등)을 이야기한다. 흔히 '나는 어떤 사람인가' 또 '저 사람은 어떤 사람인가'라는 질문에 대한 답변들도 성격 특성에 해당된다.

또한 성격은 일반적이고 안정적인 경향성이다. 예컨대 '오늘따라 배가 아파 화장실을 자주 가는 성격'이라는 것이 성립하지 않듯, 성격은 특정 대상이나 특정 상황에 의해 어쩌다 발생하는 행동 특성이 아니다. 성격은 일반적으로 별다른 일이 없을 때 나타나는 사고와 행동의 패턴을 말한다. 예컨대 아무리 외향적인 사람이라도 가끔은 혼자 있고 싶을 때가 있고, 아무리 성실한 사람이라도 어쩌다 한번 지각할 때가 있다. 그럼에도 여전히 대체로 외향적이고 성실하다면 우리는 이들을 외향적이고 성실한 사람이라고 판단한다.

이런 맥락에서 성격과 행동은 종종 결이 다르며, 어떤 사람의 행동이 곧 그 사람의 성격을 그대로 반영하는 것은 아니다. 예컨대 오늘따라 언짢은 일이 많아서 작은 일에 화를 냈던 것처럼 누구나 특정 상황의 영향에 의해 평소 자신답지 않은 행동을 했던 경험이 있었을 것이다. 또는 대체로 쾌활한 편이지만 어떤 자리(면접이나 가족 모임 등)에만 가면 주눅이 드는 경우처럼 최종적으로 발현되는 행동은 성격의 영향뿐 아니라 상황, 대상, 환경적 요인 등 다양한 외적 요인의 영향을 받는다.

더욱이 동일한 성격 특성이 환경에 따라 전혀 다른 행동을 불러오기도 한다. 예컨대 집단주의적 문화에서는 엄청나게 집단주의적인 모습을 보이던 사람이 개인주의적인 문화에서는 급격히 개인주의자가 되는 일이 종종 나타나는데, '문화적 적응성'이 뛰어난 사람들이 그런 모습을 보이곤 한다. 즉 카멜레온처럼 주변 환경에 적응하는 능력이 뛰어난 사람들의 경우 적응력이 좋다는 특성은 동일해도 환경에 따라 전혀 다른 모습을 보이곤 한다. 또 똑같이 위험추구 성향이 높아도 주어진 물질적·사회적·심리적 자원에 따라 어떤 사람은 소방관이 되고 어떤 사람은 도둑이 되는 등 성격과 행동의 관계는 생각보다 복잡하다.

이렇게 성격과 행동 사이에는 괴리가 있고, 한 개인이나 같은 성격 특성을 가진 두 사람이 상황에 따라 전혀 다른 행동을 보이는 일이 많아서 '한 길 사람 속을 아는 것이 열 길 물속을 아는 것'보다 어렵다. 즉 인간은 원래 복잡한 존재여서 몇몇 특성으로 사람의 성격을 단순하게 나눌 수 없다는 말이다.

사람을 이해하기 어렵게 만드는 또 다른 요인은 성격이 똑 부러지게 나뉘는 사람보다 그렇지 않은 사람이 더 많다는 점이다. 흔히 외향적이지 않은 사람은 내향적이라는 식으로 성격이 분포 양 끝에만 존재하는 것처럼 생각하지만 실제로는 딱히 외향적이지도 내향적이지도 않은 '중간'인 사람이 더 많다.

외향성 척도에서 만약 사람들이 높은 쪽과 낮은 쪽으로 이분된다면 봉우리가 두 개인 양봉분포가 관찰되어야 한다. 하지만 실제

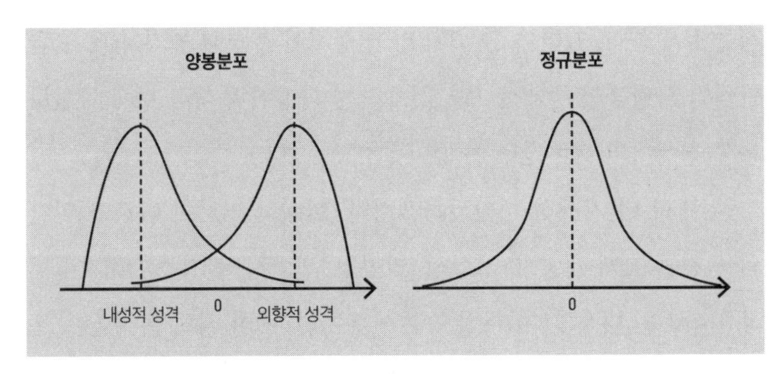

사람들이 성격에 관해 갖는 선입견과 실제 성격 척도 측정 결과는 상이한 모습을 보인다. 예를 들어 우리는 보통 외향성과 관련해 사람들의 성격이 외향적이거나 내성적인 것으로 명확히 나뉠 것이라고 생각하지만 많은 사람의 성격이 그 중간쯤에 위치하고 있다.

로 사람들의 성격을 측정해보면 가운데가 가장 두껍고 양쪽 끝으로 갈수록 꼬리가 얇은 모양의 정규분포가 나타난다. 즉 딱히 내향적이지도 외향적이지도 않아서 어떨 때는 외향적이었다가 또 어떨 때는 내향적인 사람이 가장 많다는 뜻이다. 자신이 어떤 성격인지 잘 모르겠다고 이야기하는 사람이 많은 것은 자연스러운 일일지도 모른다. 실제로 중간 정도인 사람이 많기 때문이다.

성격 특성들은 높거나 낮다고 해서 항상 좋고 나쁘다고 이야기할 수 없기도 하다. 예컨대 외향성이 높은 경우, 자신감이 높고 사회성이 좋은 모습이 나타나지만 그만큼 목소리가 크고 자기주장이 강한 면도 있어서 영업 사원의 경우 외향성이 높은 사람들보다 '중간'인 사람들이 가장 실적이 좋다는 연구 결과도 있다. 즉 상황에 따라 이렇게도 저렇게도 대처할 수 있는, 각 성격 특성에서 중간 정도의 위치를 보이는 사람들이 복잡한 세상에서 가장 유연한 적응력을 보일 수도 있다는 말이다. 만약 성격이 분명히 높거나 낮은 극단적인 사람들만 존재한다면, 선호하는 환경이 뚜렷한 탓에 급변하는 환경에서의 생존 능력이 떨어질지도 모른다.

뒤에서 더 자세히 이야기하겠지만, 현대 심리학에 따르면 인간의 성격은 크게 개방성·성실성·외향성·원만성·신경증(정서적 불안정성)이라는 다섯 가지 특성으로 이루어진다. 이 성격 특성들은 독립적이다. 하나가 높으면 다른 하나도 높거나 낮은 관계가 아니라 서로 상관 없이 높거나 낮거나 중간인 관계라는 것이다. 예를 들어 외향적이면 새로운 경험에도 열려 있을 것 같고(높은 개방성) 소심하고 걱정이 많은 모습(높은 신경증)도 없을 것 같지만 이는 오해이다. 외향적이어서 사람들을 만나고 싶어하면서도 신경증이 높아서 '저 사람이 나를 싫어하면 어쩌지'와 같은 걱정이 얼마든지 들 수 있고, 또 개방성 역시 낮아서 사람을 제외한 새로운 지식이나 경험에 대한 호기심이 낮을 수 있다. 주변에서 흔히 관찰할 수 있는 반려견의 특징 역시 성격 특성들의 독립적인 면을 잘 보여주는 예시인데, 반려견들은 개방성이 높아서 새로운 지식이나 경험에 대한 호기심이 가득하지만 동시에 신경증도 높다. 이런 이유로 반려견들은 새로운 대상이나 사건을 궁금해하지만 겁이 너무 많아 다가가지 못하고 발을 동동거릴 때가 많다.

너무 복잡한 인간, 너무 단순한 MBTI

자, 지금까지 성격은 몇몇 단편적인 행동으로 정의될 수 없고, 양쪽 극단보다 중간인 사람이 많으며, 각 성격 특징들이 서로에 대

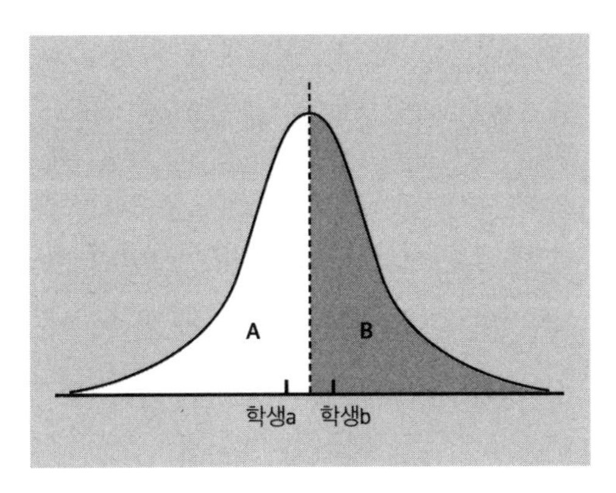

성격을 인위적으로 구분할 때 발생하는 문제

해 독립적이라는 점을 살펴보았다. 이런 성격 특성을 고려할 때 MBTI의 문제는 지나치게 단순하다는 것이다. MBTI 검사에서 사용하는 설문의 문항 구성 자체가 지나치게 단순해서 중간을 허용하지 않고 A이거나 B라는 식으로 성격을 양분한다. 이런 식으로 성격을 나누면 오류가 나타나게 된다. 예를 들어 한 성격 특성에서 중간쯤에 위치한 학생a와 학생b의 경우를 생각해보자. 이 둘은 이 성격 특성에 있어 큰 차이가 없는 것이 사실이나, 이 분포를 인위적으로 둘로 쪼개면 학생a의 성격은 A유형으로, 학생b의 성격은 B유형으로 나뉘게 된다. 인위적인 단순화 작업에 의해 실제 성격과 명칭 사이에 큰 괴리가 생기게 되는 것이다.

MBTI가 인간의 성격을 지나치게 단순화하고 있다는 것은 단 16개의 '유형'으로 인간의 성격을 범주화하는 데에서도 나타난다. 앞서 언급했듯 인간의 성격 특성은 크게 다섯 가지의 요소로 구성되어 있다. 사람들은 이 다섯 특성을 모두 가지고 있으며 각 분포에 있어 연속선상에 위치하고 있다. 예를 들면 '외향성 상위 30퍼센트, 성실성 상위 50퍼센트, 신경증 상위 40퍼센트, 개방성 상위 60퍼센트, 원만성 상위 80퍼센트' 같은 식이다.

또 각각 특성에 있어서 중간에 위치한 사람이 제일 많으며 각 성격 특성은 독립적인 관계라고 했다. 이를 아주 단순화해서 성격 특성별로 상·중·하를 나누면 가능한 조합은 3⁵으로 243가지나 된다. 단순화했음에도 이렇게 다양한 조합을 16개로 축약해버리면 실제 인간의 성격이 매우 다양하며 복잡하다는 현실을 외면하는 것이 된다.

또 MBTI의 중요한 오류로 지적되는 부분 중 하나는 서로 다르지 않은 특성들을 다른 것처럼 취급한다는 점이다. 일례로 MBTI에서는 감각과 직관을 상반되는 특성으로 규정한다. 마치 감각(정보 중시)적이지 않으면 직관(느낌을 중시)적인 것처럼 말하지만, 실은 감각적이지도 직관적이지도 않은 사람이 적지 않다. 앞에서도 말했듯 성격 특성들은 독립적이기 때문에 두 특성을 모두 가지는 사람도 있고, 모두 가지지 않는 사람도 많다. 많은 연구에 의하면 평소 관찰력이 뛰어나고 다양한 정보를 수집할 줄 아는 능력이 좋아야 소위 통찰력이라고 하는 큰 그림을 보는 능력 또한 발달하게 된다. '창의성' 또한 꾸준한 노력과는 상관없을 것 같지만 평소 다방면에 걸쳐 많은 지식을 쌓아야 비로소 이전에는 보이지 않았던 새로운 연결 고리들을 깨닫게 되는 등 혁신은 꾸준한 학습을 통해 탄생한다. 따라서 이 둘은 배타적이지 않다.

MBTI의 또 다른 큰 맹점은 건강과 행복, 인간관계 등을 가장 중요하게 예측하는 성격 특성인 '신경증(부정적 정서성, 정서적 불안정성)'에 대한 언급이 없다는 것이다. 신경증은 흔히 예민하고 걱정이 많고 소심하다고 하는 것과 관련된 특성으로 삶에 큰 영향을 미치는 성격 특성이기 때문에 이에 대한 언급이 없이 사람의 성격을 논하는 것은 반쪽짜리 시도에 그칠 수밖에 없다.

한편 성격을 오해하는 것의 해악이 얼마나 클까 싶기도 하지만 사람은 '자기실현적 예언'을 하는 존재다. 즉 내가 어떤 사람이라고 믿는 내용에 따라 실제로 그런 사람이 될 가능성이 있다. 또한 타인의 성격을 잘못 이해한 채 이를 채용 과정 등에 활용한다면 편견과 고정관념에 기대서 사람을 판단하게 만드는 부작용을 일으킬 수 있다는 점도 큰 문제다.

성격 5요인 이론

이렇게 옛날 옛적 몇몇 사람들의 머릿속에서 생각만으로 만들어진 성격 이론들은 실제 인간의 성격을 제대로 파악하지 못했다는 점에서 큰 한계를 가지고 있었다. 이후 1980~90년대에 걸쳐 많은 심리학자가 과학적 연구 방법을 통해 인간의 성격에 대한 체계적인 지도를 그리려는 시도를 했다.

그중 지금의 성격 5요인 이론five-factor personality theory은 어휘접근법lexical approach을 통해 탄생했다. 연구자들은 다양한 문화권에 걸쳐 인간의 성격 특성을 설명하는 단어들을 전부 모아 이들의 관계를 분석해보면 성격 구조를 파악하는 데 용이할 것이라고 생각했다. 연구자들은 쾌활한, 에너지가 넘치는, 진중한, 조용한, 계획적인, 상냥한 등 사람의 내적 특성을 설명하는 단어를 모조리 뽑아 요인 분석이라는 통계적 분석 방법을 통해 서로 비슷한 특성을 설명하는 단어와 그렇지 않은 단어들의 그룹을 구분해내는 데 성공했다.

그 결과, 신기하게도 나이·성별·인종·문화와 상관없이 인간의 성격은 크게 다섯 가지 요소로 구성된다는 사실이 밝혀졌다. 성격 5요인 이론이 기존 성격 이론들의 내용을 거의 다 포함하면서 더 많은 정보를 담은 포괄적인 이론이라는 발견들이 속속들이 등장했다. 이후 발달심리학, 행동유전학, 뇌와 호르몬 등을 이용한 여러 분야의 연구들을 통해 이 다섯 가지 성격 특성은 유전의 영향을 크게 받고 생물학적 차이를 동반하며 발달 과정에서 꽤 안정적으로 유지된다는 발견들이 더해졌다. 이런 결과들로 인해 이 다섯 가지가 인류의 보편적인 성격 특성이라는 시각이 강해졌다.

성격 5요인 이론은 이후 심리학계에서 거의 유일하게 사용되는 성격 이론이 되었으며 지금까지 수많은 연구를 통해 개인의 행복, 신체적·정신적 건강, 종교성, 정체성뿐 아니라 가족, 친구, 연인 사이에서의 각종 관계, 직업 선택, 직무 만족도, 직무 수행, 사회 참여, 범죄 행동, 정치적 입장 같은 다양한 특성들을 예측한다는 사실을 밝혀냈다.

다시 한번 말하지만 성격 특성들은 각각 독립적이기 때문에 외향적이어서 기본적으로 들떠 있고 사람들과 함께하기를 좋아하지만 신경증도 높아서 작은 일에도 쉽게 걱정하는 것이 얼마든지 가능하다. 우리가 평소에 느끼는 긍정적 정서와 부정적 정서 사이에도 배타적 관계가 존재할 것 같지만 이 또한 독립적이어서 한 주 동안 긍정적 정서와 부정적 정서가 많이 교차하는 것이 가능하고, 반대로 딱히 기분이 좋지도 나쁘지도 않은 것 역시 가능하다. 참고로 긍정적 정서를 강하게 느끼는 사람들은 부정적 정서 또한 강하게 느낀다는 발견들도 있다.

역시나 결론은 인간이 이렇게나 복잡한 동물이라는 것이다. 따라서 MBTI를 비롯하여 사람의 성격을 지나치게 단순화하려는 시도나 '한 가지 행동을 보면 열을 알 수 있다'고 말하는 언설을 만나면 과학적 근거가 빈약할 가능성이 높다는 것을 상기하자.

당신의 혈액형에 당신은 없다

레베카 앤더스 버크너 · 존 버크너 5세

"우리 사회에는 사람의 혈액형과 성격이 관련되어 있다는 믿음이 널리 받아들여지고 있다."

사람들은 오랫동안 사람의 '피'가 성격과 밀접한 관련이 있다고 믿어왔다. 기원전 400년경 그리스인들은 사람에게 4가지 '체액' 중 하나가 너무 많거나 부족하면 그 사람의 건강과 성격에 직접적인 영향을 끼친다고 생각했다. 히포크라테스 의학에 나오는 4가지 체액은 흑담즙, 황담즙, 점액, 혈액으로 이들은 각각 오래전부터 사람의 네 가지 기질 중 하나를 결정하는 것으로 여겨져왔다. 예를 들어 낙천적이고 용감하며 꿈이 많고 사교적인 사람은 다른 체액보다 혈액이 과도하게 많다고 생각했다.

지나치게 많은 혈액이 성격에 영향을 미친다는 생각은 사라졌지만 혈액과 성격이 관련돼 있다는 관념은 아직까지 수그러들지 않고 있다. 최근에는 '혈액형별 식이요법'이 많은 관심을 모았다. 자연요법 전문의 제임스 디아다모James D'Adamo가 개발하고 아들인 피터 J. 디아다모Peter J. D'Adamo가 상업화한 이 식이요법에서는 혈액형에 따라 어떤 음식을 먹고, 어떤 음식은 먹지 말아야 하는지를 설명하고 있다. 그러나 그들이 소개한 식이요법은 혈액형에 관계없이 누구나 따라 할 수 있는 건강하고 균형 잡힌 방법처럼 보인다. 몇몇 식이요법이 성공했다고 해서 특정 식이요법과 특정 혈액형 사이에 연관성이 있다고는 볼 수 없다.

피터 디아다모는 저서《혈액형별 올바른 식습관Eat Right 4 Your Type》에서 혈액형별 식이요법에 대한 객관적인 대조 연구는 전혀 언급하지 않았다(이와 관련해 벨기에 연구진도 동료 심사를 거친 객관적인 혈액형별 식이요법 연구를 전혀 찾지 못했다). 유감스럽게도 어떤 사람들은 식이요법을 넘어 다른 것에도 혈액형이 영향을 끼친다고 주장한다. 그 예로 일각에서는 혈액형이 의학적 증상의 치료뿐만 아니라 궁합, 직업 선택, 성격에까지 영향을 미친다는 주장이 나오고 있다.

한 가지 체액의 단편적인 측면이 어떻게 한 사람과 그의 행동에 그토록 다양한 영향을 미칠 수 있다는 것일까? 이런 생각은 성격이 여러 환경적(문화) 요인과 신체적(유전) 요인에 의해 다면적으로 형성된다고 가르치는 심리학적 연구와는 크게 상반된다. 그런데도 '혈액형 지지자'들은 사람의 성격이 혈액형에 의해 결정된다고 주장한다. 여기서 그들이 유전적 특징이 아니라 오로지 혈액형만을 고려한다는 점을 명심해야 한다. 개인의 성격이 혈액형이라는 하나의 요인으로 결정될 수 있다는 생각은 지나친 억지처럼 보인다. 그래서 우리는 이 문제를 더 철저히 조사해보기로 했다.

혈액형 성격론의 기원

'혈액형 성격론'은 1927년 일본의 후루카와 다케지古川竹二의 연구에서 처음 시작된 것으로 보인다. 다케지는 특정한 성격을 지닌 시험 참가자들이 특정 혈액형을 갖고 있음을 관찰했다. 예를 들면 A형은 수줍음을 많이 타고 내성적인 반면, B형은 활달하고 친절한 성격이었다고 한다. 1936년 G. N. 톰프슨G. N. Thompson은 다케지의 연구를 강하게 비판했다. 표본의 크기가 작고 부적절한 통계적 분석을 사용했다는 것이다. 톰프슨은 직접 연구를 실시했지만 혈액형과 성격 사이에 어떤 연관성도 밝혀낼 수 없었다.

혈액형 성격론 지지자들의 주장을 자세히 파헤친 결과 우리는 그들이 주장하는 내용이 대부분 모호하고 검증이 불가능하다는 사실을 알아냈다. 피터 디아다모는 "책임감을 심하게 느끼는 리더 역할에는 A형보다 O형이 잘 맞는다"고 말했지만 이 주장에 대한 출처나 증거는 제공하지 않았다. 몇몇 지지자들이 자료를 제시하긴 했지만 대부분 미심쩍어 보였다. 그중에는 표본의 크기가 너무 작아서 실험 대상자를 다 합쳐봐야 MBA 학생 45명밖에 안 되는 연구도 있었고, 가족이나 친구처럼 모집이 용이한 표본을 사용한 연구도 있었다. 더 심각한 점은 일부 표본은 그에 대한 아무런 정보도 없이 제시되었다는 점이다. 일례로 한 연구에서는 그 숫자도 특징도 모르는 응답자들을 표본으로 사용했는데, 이 응답자들은 극장 밖에서 단 두 가지 질문만을 받았다고 한다.

혈액형 지지자들의 보고 방식에는 빠진 부분이 더 있다. 스티븐 바이스베르크Steven Weissberg와 요제프 크리스티아노Joseph Christiano는 《혈액형이 답이다The Answer is in Your Bloodtype》에서 그들이 실시한 분석의 통계적 유의성에 대해 어떤 정보도 제공하지 않았다. 대신 그들은 수많은 일화와 표들을 제시함으로써 자신들의 주장을 강화하고 자신들이 '과학적' 접근법을 사용했음을 보이고자 했다. 그 예로 혈액형이 궁합과도 관련이 있음을 주장하기 위해 부부들(연구진의 가족과 친구 포함)의 혈액형별 비율을 제시했다(둘 다 O형인 경우 35.6퍼센트, A형인 경우 30.9퍼센트, B형인 경우 5.7퍼센트, AB형인 경우 2.1퍼센트). 두 사람은 이 자료가 혈액형이 같은 부부는 그렇지 않은 부부보다 궁합이 더 잘 맞다는 그들의 주장을 뒷받침한다고 말한다.

또한 그들은 "AB형과 B형은 (중략) 인구 비율이 낮기 때문에, (중략) 이렇게 높은 비율이 나타나는 것은 평균의 법칙에 의거해 극히 어려운 일로 보인다"고 말한다. 하지만 그들의 표본 크기에서 (우연히) 이런 결과를 얻을 확률이 어떤 식으로 계산된 것인지, 혹은 정말 계산은 해본 것인지에 대해서는 아무런 설명이 없다. 이와 같이 명확하지 못한 보고 방식은 바이스베르크와 크리스티아노가 그 외에 어떤 영향들을 고려했는지 알 수 없다는 점에서도 문제가 된다. 예를 들어 우리는 그들이 혈액형의 빈도가 인종마다 다르다는 것을 고려했는지 알지 못한다. 두 사람이 무엇을 고려해 계산했는지 모른다는 점을 제쳐두더라도, 그들이 처음에 펼친 주장은 논리적으로 건전하지 않다. 혈액형이 같은 부부의 비율이 높다는 결과가 관계가 만족스럽다거나 궁합이 좋다는 뜻과 같은 것은 아니기 때문이다.

혈액형 지지자들의 주장은 읽으면 읽을수록 더 큰 우려만 나올 뿐이다. 계속 드러나는 그들의 모순점은 다음과 같다. 노미 도시타카能見俊賢와 알렉산더 베셔Alexander Besher는 각 혈액형의 장단점에 대해 다음과 같이 설명한다. O형은 "현실적"이지만 "문제에 직면하면 현실을 도피"할 수도 있다. 도대체 어느 쪽이 맞는 걸까? A형은 "내향적"이고 "좋은 동반자"이자 "반대 의견에도 협조적"이지만, 동시에 "무대 체질"이며 "외도를 할 확률이 높고" "고집이 센" 정반대의 특성도 지니고 있다고 한다. 그들은 혈액형의 장단점을 모두 제시함으로써 만반의 준비를 한 셈이다. 어떻게 "반대 의견에 협조적"이면서 동시에 "고집이 셀" 수 있겠는가? 이는 사람들이 불일치보다 일치를 바라고 또 더 잘 기억하는 경향—확증편향—을 이용한 것이다. 이것은 혈액형 과학보다는 혈액형 점성술에 훨씬 더 가까워 보인다.

혈액형 지지자들 사이에서도 모순점이 발견된다. 예를 들면 바이스베르크와 크리스티아노는 AB형을 "호감형"이라고 말한 반면 노미와 베셔는 AB형을 사람들이 "제발 입 좀 다물고 사라져 주길" 바라는 "트집쟁이"라고 표현한다. 트집쟁이 AB형은 '호감형'과는 거리가 멀어 보인다.

개인적인 이야기를 조금 하자면 O형(우연히도 우리는 둘 다 O형이다)이 카리스마 있고 낙천적이며 "터무니없이 큰 위험"을 기꺼이 감수하려 한다거나 "낯선 환경에 속수무책"이라는 몇몇 설명은 우리 둘 중 누구에게도 해당되지 않았다. 의심스러운 점이 점점 많아지자 우리는 혈액형에 관한 주장을 조금이라도 뒷받침할 수 있는 보다 과학적인 연구가 있는지 찾아보았다.

증거가 조금이라도 있을까?

과학적 증거를 찾는 과정에서 우리는 혈액형이 성격과 관련된다는 믿음이 일본에서 발전했다는 것을 발견했다. 그 주된 연구자는 노미 마사히코能見正比古와 그의 아들 노미 도시타카였다. 노미 도시타카는 그의 아버지가 초창기에 실시한 성격 및 혈액형 연구를 기반으로 혈액형 인간학 연구소를 설립했다. 이 연구소의 설립으로 일본인들은 이 주제에 더 많은 관심을 가지게 되었다. 안타깝게도 노미 도시타카와 알렉산더 베셔는 공동 저서인 《혈액형이 바로 당신이다You are Your Blood Type》에서 그들의 주장을 뒷받침하는 '과학적 연구'에 대해 자주 언급하지만, 언급된 연구에 대한 명확한 세부 설명은 하나도 제공하지 않는다.

가망이 없어 보였지만, 우리는 동료 심사를 받은 몇 개의 관련 연구를 어렵게 발견해냈다. 그중 하나는 유명한 성격심리학자인 한스 J. 아이젱크Hans J. Eysenck의 리뷰 논문이다. 아이젱크는 외향성과 신경증적 경향(또는 정서적 안정성)에 초점을 맞춘 2-요인two-dimensional 성격 모델로 유명하다. 아이젱크의 이론은 오늘날까지 건재하며 현재는 이 모델에 정신증적 경향성psychoticism이라는 제3

의 요인이 추가되었다. 1982년 아이젱크는 몇몇 연구들을 검토했는데, 그 연구들은 여러 나라에서 B형 인구의 비율이 높을수록 신경증적 경향도 비례하여 증가하는 것을 보여주었다. 그러나 여기에 사용된 분석들은 다소 주관적이었고 심지어 저자도 '연구 결과가 다소 모호하다'는 사실을 인정했다. 아이젱크는 자신의 성격 모델에 집중하느라 혈액형과 신경증적 경향 사이에 아무런 관계도 발견하지 못한 커텔Cattell, 보툴린 영Boutourline-Young, 헌들비Hundleby의 1964년 연구는 제외시켰다.

동료 심사를 받아 발표된 다른 몇몇 논문에서는 혈액형과 성격 사이의 연관성에 대한 증거를 발견하지 못했다. BBC 뉴스 같은 매체에서는 증거가 부족하다는 사실을 보도하고 있지만, 대중 잡지들은 아직도 관련 기사들을 다루고 있어 '혈액형 성격론'은 여전히 대중적인 오해로 남아 있는 것 같다.

이상에서 볼 수 있듯이, 혈액형과 성격의 연관성을 찾았다고 주장하는 극소수의 연구들은 다음의 문제점이 있다. 1 – (가족 구성원을 표본으로 사용하는 것처럼) 간편함에 기대어 확증편향에 빠지기 쉬운 자료수집법을 쓴다. 2 – 통계 분석이 이루어지지 않았거나 부적절한 통계적 기준이 적용되었다(즉, 제1종 오류[존재하지 않는 효과를 발견할 가능성]가 높아짐). 3 – 표본의 크기가 작아서 효과가 정말 존재하더라도 감지하는 데 한계가 있었다(즉, 제2종 오류). 혈액형 성격론 지지자들이 내놓은 불충분한—혹은 거의 없는 것이나 다름없는—증거와 과학계에서 내놓은 엇갈린 연구 결과밖에 없는 상황에서, 우리는 독자적인 연구를 수행하기로 결정했다.

우리의 연구

우리는 심리학 분야에서 두루 통용되고 있으며 최근 '혈액형 성격론' 연구에도 자주 사용된 모델인 5-요인 모델을 사용하여 성격을 조사했다. 이 모델은 개인의 성격을 포괄적으로 기술하는 다섯 가지 일반적 특성에 초점을 맞춘다. 여기서 다섯 가지 특성이란 신경증적 경향성, 외향성, 개방성, 원만성, 성실성을 말한다.

우리는 자기 보고self-report 자료에 의존해 자신의 실제 혈액형을 알고 있을 것 같은 사람들에게서 정보를 수집하기 위해 미국 루이지애나 북부와 미시간 남부의 혈액 기증 센터에 도움을 요청했다. 지원자(혈액 기증자)들은 성격 평가 질문지를 작성하고 자신의 혈액형, 연령, 성별을 기재했다. 성격은 성별 및 연령과도 관련이 있다는 전제하에, 이 변수들의 영향을 통계적으로 통제하려고 했다.

연구 결과

182명의 지원자들(남성 97명, 여성 85명)의 혈액형 분포는 O형이 56.0퍼센트, A형이 30.2퍼센트, B형이 10.4퍼센트, AB형이 3.8퍼센트로 나왔는데, 이는 미국의 혈액형 분포를 대표할 수 있는 적절한 결과였다. 분석(다변량 분산 분석) 결과 다섯 가지 일반적인 성격 특성과 혈액형 사이에는 전반적인 연관성이 전혀 나타나지 않았다. 그러므로 이 연구 결과는 혈액형이 성격과 관련이 없다는 주장을 뒷받침해준다.

왜 관심을 가져야 하는가

혈액형이 성격과 밀접한 관련이 있다는 생각을 확신에 차서 밀어붙이는 사람들은 뭔가 잘못된 정보에 빠져 있는 것처럼 보인다. 그들은 좋게 말하면 자신감이 넘치는 것이고, 나쁘게 말하면 자신의 이익을 위해 거짓 정보를 퍼뜨리는 것처럼 보인다. 작가 내털리 요제프Natalie Joseph는 "혈액형은 새로운 특성을 배우고 사람의 특정 행동을 이해하는 또 하나의 재미난 방법에 불과하다. 그것으로 무언가를 얻어내겠다며 혈액형 성격론을 믿을 필요는 없다. 재미로만 즐기고 곧이곧대로 받아들이지는 말아야 한다"라고 말했는데, 우리는 그러한 관점에 동의하지 않는다.

혈액형에 대한 믿음과 그것에 뒤따르는 추론은 믿는 정도에 따라 심각한 결과로 이어질 수 있다. 우리는 'A형이 리더 역할에 어울리지 않는다'는 식의 근거 없는 주장을 접한 A형들이 단지 '피가 적합하지 않다'는 이유로 임원이 되려는 꿈을 포기할 수도 있다는 점을 우려한다. 혈액형을 자신의 나쁜 행동에 대한 핑계로 이용하는 사람들에 대해서도 염려된다. 일례로 일본의 정치가 마쓰모토 류松本龍는 대지진의 피해를 입은 두 지역의 도지사에게 귀에 거슬리는 소리를 한 일로 부흥담당상에서 물러났다. 그때 마쓰모토는 자신의 행동을 혈액형 탓으로 돌리며 이렇게 말했다. "제가 B형이라 신경질적이고 충동적입니다. 그러다 보니 때로는 제 의도가 잘 전달되지 않는 것 같습니다."

결국 우리가 이 문제에 관심을 가져야 하는 이유는 많은 사람들이 '과학적' 증거라는 미명하에 이처럼 근거 없는 믿음을 끊임없이 조장함으로써 이득을 보고 있기 때문이다. 회의주의자로서 우리는 이 같은 정보들을 검증하여 잘못된 점을 밝혀내고, 다른 사람들이 그 증거를 비판적으로 평가할 수 있도록 북돋우며, 그들이 근거 없는 주장의 유혹에 빠지지 않도록 도움을 줄 수 있다. 피가 사람의 성격에 영향을 미칠 수 있을까? 물론이다. 그러나 이는 유전 때문이지 혈액형 때문은 아니다! 번역 김영미

물고기자리는 이타적이다?

찰스 S. 레이카트

당신의 성욕은 별자리에 좌우된다. 적어도 온라인 점성술 사이트 www.astrology-online.com에 따르면 그렇다. 이 웹사이트에서는 양자리들은 "성욕이 대체로 높고", 사자자리들은 "성욕을 주체하기 어려우며", 황소자리들은 "평균 이상으로 색을 밝힌다"고 주장한다. 반면에 처녀자리들은 섹스를 할 때 "테크닉의 완성도에 중점을 두는 경향"이 있어, "지나치게 열정적인" 파트너와는 별로 어울리지 않는다. 그리고 물고기자리들은 "대체로 성적 능력이 떨어지며, 육체적 관계보다는 정신적 교감을 나눌 수 있는 상대를 원한다"라고 한다. 이에 필자는 미국인 5만 3000명을 대표표본representative sample으로 사용해 점성술과 별자리에 관한 속설들의 타당성을 검증해보려 한다.

종합사회조사

별자리와 관련한 점성술의 주장들을 검증하는 데 사용할 데이터는 1972년~2008년 사이에 매년 또는 격년 주기로 실시한 종합사회조사General Social Survey, GSS에서 가져왔다. GSS는 국립과학재단National Science Foundation의 지원을 받아 시카고 대학의 부속 기관인 전국여론조사센터National Opinion Research Center가 실시한다. 1972년부터 1974년까지는 할당표본추출법quota sampling•으로 표본을 추출했다. 1975년과 1976년에는 할당추출법과 무작위추출법을 모두 적용했다. 1977년부터는 표본을 무작위로 선택했다. 초기에는 데이터를 수집할 때 한 번에 약 1500명을 면담했다. 최근에는 한 번에 조사하는 표본의 크기가 2000~4500명 사이로 매번 달랐다. 모든 해를 통틀어 GSS는 미국 성인 5만 3000명의 데이터를 확보했다.

GSS는 표본의 기본적인 인구통계학적 특성(별자리 포함)부터 총기 규제 논쟁이나 낙태 문제처럼 첨예한 논란이 있는 사회문제에 대한 의견까지 수백 개의 질문을 조사한다. GSS가 조사하는 질문 중에는 조사 때마다 등장하는 질문(고정 질문이라고 한다)도 있고, 주기적으로 나가는 질문(순환 질문이라고 한다)도 있다. 그리고 일부 질문들(임시 질문)은 특정 회차에 한 번만 등장하기도 한다. 응답자의 부담을 줄이기 위해 무작위로 선택된 일부 표본 집단에게

• 모집단에 속하는 표본들을 성별, 연령 등의 특성에 따라 분류하고 그 비율에 따라 작위적으로 표본을 추출하는 방법.

만 제시되는 질문들도 있다. 아래에서 소개하는 내용은 그동안 누적된 데이터를 집계한 결과다. GSS 데이터세트는 품질이 우수하고 접근이 용이하며 포괄 범위가 넓기 때문에 상호 심사 학술지에 인용된 횟수만도 수백 건이 넘는다.

성욕에 대하여

1989년부터 GSS는 다음의 질문을 조사했다. "당신은 지난 12개월 동안 섹스를 얼마나 자주 했습니까?" 만약에 위에서 소개한 대로 특정 별자리에 속하는 사람들마다 성욕의 특징이 본질적으로 다르다면 이 GSS 질문에 대한 대답은 별자리에 따라 완전히 달라야 한다. 2만 2337명의 응답 내용을 바탕으로 교차분석을 실시한 결과가 **표1**에 정리되어 있다.

표1의 각 칸에 적힌 숫자들은 각 별자리에 해당하는 응답자들이 보고한 섹스 빈도를 비율로 정리한 것이다. 예를 들어 **표1**에서 가장 왼쪽 위 칸에 적힌 '19'는 양자리 사람들의 19퍼센트가 지난 12개월 동안 성적 활동을 전혀 하지 않았다고 보고했음을 뜻한다. **표1**에서 알 수 있듯이 각 별자리 태생들이 밝힌 성적 활동의 빈도 분포는 편차가 별로 없는 편이다(가장 오른쪽 열에 전체 표본에 대한 비율을 표시했다. 예컨대 전체 표본 중 지난 12개월 동안 성적 활동을 전혀 하지 않은 사람의 비율은 18퍼센트다) **표1**의 84개 칸 중에 오로지 한 칸만이 평균과 3퍼센트포인트의 차이가 있고 나머지 83개 칸은 평균과의 차이가 2퍼센트포인트 이하다.

표1에 표시된 수치들은 대부분 평균과 큰 차이가 나지 않지만

표1 별자리별 지난 12개월 동안의 섹스 횟수 (N = 22,337)

별자리	양자리	황소자리	쌍둥이자리	게자리	사자자리	처녀자리	천칭자리	전갈자리	사수자리	염소자리	물병자리	물고기자리	전체
없음	19	16	16	18	20	19	17	18	18	18	19	19	18
1~2회	9	9	8	8	8	8	7	8	8	8	7	7	8
한 달에 1회	10	10	12	11	10	9	12	11	12	10	8	8	11
한 달에 2~3회	17	18	18	17	16	17	15	15	17	17	19	19	17
한 주에 1회	18	19	19	19	19	20	20	18	19	18	19	19	19
한 주에 2~3회	20	21	21	21	20	21	22	23	21	21	21	21	21
한 주에 4회 이상	7	6	7	6	7	5	7	7	6	7	7	7	7
열 합계	100	100	100	100	100	100	100	100	100	100	100	100	100

* 칸 안의 숫자는 각 열에 해당하는 응답자의 비율을 뜻한다.

평균과 통계적으로 유의한 차이, 곧 우연에 의한 것 이상의 차이를 가지는 수치도 몇 개 있다. 그러나 위에서 설명했듯이 평균과 통계상의 차이가 있는 수치들은 성욕에 대한 점성술 사이트의 설명에 부합하는 것들보다 부합하지 않는 것들이 더 많다. 예를 들어 처녀자리의 5퍼센트는 매주 4회 이상 섹스를 했다고 보고했는데, 이는 평균인 7퍼센트에 비해 통계적으로 낮은 수치로 처녀자리의 성욕이 낮다는 점성술 사이트의 주장과 일치한다. 그러나 사자자리의 20퍼센트는 지난 12개월 동안 섹스를 전혀 하지 않았다고 보고했는데, 이 값은 평균보다 높은 수치로 사자자리의 성욕이 높다는 점성술 사이트의 주장과 배치된다. 간단히 말해 **표1**의 결과는 별자리에 따라 성욕이 크게 다르다는 점성술 사이트의 주장을 지지하지 않는다.

성적 부정

점성술 사이트에 제시된 별자리에 대한 설명에 따르면 특정 별자리를 타고난 사람들은 다른 사람들에 비해 외도를 할 가능성이 높다. 예를 들어 astrology-online은 물병자리에 해당하는 사람들이 "결혼생활 동안 [배우자에] 충실하고", 연인에게 "매우 헌신적이며 늘 신의를 지키려 노력한다"라고 주장한다. 반면에 사자자리들은 "바람을 피우려는 성향이 강하고", "끊임없이 염문을 뿌리고 다닌다"라고 한다.

GSS에는 "결혼 생활 중에 남편이나 아내 이외의 사람과 섹스를 한 적이 있습니까?"라는 질문이 있다. 그 질문에 대한 별자리별 답변이 **표2**에 정리되어 있다. 응답자 2만 1012명의 데이터를 분석한 결과다.

표2의 첫 번째 행에서 알 수 있듯이 혼외관계를 가진 적이 있다고 밝힌 응답자의 비율은 별자리에 따라 11~14퍼센트의 범위 내에 있다. **표2**에 드러난 별자리별 차이는 전부 우연에 기대할 수 있는 수준을 넘지 않는다. 만약에 작은 차이에나마 의미를 두고자 한다면 물병자리와 물고기자리는 혼외관계를 가진 비율이 평균보다 높으므로, 물병자리와 물고기자리는 사자자리보다 바람을 자주 피웠다고 주장할 수도 있는데, 이는 astrology-online에서 제시한 별자리별 성향을 근거로 해석할 수 있는 내용과는 정반대다.

표2 별자리별 응답자가 혼외관계를 가진 적이 있는지의 여부(N = 21,012) : 결혼 생활 중에 배우자 외의 상대와 성관계를 가진 적이 있는가?

별자리	양자리	황소자리	쌍둥이자리	게자리	사자자리	처녀자리	천칭자리	전갈자리	사수자리	염소자리	물병자리	물고기자리	전체
그렇다	13	12	12	13	13	13	11	12	13	13	14	14	13
아니다	64	63	65	63	62	63	66	63	63	65	61	63	63
결혼한 적 없다	23	25	23	25	25	24	23	25	24	22	25	23	24
열 합계	100	100	100	100	100	100	100	100	100	100	100	100	100

* 칸 안의 숫자는 각 열에 해당하는 응답자의 비율을 뜻한다.

결혼 상태와 이혼

앞서 소개한 조사에서는 하나의 웹사이트에서 제시한 별자리별 특성만을 근거로 삼았다. astrology-online만을 다룬 이유는 다른 점성술 사이트에서는 성욕이나 배우자에 대한 부정과 관련한 설명을 찾을 수 없었기 때문이다. 그러나 별자리별 성격에 대해 정리해 둔 점성술 웹사이트는 여러 군데 찾을 수 있었다. 본 연구의 나머지 테스트들은 astrology-online과 더불어 몇몇 다른 점성술 웹사이트 내용을 참고했다.*

- 별자리별 특성에 대한 설명은 다음 네 개의 웹사이트에서 인용했다.

  (A) = www.astrology.com
  (D) = www.dellhoroscope.com/learn
  (L) = www.llevellynencyclopedia.com
  (O) = www.astrology-online.com/persn.htm

  설명 문구의 출처는 위에 적힌 대로 A, D, L, O로 표시했다. 괄호 안에 **A**, **D**, **L**, **O**처럼 볼드체로 표시한 경우 인용문의 출처를 의미한다. 괄호 속 문자가 볼드체가 아닌 경우에는 당해 웹사이트에 게재된 설명이 당해 문구와 같은 취지임을 가리킨다.

점성가들에 따르면 별자리별 성향은 결혼을 하거나 결혼 상태를 유지할 가능성에 영향을 준다고 한다. 예를 들어 게자리, 천칭자리, 황소자리에 해당하는 사람들은 다음과 같은 특성을 지니고 있어, 적어도 이런 특성이 없는 사람들에 비하면 결혼을 하려는 성향이 강하다고 한다.

- **게자리** 게자리들은 가정생활과 가족을 소중히 여기고, 심리적 안정과 애착을 갈망한다. (A)(D)(L)(O)
- **천칭자리** 천칭자리는 협력관계의 상징이다. 천칭자리에 속하는 사람들은 타인과의 유대관계를 위해 적극적으로 노력한다. (A)(D)(O)
- **황소자리** 황소자리들은 안정적이고 조화로운 삶을 추구하므로 충실하고 헌신적인 배우자가 된다. (A)(O)

반면에 쌍둥이자리와 사수자리들은 결혼을 피하거나, 결혼을 하더라도 쉽게 이혼할 만한 기질을 지닌다고 한다.

- **쌍둥이자리** 쌍둥이자리는 한 사람의 파트너와 로맨틱한 관계를 유지하기 어렵고 다양성과 변화를 추구한다. (D)(O)
- **사수자리** 사수자리 사람들은 "성격이 맞지 않는 사람과 만날 경향이 평균보다 높고"(**O**) "속박당하는 것"을 꺼린다. (**D**)(A)

이러한 별자리별 특징들은 서로 다른 별자리에 속하는 사람들의

표3 별자리와 결혼 상태(N = 46,142)

별자리	양자리	황소자리	쌍둥이자리	게자리	사자자리	처녀자리	천칭자리	전갈자리	사수자리	염소자리	물병자리	물고기자리	전체
결혼	62	61	61	62	60	61	60	61	59	59	58	62	61
사별	7	6	7	6	7	7	7	5	6	7	7	6	7
이혼	9	10	10	9	10	9	10	9	10	10	10	9	10
별거	2	2	2	3	2	3	3	2	2	3	3	2	3
결혼한 적 없다	20	20	20	20	21	21	21	22	22	21	21	20	21
열 합계	100	100	100	100	100	100	100	100	100	100	100	100	100

* 칸 안의 숫자는 각 열에 해당하는 응답자의 비율을 뜻한다.

결혼 상태를 비교하여 그 타당성을 판단할 수 있다. 이를 위해 응답자 4만 6142명의 데이터를 바탕으로 별자리별 결혼 상태를 **표3**에 정리했다.

표3에 나타난 결과는 별자리별로 결혼 상태에 큰 차이가 없음을 보여준다. **표3**의 첫째 줄을 보자. 평균 61퍼센트의 응답자들이 현재 결혼한 상태다. 위에 언급한 별자리별 특성에 따르면 게자리, 천칭자리, 황소자리에 속한 사람들은 결혼을 할 가능성이 평균보다 높고, 쌍둥이자리와 사수자리는 평균보다 낮아야 한다. 그런데 **표3**의 수치를 보면 이 다섯 별자리 사이의 차이는 크지 않으며 통계적으로 의미가 없다. 그 말은 우연에 의한 차이의 범위를 벗어나지 않는다는 뜻이다.

표3의 다음 세 열을 비교해도 통계적으로 유의한 차이는 없다. 다시 말해 게자리, 천칭자리, 황소자리, 쌍둥이자리, 사수자리의 결

과 중 어느 것도 평균과 통계적으로 유의한 차이가 있지 않다는 뜻이다.

표3 마지막 열의 수치 중 통계적으로 유의한 것은 딱 하나다. 결혼을 한 적이 없는 응답자의 비율은 게자리, 천칭자리, 황소자리, 쌍둥이자리 모두 평균과 큰 차이가 나지 않는다. 하지만 한 번도 결혼한 적이 없는 사수자리 응답자의 비율(22.3퍼센트)은 평균(20.8퍼센트)보다 통계적으로 높다. 이 차이는 위에 제시된 별자리별 특성에 부합하지만 단지 1.5퍼센트포인트 차이일 뿐이므로 근본적으로 의미가 있다고 보기 어렵다.

요약하자면 위에 제시된 별자리별 특성을 바탕으로 한 예측은 대부분 데이터에 의해 뒷받침되지 않는다. 예측된 방향과 맞아떨어지는 차이 중 통계적으로 유의한 수치는 단 하나 뿐이다. 그러나 차이의 정도는 대단치 않다. 평균과 비교할 때 게자리, 천칭자리, 황소자리들이 결혼을 할 확률은 유의한 수준으로 높지 않고 쌍둥이자리와 사수자리가 이혼 또는 별거를 겪었거나 결혼을 하지 않을 확률 역시 유의한 수준으로 높지 않았다.

정치 성향

별자리별 특징을 묘사한 내용에 따르면 서로 다른 별자리를 타고난 사람들은 정치적 성향에서도 차이를 보인다. 별자리 웹사이트에서는 별자리에 따라 다음의 특성을 나타낸다고 설명한다.

- **황소자리** 황소자리들은 "보수적인 기질을 타고 난다." (A)(**L**)

표4 별자리와 정치 성향(N = 40,637) : 자신을 진보주의자라고 생각하는가 보수주의자라고 생각하는가

별자리	양 자리	황소 자리	쌍둥이 자리	게 자리	사자 자리	처녀 자리	천칭 자리	전갈 자리	사수 자리	염소 자리	물병 자리	물고기 자리	전체
진보	26	26	27	25	26	25	27	27	25	27	27	26	26
중도	41	38	39	40	39	39	39	38	39	38	38	38	39
보수	33	35	34	35	35	36	34	35	36	35	35	36	35
열 합계	100	100	100	100	100	100	100	100	100	100	100	100	100

* 칸 안의 숫자는 각 열에 해당하는 응답자의 비율을 뜻한다.

- **처녀자리** 처녀자리에 해당하는 사람들은 "모든 면에서 보수적인 성향을 보인다." (**O**)
- **천칭자리** 천칭자리들은 양극단을 싫어하고 "중도의 의견을 지닌다." (**O**)
- **전갈자리** 전갈자리를 타고난 사람들은 관습에 저항하고 "정치적 극단주의"를 추구한다. (**O**)
- **사수자리** 사수자리들은 "어느 정도 보수적인" 성향이 있다. (**L**)

GSS에는 자신의 정치적 성향이 보수에서 진보 사이의 어디쯤에 해당한다고 생각하느냐는 질문이 포함되어 있다. 그 대답과 응답자의 별자리가 **표4**에 정리되어 있다. 이는 응답자 4만 637명의 데이터를 근거로 했다.

표4에서 알 수 있듯이 응답자의 별자리에 따라 자신이 진보, 중

도, 보수에 해당한다고 보는 비율은 각각 25~27퍼센트, 38~41퍼센트, 33~36퍼센트 범위를 나타낸다. 앞서 제시한 별자리별 특성을 바탕으로 예측할 수 있는 차이 중 통계적으로 유의한 수치는 전혀 없다. 황소자리, 처녀자리, 천칭자리, 전갈자리, 사수자리에 해당하는 응답자들의 진보, 중도, 보수 성향은 평균과 비교해 우연에 기대할 수 있는 정도 이상으로 더하거나 덜하지 않았다.

이기심과 별자리

서로 다른 별자리에 속하는 사람들은 자기 자신만 생각하거나 남들에게 관심을 갖는 정도에도 차이를 보인다고 한다. 점성술에서 제시하는 특징들은 다음과 같다.

- **양자리** 양자리들은 자기중심적이고 이기적이다. (D)(A)
- **게자리** 게자리들은 "남들을 기꺼이 돕는다." (**A**)
- **처녀자리** 처녀자리들은 "천성적으로 남들을 잘 보살피고", "공익을 위해 노력한다." (**A**)
- **천칭자리** 천칭자리들은 "모든 이에게 가장 유익한 행동을 추구한다." (**A**)
- **물병자리** 물병자리 태생은 "인도주의적이고 박애주의적이며 더 좋은 세상을 만드는 데 큰 관심을 갖는다." (**A**)
- **물고기자리** 물고기자리들은 "자신보다 남을 더 우선시한다." (**A**)

표5 별자리와 이기심(N = 3,004): 남들보다 자신을 먼저 챙기는가?

별자리	양자리	황소자리	쌍둥이자리	게자리	사자자리	처녀자리	천칭자리	전갈자리	사수자리	염소자리	물병자리	물고기자리	전체
그렇다	52	48	55	52	54	54	48	52	53	49	54	58	53
어느 쪽도 아니다	11	11	12	10	12	9	11	12	12	13	12	12	11
아니다	37	40	34	38	34	37	41	36	34	39	34	30	36
열 합계	100	100	100	100	100	100	100	100	100	100	100	100	100

* 칸 안의 숫자는 각 열에 해당하는 응답자의 비율을 뜻한다.

GSS에는 응답자들에게 다음 진술에 동의하는지, 동의하지 않는지를 묻는 항목이 있다. "누구보다 자기 자신을 먼저 챙겨야 하고, 그런 후에도 여유가 있다면 남들을 돌봐야 한다." 이 질문에 대한 답변과 별자리를 교차분석한 결과는 **표5**에 정리되어 있다. 응답자 3004명의 데이터를 바탕으로 했다.

표5에서 하나의 값만 제외하고 나머지 수치들은 평균과 비교할 때 우연에 의한 것 이상의 차이가 없다. 우연에 기대할 수 있는 것보다 차이가 큰 한 항목은 별자리에 대한 설명과 모순된다. 점성술에 따르면 물고기자리들은 "자신보다 남을 더 우선시한다"고 하지만, GSS의 물고기자리 응답자들이 "누구보다 자기 자신을 먼저 챙겨야 한다"에 동의하지 않은 비율은 평균보다 낮았다. 그러나 그 결과도 통계학자들이 '제1종 오류•'라 부르는 것에 해당할 가능성

• 실제로는 옳은 가설을 옳지 않다고 판단하여 기각시키는 오류.

이 있다. 모집단에서 물고기자리 태생들은 다른 별자리 태생들에 비해 남을 도울 가능성이 높지도 낮지도 않은 듯하다. **표5**에 통계적으로 유의한 결과가 있다 해도 이것은 단순히 다양한 대상을 비교할 때 나타날 수 있는 통계상의 우연에 불과할 가능성이 높다. 어쨌든 **표5**의 결과는 위에 묘사된 자기중심성에 대한 별자리별 특성을 뒷받침하지 못한다.

직접 테스트 해보자

다양한 별자리 태생의 특징을 소개하는 점성술 웹사이트나 책은 얼마든지 있으며 이는 GSS의 데이터를 이용하여 검증할 수 있다. 나는 여기서 소개한 내용 외에도 많은 별자리별 특성들을 추가로 확인해보았지만 그것들을 유의하게 지지하는 증거는 전혀 찾지 못했다. 독자 여러분들도 직접 원하는 주제들에 대해 조사해볼 수 있다.

GSS 데이터세트의 가장 큰 장점은 손쉬운 접근성이다. 캘리포니아 대학교 버클리 캠퍼스에서 제작한 컴퓨터조사프로그램Computer Assisted Survey Methods Program, CSM은 웹상의 GSS 데이터를 이용하고 분석할 수 있는 통계 인터페이스로서 누구나 자유롭게 접근할 수 있다. '조사기록과 분석Survey Documentation and Analysis, SDA'이라는 이 인터페이스는 사용이 매우 간편하다. 예를 들어 이 기사에 실린 표들은 UC 버클리 웹사이트에 들어가서 교차분석 대상인 두 가지 변인을 입력하고 엔터키를 치는 것만으로 얻은 것들이다.

결론

점성술의 예측을 평가하려는 목적으로 실시된 연구는 적지 않다. 컬버와 아이애나Culver and Ianna(1988), 그룸Groome(2001), 하인즈Hines(2003), 호가트와 허친슨Hoggart and Hutchinson(1995) 등도 점성술에 대한 비판적 평가를 실시했다. 점성술의 실증적 검증에 대한 논란이 없지는 않지만, 공정한 검증에 따르면 점성술로는 개인의 특성을 정확하게 설명하기 어렵다. 이 글에 소개된 결과 역시 이런 결론과 일맥상통한다. 현재의 조사 결과들은 서로 다른 별자리에 속하는 사람들이 타고나는 특성을 뒷받침하기보다는 반박하는 증거가 더 많다.

점성술 연구 가운데는 내가 이번 조사에서 사용한 것보다 훨씬 많은 수의 표본을 채택한 사례들도 있다. 호가트와 허친슨(1995)의 경우 영국 내 230만 노동자의 전수조사자료를 이용해 별자리와 직업 사이의 관계를 검증하는 연구를 실시했다. 본 연구 역시 점성술 연구에서 일반적으로 사용하는 것보다는 상당히 큰 규모의 표본을 활용했다. 아마도 본 연구의 가장 두드러지는 특징은 접근이 용이하고 풍부한 데이터를 포함하고 있는 데이터세트를 이용했다는 점일 것이다.

본 연구는 점성술과 관련해 몇 가지의 변인만을 검증해보는 데 그쳤지만, GSS 데이터세트에는 그밖에도 점성술사들의 주장을 평가하는 데 사용할 수 있는 변인들이 수백 가지는 더 있다. 점성술사 또한 이 데이터를 사용해 개인의 성격이 별자리에 근거하고 있다는 그들의 주장을 검증해볼 수 있을 것이다. 그리고 검증 결과 데이터가 그들의 예측과 다르게 나온다면, 그들은 별자리를 바탕으로 각 개인의 성격을 유의하게 예측할 수 없다는 사실을 받아들여야 할 것이다. 번역 김효정

운명론의 딜레마

데이비드 자이글러

운명은 너무도 강력했다. 운명의 여신이 정한 불변의 법칙은 나를 철저하고 끔찍하게 파괴했다.

— 메리 셸리Mary Shelley의 《프랑켄슈타인》에서 프랑켄슈타인 박사의 말

운명은 사건 이전에 존재하는 것이 아니라 사건과 함께 쓰이는 것이다.

— 자크 모노Jacques Monod

'운명'은 철학자들이 목적론teleology이라 부르는 것과 비슷한 말이다. 여기서 목적론은 '최종 목적final ends' 혹은 '궁극적인 목적'이

존재하며, 그런 목적에 도달하도록 현실이 제약된다는 믿음으로 정의된다. 목적론적 개념과 믿음은 아직도 흔히 찾아볼 수 있지만 분명 과학적이거나 합리적이지는 않다.

허먼 멜빌Herman Melville은 소설 《모비 딕Moby Dick》의 에이햅Ahab 선장을 통해 운명이란 개념을 분명하게 전달하고 있다. 에이햅 선장은 자신의 인생이 운명에 의해 통제되며, 흰 고래 모비 딕을 잡는 것이 자신의 운명이기 때문에 그 고래를 사냥하는 것 말고는 다른 길이 없다고 믿는 듯 보인다.

> 이 모든 행동은 바뀔 수 없으며 이미 결정되어 있다. 이것은 이 바다가 넘실거리기 십억 년 전부터 너와 내가 준비해온 것이다. 바보 같으니! 나는 운명을 관장하는 여신의 부관이다. 나는 명령에 따라 행동할 뿐이야.

실제로 역사를 살펴보면 많은 사람과 문화가 이와 비슷한 관점을 채용해서 자신의 삶을 운명 또는 숙명으로 받아들였다. 이런 관점은 적어도 고대 그리스 시대로 거슬러 올라간다. 고대 그리스인들은 사람들의 인생과 세상 전반을 통제하는 '운명의 세 여신the three Fates'을 믿었다. 일부 기독교 신학자들은 운명이란 개념을 예정설predestination이라는 형태로 받아들인다(예를 들면 칼뱅주의자). 그리고 여러 종교의 지도자들은 "신이 당신의 인생에 마련해놓은 계획"이라는 말을 계속한다. 유대인들 중에는 그들의 신이 자기 민족과 나라를 위한 계획을 세워놓았다고 믿는 사람이 많다(유대인들이 팔레스타인을 떠나 세계 각지에 흩어져 살던 디아스포라diaspora 기간 동안에는 특히나 그랬지만, 이스라엘이 국가로 성립된 오늘날까지도 이런 믿음이 계속 되고 있다). 자신이 스스로에게 부여된 운명을 실현하기 위해 살아가고 있으며, 개인의 운명은 그보다 더 크고 웅장한 세계의 운명과 어떤 식으로든 맞춰져 있다고 믿는 사람이 많다.

과학은 물리적 우주와 물리적 인과관계만을 다룬다. 만약 물리적 우주가 신, 운명, 숙명 등의 형이상학적 힘에 의해 특정 목적을 향하도록 통제 혹은 안내되고 있다고 믿는 사람이 있다면, 그 사람의 믿음은 합리적인 과학적 설명의 범위를 벗어난 것이다. 목적론적 믿음을 갖는 사람들 중에는 종교를 통해 그렇게 된 사람이 많지만, 일부 사람들은 우주 그 자체가 어떤 신비로운 방식을 통해 '의식'을 가지고 있어서 미리 예정되어 있는 어떤 최종 목적을 향해 나아가고 있다고 믿기도 한다. 초기의 일부 진화론자들은 진화를 미리 운명 지워진 경로를 따라 펼쳐지는 과정으로 바라보기도 했다. 이런 믿음의 핵심적인 요소는 이렇게 진화가 펼쳐지는 과정에서 결국 인간이 무대에 등장하도록 운명 지워져 있다는 것이었다.

목적론은 본질적으로 목적에 관한 것이다. 만약 장기적으로 일어나는 거대한 과정에 미리 예정된 최종 목적이 존재한다면 그 목적에 이르기까지의 일련의 과정, 그리고 그와 얽힌 모든 것에는 그 목적이 깃들어 있을 것이다. 이 '웅대한 목적grand purpose'이라는 개념은 어떤 사람들에게는 대단히 매력적이고 위안이 되는 개념이다. 그러면 자신의 삶이 그 거대한 목적에서 작지만 그래도 중요한 역할을 담당하고 있다고 믿을 수 있기 때문이다. 하지만 그 웅대한 목적이 정확히 무엇이라고 생각하는지 말해보라고 하면 대부분은 아주 어려워한다.

이런 믿음을 가지고 있으면 인생의 가혹한 경험들도 완화시켜줄 수 있다. 자식이 죽으면 그 가족들은 이 때이른 죽음이 사실은 어떤 계획의 일환으로서 목적 달성에 기여하고 있는 것이라 믿게 되는 경우가 많다. 그 죽음을 통해 가족이 서로를 더 사랑하게 되고, 남아 있는 아이들의 소중함을 더욱 잘 이해하게 되고, 가족이 더욱 가까워지고, 타락했던 가족 구성원을 올바른 태도와 행동으로 이끌어주는 등의 역할을 하게 된다는 것이다. 이런 믿음이 없다면 어린 자식의 죽음은 결국 아무런 목적에도 기여하지 않으며 그저 비극적인 상실에 불과한 것이 되고 만다. 왜 그토록 많은 사람이 목적론적 사고에 이끌리는지는 쉽게 이해할 수 있다. 이것은 어떤 설명을 제공해주기 때문이다. 이런 믿음은 언젠가 우리 대부분에게 닥치게 될 가혹한 사건들이 발생할 수밖에 없었던 이유를 설명해준다. 이것이 종교의 기원에서 가장 중요하게 작용한 요소라 주장하는 학자도 많다.

이런 비물리적인 계획, 목표, 목적 등이 설사 존재한다고 하더라도, 그것들은 물리적 존재가 아니기 때문에 과학은 그것을 찾아낼 수도, 연구할 수도 없다. 세상 사람들 중에는 운명에 대한 믿음을 갖고 있는 사람이 많고, 그중에는 과학자도 포함되어 있다. 하지만 과학은 운명을 결정하는 힘이나 이미 예정된 목표가 존재한다는 그 어떤 증거도 찾아내지 못했다. 일례로 생물학자가 아닌 일부 과학자와 SF 소설가, 그리고 그 팬들은 진화가 긍정적이고 창조적인 힘이며, 이것은 결국 지적인 생명체를 낳도록 예정되어 있다고 믿는다. 심지어 어떤 사람들은 인간과 비슷하게 생긴 지적 생명체인 휴머노이드humanoid를 언급하기도 한다. 마치 인간, 그리고 휴머노이드 지적 생명체가 진화 과정의 본질적인 목표라도 되는 것처럼 말이다. 현대 진화론은 그런 믿음을 뒷받침할 그 어떤 근거도 가지고 있지 않으며, 장기간의 진화적 변화와 관련된 어떤 구체적인 목표의 존재도 인정하지 않는다.

생명의 단기적 목표는 생존하고 번식해서 자기와 비슷한 능력을 지닌 후손을 만들어내는 것이다. 진화적 변화는 생존과 번식이라는 당면 목표만 신경 쓸 뿐 어떤 형태(휴머노이드)나 능력(지성)을 달성한다는 장기적 목표 따위에는 전혀 관심이 없다. 진화가 실제로 지구에 지적 생명체를 만들어냈다는 것은 분명한 사실이다. 이런 지적 생명체의 탄생은 생존해서 번식하기 위한 적응 방법이었을 가능성이 대단히 크다. 약 38억 년 전에 이 행성에서 생명이 시작된 이래 수백만 종의 생명체가 수백만 가지의 다양한 방식으로 생존과 번식을 위해 적응해왔고, 이런 방식은 대부분이 인간의 형태나 지적 능력과는 그다지 상관없는 것들이었다. 그럼에도 불구하고 이 생물 종들은 커다란 성공을 거두고 있다(개미, 바퀴벌레, 전갈, 상어 등). 인간이 걸어온 길은 이 행성에서 생존하고 번식할 수 있게 해주는 수백만 가지의 다양한 방법 중 하나일 뿐이다(그리고 아주 최근에야 등장한 방법으로 아직까지 그 역사가 짧다). 과학 어디에도 우리 인간이 필연적으로 등장할 수밖에 없었다는 증거는 없다.

어떤 사건이든 뒤돌아 생각해보면 마치 미리 계획되거나 운명 지워진 일련의 사건들로 이루어진 것처럼 보일 수 있다. 하지만 그런 믿음을 뒷받침해 줄 증거는 어디에 있는가? 이런 증거를 어디 가서 찾을 것이며, 또 어떻게 알아볼 수 있을 것인가?

사실 살아 있는 유기체의 삶에는 단기적인 목적이 존재한다는 증거가 있다. 여러 생명체는 단순한 접합자zygote(수정된 난자)로부터 시작해서 정교한 생리학적 과정과 행동을 갖춘 크고 복잡한 유기체로 예측 가능한 방식을 따라 발달한다. 이 생명체들은 헤아릴 수 없이 수많은 방식을 통해 주위 환경과 상호작용하며 그것을 이용한다. 분명 이들 생명체는 목적이 있는 존재인 듯 보이며, 실제로도 그렇다. 하지만 이는 자신의 DNA에 프로그램되어 있는 목적이나 짧은 수명 동안에 학습된 목적에만 해당되는 얘기다. 이 DNA 프로그래밍은 유전자의 생존과 번식을 위한 방향으로 설정되어 있다. 유전자의 번식은 주로 자손을 낳는 형태로 이루어진다. 학습된 목적 또한 대체적으로 비슷한 목표에 기여한다. 다만 인간에서 보이는 일부 학습된 목적의 경우는 예외다. 문화적 환경에 따라 학습된 일부 목적은 번식과 별로 관련이 없어 보인다. 그 예로는 스카이다이빙, 휴가 계획 세우기, 책 쓰기, 상 받기 등이다. 책을 쓰거나 스카이다이빙을 하는 사람들이 그렇지 않는 사람들보다 더 많은 자손을 남기는 경우는 드물다. 따라서 인간의 활동은 다른 동물 종에서 나타나는 목적론적 행동과는 다른 예외적인 경우다.

유명한 물리학자 스티븐 와인버그Stenven Weinberg는 이렇게 말했다. "우주를 이해하면 할수록 우주는 더 무의미한 것처럼 보인다." 많은 과학자가 이런 결론에 동감한다. 과학은 우주에서 일어나는 사건에 그 어떤 종합적인 계획이나 방향이 존재한다는 증거를 발견하지 못했다. 물론 빅뱅이 있었고, 이제 우주는 영원히 팽창하도록 '운명' 지워진 듯 보인다. 우주가 팽창하는 동안 모든 항성은 천천히 불타버리거나 폭발해서, 수십억 년 후의 우주는 모든 것이 흩어져 버린 춥고 생명 없는 장소가 될 것이다. 우주에 대한 우리의 지식으로도 이 정도까지는 예측이 가능하다. 하지만 이것은 대부분의 사람이 믿는 목적론적 계획이 아니다. 이것은 현재의 과학적 지식과 물리적 인과관계에 근거해서 직접적으로 도출된 예측이다.

어떤 사람들은 인간의 운명이나 숙명이 최종 목적을 향해 펼쳐지고 있다고 믿어서 해로울 것은 또 뭐가 있냐고 반문할 수 있다. 목적론의 진짜 문제는, 만약 당신이 진심으로 목적론을 믿는다면 당신은 개인의 행동이 미리 결정된 최종 목적에 어떤 영향도 줄 수 없다고 생각하게 된다는 점이다. 당신이 '신이 당신의 인생에 마련해놓은 계획'에 부응해서 살지 못하더라도 당신은 모든 것을 초월하는 신의 장대한 목표가 결국 이루어지리라 믿을 가능성이 높다. 한마디로 말해 당신이 인생을 어떻게 살든, 그런 거대한 목적론적 목표라는 측면에서 보면 당신의 삶은 전혀 중요하지 않다는 말이다. 많은 사람이 자신의 믿음에 존재하는 모순을 깨닫지 못한다는 사실은 참으로 놀랍다. 내가 이 목적론적 계획에서 담당해야 할 역할이 있지만, 내가 어떤 짓을 하든 간에 운명 지워진 계획은 그 최종 목적을 향해 계속해서 펼쳐질 것이기 때문에 내 역할을 제대로 수행하고 있는지는 전혀 중요하지 않다는 모순이 발생하는데도 말이다.

적어도 무의식적으로는 많은 사람이 이런 모순을 인식하고 있는 듯 보인다. 종교나 목적론적 믿음을 가지고 있는 사람들 중에서 자신의 삶에 주어진 계획대로 온전히 충실하게 살기 위해 노력하는 사람은 얼마되지 않으니 말이다. 하물며 자기에게 개인적으로 주어진 계획이 무엇인지 알아내려 노력하는 사람도 별로 없다. 다시 한번 물어보자, 이런 믿음을 가져서 해롭거나 위험할 것이 대체 무엇인가? 만약 세상이 어떤 형이상학적 계획을 따라 움직이도록 운명 지워져 있어 거기에 당신은 아무런 영향도 미칠 수 없다면, 당신 자신과 당신 삶의 모든 선택에 책임이란 존재하지 않는다. 그렇다면 당신이 살고 있는 사회와 세상에 이롭게 행동해야 한다는 책임도 떨쳐낼 수 있다. 내가 무언가 큰 잘못을 저질러도 그 최종 결과에는 아무런 영향을 미치지 않는다면 귀찮게 책임감 있는 인간이 될 필요가 무엇이란 말인가?

자신의 삶, 그리고 자신이 내리는 모든 선택이 세상과 세상의 가까운 미래에 잠재적으로 중요하게 작용할 수 있다는 믿음을 통해서만 우리는 책임감 있게 세상을 보살피는 이성적인 인간이 될 수 있다. 운명 지워진 최종 목표나 사후세계, 우주의 장엄한 목적, 무엇을 하든 상관없이 일어날 최후의 심판이 없어야만 비로소 우리가 하는 일이 중요해질지 모른다. 결과에 영향을 미칠 수 있으니 말이다. 아마도 우리의 인생과 미래를 만들어가는 것은 운명이 아니라 바로 우리의 선택일 것이다.

이런 사고방식만이 우리로 하여금 하나밖에 없는 지구가 환경오염과 인구과잉으로 시름하는 것이 나쁜 일임을 진지하게 받아들일 수 있도록 논리적으로 이끌어준다. 만약 지구가 우리가 아는 유일한 안식처고, 짧게 지나가는 이 인생이 우리의 유일한 삶이며, 우리 자손들의 미래가 바꿀 수 없는 운명을 따르는 것이 아니라 우리 자신의 행동에 달려 있다면 우리에게는 두 가지 선택이 있다는 것이 명확해진다. 그냥 포기해 버리거나, 아니면 자신의 선택과 행동에 책임감을 가지고 최선의 선택을 내릴 수 있도록 스스로 배우려 노력하는 것이다. 이것이 바로 실존주의자들이 권하는 길이다. 실존주의자들은 자신의 선택에 책임을 느끼고, 따라서 행동을 통해 삶을 창조해갈 줄 아는 '진정한 인간authentic person'이 되는 것을 가치 있게 여긴다. 합리주의자rationalist들도 우리가 사는 세상에 우리가 긍정적으로든, 부정적으로든 차이를 만들어낼 수 있다는 데 동의한다. 우리는 적어도 무언가를 '망쳐놓는 일'은 피할 수 있다. 자신의 삶, 다른 사람들의 삶, 심지어는 사회의 미래까지도 부정적인 영향을 미치게 될 여러 가지 일들이 있기 때문이다.

요약하자면 항성처럼 살아 있지 않은 물질은 자연 법칙 외에 과학이 감지할 수 있는 그 어떤 목적도 갖고 있지 않다. 살아 있는 생명체는 단기적 목적을 실제로 가지고 있다. 바로 생존하고 번식하는 것이다. 하지만 이 목적은 특정 물리적 분자와 세포 복합체 그리고 신체에 한정되어 있으며, 장기적 목적을 지향하지 않는 유기체의 진화가 가져온 결과다. 한 유기체의 생존과 번식은 수천 세대 앞의 미래를 내다보며 무엇이 필요할지 고민하지 않는다. 장기적인 형이상학적 목표, 목적, 운명 같은 것이 존재할지도 모르지만 그것이 실재한다는 경험적이고 객관적인 증거는 없다.

목표와 계획을 설정할 수 있는 인간으로서 우리는 우리의 선택과 행동이 실로 중요하며, 그 선택이 결과에도 영향을 미칠 수 있다는 점을 직시해야 한다. 이런 관점을 온전히 받아들여야만 우리는 현명하고 사려 깊은 선택의 중요성, 그리고 어떤 선택이 가능하며 그 각각의 선택에서 나올 수 있는 결과를 객관적으로 저울질해 보는 일의 중요성을 이해할 수 있을 것이다. 이성을 그리 강조하지 않는 일부 인본주의자humanist들은 다양한 버전의 목적론적 종교적 믿음을 방대한 문화적 다양성의 일부라 여기고, 이런 것들이 인간성을 풍요롭게 하며, 우리를 좀 더 흥미로운 종으로 만든다고 믿는다. 이런 생각에도 일리가 있을지 모르겠으나 합리주의자라면 인류 사회의 책임감 있고 이성적인 일원으로서 성장하는 것을 방해하는 그런 믿음들의 부정적 측면들에 대해 충분히 숙지하고 있어야 할 것이다. 번역 김성훈

주역을 '믿어선' 안 되는 7가지 이유

이지형

주역에 관한 에세이를 한 권 낸 뒤 욕을 좀 먹었다. 경전의 무게감 같은 건 훌훌 털겠다 마음먹고 쓴 글이었다. 주역에 대한 개론적 해설 외에는 시종일관 가볍고, 유쾌하고, 장난스럽고자 했다. 그렇게 읽히길 원했다. 주역에 입문하려는 분들이 편히 넘볼 수 있는 창窓 하나를 내주고 싶었다.

명분을 가지고 시작한 일이니, 저자로서 감수해야 할 흠집에 대해선 개의치 않았다. 그런데 어느 날 대형서점의 인터넷 사이트에서 책 소개 밑에 달린 댓글을 보고 당황했다. 독자 한 분이 에세이를 고강도로 비난하는 와중에 천기누설이라도 하듯 선언했다. "심지어 저자는 주역을 믿지도 않는다." 책에 대한 비판은 감수할 수 있었다. 하지만 이건 달랐다. '심지어'란 표현을 써가며, 저자는 주역을 믿지 않는다고 했다. 그러니까 그 독자는 심지어 주역을 믿는다는 얘기 아닌가. 그건 곤란한 일이다.

나는 물론 주역을 믿지 않는다. 야훼와 알라와 예수와 붓다에 대한 믿음도 석연치 않은 시대에 왜 주역을 믿나. 더욱 난감했던 건, 독자의 '주역 신앙'이 개인의 취향을 넘어서는 징후를 여러 곳에서 포착했기 때문이다. 인터넷 여기저기에 주역 신앙을 표방하는 텍스트들이 산재해 있다. 주역을 신화화하려는 시도가 기원후 세 번째 밀레니엄의 복판에도 건재하다.

언젠가 '음양오행이라는 거대한 농담, 위험한 농담'이란 칼럼을 쓴 적이 있다(2016년, 《스켑틱》 6호). 주역을 포함한 이른바 '강호 동양학'들의 월권과 폐해를 그냥 두어선 안 되겠다는 판단을 했다. 당시 음양과 오행, 사주와 주역에 분산시켰던 회의懷疑를, 온전히 주역에 집중시켜볼 생각이다. '신앙'의 남용과 '신화'의 범람을 두고 보기는 싫다.

주역을 굴릴 것인가, 주역에 굴리울 것인가?

글을 시작하기 전, 경전을 대하는 자세가 어떠해야 하는지 천여 년 전 절정 고수의 말을 빌려 얘기하고자 한다. 천 년의 세월을 격隔하고도 마음의 지배자로 통하는 육조 혜능六祖 慧能(638~713)의 일갈이다. 호칭만 육조이지 사실상 선禪불교의 초조初祖에 해당하는 인물이다. 그의 일대기와 사상을 아우른 《육조단경六祖壇經》에 이런 말이 등장한다.

마음이 미혹하면 법화경에 굴리우고,

心迷法華轉

마음이 깨달으면 법화경을 굴린다.

心悟轉法華

덧붙이지 않겠다. 명징한 열 글자에 첨언해봐야 사족이다. 주역에 '굴리우지' 않을 방법을 정리하는 게 이번 원고의 목표란 점 정도만 명확히 한다. 주역의 구성부터 살피자.

서로를 비난하고 할퀴는 경과 전

주역은 경經과 전傳으로 구성된다. 역경과 역전을 합해 주역이다. 역경이 예언에 대한 신뢰가 살아 있던 시기에 나온 '점사'의 집합이라면, 역전은 점사들에 대한 후대 학자들의 '유학적 해설'이다. 해설은 모두 10개로 십익十翼(10개의 날개)이라는 별명도 갖는다. 이렇게 10개다.

단彖 상·하, 상象 상·하, 계사繫辭 상·하, 문언文言, 설괘說卦, 서괘序卦, 잡괘雜卦

십익 중 역경의 괘사, 효사 각각에 문장별로 따라 붙는 해설이 단과 상이다. '해설'이라는 용어를 쓴다고 십익을 주역과는 별도의 가외 참고서처럼 생각해선 안 된다. 경과 전을 합해 주역이라 했다. 그런데 문제가 있다. 경과 전은 서로를 물어뜯는다. 좋게 봐주어도 물과 기름이다. 유일한 유화제는 주역에 대한 맹목적 믿음이다.

무작위로 괘사와 효사를 하나 골라 본다. 이 글을 쓰고 있는 시간이 10월 13일 새벽 5시쯤이다. 주역의 13번째 괘 동인同人의 5번째 효를 집는다. 효사(점사)와 그에 딸린 상(해설)이 이렇게 말한다.

> 우리 편이 처음엔 부르짖어 울고 나중에 웃는다.
> 큰 군사로 이기고 서로 만난다.
> (九五) 同人 先號咷而後笑 大師克相遇

> 동인의 처음은 중도로써 곧다는 얘기다.
> 큰 군사의 만남은 말言이 서로를 이긴다는 것이다.
> (象曰) 同人之先 以中直也 大師相遇 言相克也

주역의 문장들은 해독이 쉽지 않다. 점사의 생존 방식에서 연원한다. 너무 명확하게 예측하면 빗나간다. 애매해야 오래 살아남는다. 해설도 마찬가지다. 충분한 설명 없는 갑작스러운 단언이 대부분이다.

그런데 점사와 해설의 문장은 그 같은 공통점에도 불구하고 사용하는 용어들의 성격에서 큰 차이를 보인다. 점사의 용어(울고, 웃고, 이기고)가 구체적이라면, 해설의 용어(중도로써, 말이)는 추상적이다. 점사는 그야말로 점占의 기록이다. 앞으로 일어날 사건 사고를 묘사한다. 해설은 후대 유학자들의 부가 설명이다. 우발적이기 마련인 사건 사고에 유교적 의미와 당위의 가치를 부여하려 한다.

의리, 신의, 충성, 염치, 예절 등등… 부딪칠 수밖에 없다.

구체적이고 일상적인 괘사와 효사를 해설하는 데 있어, 추상화와 일반화는 불가피하다. 그러나 주역의 경우 과도하다. 과도한 유교적 경향성이 점사의 본질을 해치는 수준까지 갔다. 우발적인 대신 더할 나위 없이 풍요로운 세상사를, 건조하기 그지없는 공자연孔子然으로 압사시키는 것이다. "중도로써 곧기"를 바라는 해설들은 "부르짖어 울고" 때론 "웃는" 점사들과 다툴 수밖에 없다. 주역의 중요 부분인 단과 상은 한 문장도 빠짐없이, 유교적 의욕 과잉이 부른 오해와 착란이다.

주역 텍스트는 '봉합'이란 사실을 인정해야 한다

주역의 본문은 이렇게 괘사-해설, 효사-해설의 갈등 또는 봉합으로 이뤄진다. 십익 중 하나인 계사는 평상시에 이 본문을 음미하면서 마음을 안정시키길 권한다. 그러나 64괘의 일상적 감상이 선사하는 것은 평안이 아니라 견강부회牽强附會에 대한 불편한 인식이다.

그런 견강부회의 흔적이 '주역 해석학'을 일궈냈다. 상수象數와 의리義理가 양대 주류다. 주역을 점치는 텍스트로 보면 '상수역학'이다. 윤리와 철학의 텍스트로 보면 '의리역학'이다. 어긋난 점사-해설에서 비롯하는 해석의 두 방식이다. 그러나 원原 텍스트의 견강부회는 각기 다른 해석의 근거라기보다 주역의 한계를 명확히 하는 증거일 뿐이다.

어쨌거나 상수와 의리, 주역 해석의 두 진영에 제3의 연구방법론이 가세하는데, 이 경우 주역 신앙이 발붙일 곳은 더 줄어든다. 제3의 방식은 '고증역학'이다. 고증역학은 요약하자면, 주역의 점사들이 처음 쓰인 시대의 한자를 제대로 궁구해, 64개의 괘와 효에 딸린 점사를 독해하자는 것이다. 당대의 언어로 당대의 텍스트를 파악하자는 얘기다. 사실상, 점사로 해설을, 괘사와 효사로 단과 상을, 사건 사고의 언어로 유학적 견강부회를 전복하자는 움직임이다. 의도와 관계없이 서로 스며들지 않는 텍스트들의 불완전한 봉합인 주역을 고대의 언어로 해체하는 시도가 된다.

주역의 세계에 왜 바다는 없는가?

봉합으로 이뤄진 64괘의 텍스트들을 헤치고 나가면 근원적인 공간이 나타난다. 64괘의 밑바닥에서 8개의 기호가 떠오른다. 바로 8괘다. 세상의 전경全景에 대한 매혹적인 요약이다. 십익 중 하나인 설괘전은 8괘를 이렇게 묘사한다.

> 하늘과 땅은 제자리를 지킨다. 산과 호수는 기를 통하고, 우레와 바람은 부딪친다. 물(달)과 불(해)은 서로를 침범하지 않는다.
> 天地定位 山澤通氣 雷風相薄 水火不相射

간결하고 명쾌하다. 서사와 서정을 겸비한 묘사로, 설괘전은 이 세상을 함축하고 스케치한다. 8개의 요소면 충분하다.

> 하늘 호수 불 우레 바람 물 산 땅

乾兌離震巽坎艮坤

그런데…, 그런데 말이다. 바다는 어디로 갔나. 주역의 세계에서 바다는 왜 보이지 않는가. 주역은 이 세상 전체를 포괄하려는 야심이다. 그런데 왜 산과 바다가 아니라, 산과 호수인가.

주역은 중국의 내륙에서 탄생했다. 대륙의 패권을 다퉈온 중국인들에게 중요한 건 중원中原의 장악이었다. 중원이 세계의 전부다. 황하의 중상류를 중심으로 반경 일이천 킬로미터면 족했다. 그 세계에 바다는 존재하지 않는다. 존재할 필요가 없다.

주역은 8괘에서 64괘로 자신을 확장하고, 64괘로부터 384개(64×6)의 효를 가지 쳐 나간다. 그렇게 자기완결적인 체계로 세상을 품어가는 동안 스스로 자신의 경계를 획정한다. 주역은 자기완결적인 그만큼 고립된다. 중원의 시선으로 중원 너머를 배제한다.

바다 대신 물이 있지 않은가, 반론할 수 있다. 그러나 십익의 설괘전은 8괘를 확실히 짝지어놓는다. 하늘과 땅, 산과 호수, 우레와 바람, 물과 불. 이때 물-불 조합은 앞의 세 조합과 이질적이다. 물-불만 풍경 아닌 원소元素의 개념이다. 물의 존재로 바다의 실종을 보완할 순 없다.

바다 없는 세상은 불완전하다. 답답하고 건조하다. 바다를 배제한 주역 체계의 살풍경은 64괘를 자연 형상으로 풀이한 대상大象에서 극명하다. 대상이 펼쳐주는 세상의 모습은 단조롭다. 그럴 수밖에…. 고대 중국인들에겐 전부였을지 모르나, 실제론 세계의 한 구석에 불과한 중원에 자족한 체계였으니, 그 체계에 허용된 풍경이었으니.

주역은 지고지순한 연역의 체계가 아니다

64괘를 헤치고, 8괘를 관통하면서 우리는 고대 중국의 중원에 도착했다. 그곳에서 8괘의 원형까지 발견할 수 있다. 하늘과 땅, 산과 호수, 우레와 바람, 물과 불의 변전變轉을 가능하게 한 비밀스러운 기운 말이다. 바로 음과 양이다. 두 개의 기운이면 충분하다. 음과 양에 부여된 강력한 파워를 십익 중 하나인 계사가 한 문장으로 요약한다.

> 한번은 음, 한번은 양인 것을 도道라 한다.
> 一陰一陽之謂道

음과 양의 순환이 도라고, 그게 진리라고 주역은 말한다. 음과 양이 어우러져 8괘를 이루고, 64괘를 만들고, 384효를 퍼뜨린다. 세상을 탄생시키고 장악한다. 64괘의 끝없는 변화가 세상의 변전이다. 64괘를 관조하는 것은 세상을 응시하는 일이다. 64괘의 변화를 살피는 것은 세상사의 진행을 음미하는 일이다. 음과 양이라는 단순하고 명쾌한 전제로부터 모든 것이 뻗어져 나간다. 주역 체계는 그렇게 물샐 틈 없는 '연역'의 결과다.

음양이 8괘로, 8괘가 64괘로 확장하는 과정에 오류가 개입할 여지는 없어 보인다. 그러니 음과 양의 순환이 진리인 그만큼 64괘도 진리라고 말하면 될까. 64괘로 이뤄진 주역 역시 진리라 말하면 되는 걸까.

그렇게 말해선 안 된다. 주역의 형성 과정은 주역 신봉자들의 생각과 딴판이다. 정확히 반대의 과정이다.

3000~4000년 전 수많은 점사가 있었다. 열 받은 거북의 등껍질이나 동물 뼈에 드러난 문양과 그 문양에 대한 해석이 넘쳐났다. 그게 점사들이다. 전쟁과 농사와 정치에 대한 수많은 예측 텍스트가 나중, 카테고리별로 묶인다. 이어 주역의 편집자들이 그중 대표적인 점사들을 취한다. 주역은 그렇게 만들어지기 시작한다. 음양 이론의 접목은 차후의 일이다.

주역의 신봉자들은 '순수하고 절대적인 연역'을 주역에 대한 믿음의 근거로 제시한다. 음양에서 천지만물로 이어지는 세상사의 전개와 음양에서 64괘, 384효로 이어지는 주역의 전개를 통일적인 것으로 파악한다. 그러나 주역의 형성은 본질적으로 귀납에 의존한다. 긴 세월에 걸친 간헐적이고 허술한 귀납이 주역이라는 봉합을 탄생시켰다.

미완성으로 끝맺는다는 드라마틱한 설정, 그 허구

어린 여우가 강을 막 건너려는데, 그만 꼬리를 적시고 말았다.
小狐汔濟濡其尾

주역의 64번째 괘卦 미제未濟의 점사다. 여우 한 마리가 먼 길을 돌아 종착지에 도착했다. 강만 넘으면 끝이다. 새로운 삶이 시작된다. 물 위로 몸을 날리며 뒤를 돌아보는데 꼬리가 그만… 드라마틱한 상황이다.

주역은 64개의 괘로 이뤄져 있다. 64개의 메시지 모음 같은 것이다. 64개의 괘와 그에 대한 해설이 전부다. 그런데 괘의 배열을 마무리하면서 '미완성'을 선언한다. 어린 여우가 꼬리를 적시고 말았다. 마지막 괘 미제의 테마를 요약하는 이 짧은 문장은 천 년, 이천 년 동안 회자됐다. 파격 때문이다. 음양의 막대 6개의 조합으로 일궈낸, 물샐 틈 없는 체계를 미완성으로 끝낸다?

파격의 함의는 컸다. 완결은 종말이다. 미완성은 또 다른 순환의 시작이다. 아름다운 결여缺如다. 미완성을 통해서만 세계는 지속된다. 채우고 또 채워도 모자라 무언가 갈구하는 사람들에게 주역은 얼마나 매력적인가. 사람 사는 일은 어차피 미완성이야, 실망하지 마… 주역은 속삭인다. 주역의 많은 해설자가 위로 불, 아래로 물을 겹쳐 만든 화수火水의 괘 미제에 끝없이 경의를 표해왔다(고백하자면 나도 그들 중 한 명이었다).

그런데 미제는 과연 주역의 '마지막' 괘일까.

주역은 미제(건너지 못함) 바로 앞, 63번째 괘의 자리에 기제既濟(이미 건넘)를 두고 있다. 그냥 둔 게 아니다. 기제와 미제는 6개의 음양 막대를 위아래로 뒤집은 방식으로 대칭을 이루는 '커플' 괘다. 이 같은 조합은 64괘의 배열에서 일관된다. 주역의 첫 번째 건乾괘와 곤坤괘부터가 그렇다. 64괘의 배열 방식은 1, 2, 3, 4, 5 … 63, 64가 아니라, 1-2, 3-4, 5-6 … 63-64다. 64개의 괘 각각을 하나씩 나열하는 대신 32쌍의 괘를 커플로 배열한다. 주역 체계의 마지막은 미제가 아니라 기제-미제의 조합이다.

주역은 체계의 마지막에 미완성을 제시하지 않는다. 완성(기제)-미완성(기제)의 조합을 내놓는다. '체계의 미완성'을 통해 '삶의 미완성'을 웅변한다는 식의 주역 신화는 허구다. 주역 앞에서 우리는 솔직해져야 한다. 마음이 미혹하면心迷 눈앞의 명백한 풍경을 보지 못한다.

원숭이 엉덩이는 빨개… vs 서괘전

그렇다면 건-곤으로 시작해 기제-미제로 끝맺는 32쌍의 주역 배열은 어떤 원칙을 따를까. 주역을 공부하는 이들은 64괘를 순서대로 왼다. 건, 곤, 준, 몽, 수, 송, 사, 비, 소축, 리, 태, 비… 그야말로 암기다. '무작정' 외는 거다. 무작정 욀 수밖에 없는 건, 원칙이 없기 때문이다. 커플을 이루는 괘가 음양 막대의 배열에서 서로를 전도顚倒한다는 것 외엔 규칙이 없다. 건-곤 다음에 왜 준-몽이 붙는지 그 뒤에 왜 수-송이 오고, 사-비가 따르는지 누구도 모른다.

기이한 일 아닌가. 64개의 괘만으로 세상을 축약하고 아우르는 주역이, 64괘의 배열에 수긍하고 동의할 만한 규칙을 내놓고 있지 않다니. 주역은 하늘에서 툭 떨어진 진리의 체계인가. 이성으로는 속내를 짐작할 수 없고 할 필요도 없는 천부天賦의 체계인가.

십익 중 하나인 서괘전序卦傳이 64괘의 진행 순서를 해명한다. 그러나 석연치 않다. 주역의 5번째 괘 수需로부터 6번째 송訟, 7번째 사師를 거쳐 8번째 괘 비比에 이르는 배열을, 서괘전이 어떻게 설명하는지 보자.

> '수'는 음식의 도道이다. 음식에는 반드시 소송이 생기니 '송'으로 받는다. 소송이 있으면 무리들이 들고 일어나니 '사'로 받는다. 사는 무리를 뜻한다. 무리들이 있으면 반드시 친함이 있으니 '비'로 받는다.
>
> 需者飮食之道也 飮食必有訟 故受之以訟 訟必有衆起 故受之以師 師者衆也 衆必有所比 故受之以比

수천水天의 괘 수는 '기다림'의 괘다. 하늘 위天로 짙은 구름水이 가득한데 비는 오지 않는다. 사람들은 인내심으로 비를 기다린다. 그런 기다림의 괘가 수다. 그런데 서괘전은 '음식'을 들고 나온다. 송으로 연결시키기 위한 무리수다. 수괘에 음식 얘기가 없는 건 아니다. 5번째 양의 효가 수우주식需于酒食을 말한다. 그렇다고 수를 음식의 괘로 이해하는 사람은 없다.

더 따라가보자. 소송이 있으면 무리들이 들고 일어난다? 그럴싸하다. 서괘전은 군중 또는 리더십을 뜻하는 사를 그렇게 이끌어낸다. 이어 사를 친화, 인화를 뜻하는 비로 연결시킨다. 소송을 끝낸 무리들이 서로 친해진단 얘기인가. 서괘전의 논리가 주역의 차서次序 원칙이 될 수 있는지는 독자들의 판단에 맡기겠다. 그러나 내 주관적 견해를 밝히라고 하면 단연코 "노!"다.

아이들 동요 중에 '원숭이 엉덩이는 빨개'로 시작하는 노래가 있다. "원숭이 엉덩이는 빨개, 빨가면 사과, 사과는 맛있어, 맛있으면 바나나, 바나나는 길어…" 설득력의 견지에서 나는 서괘전보다 이 동요를 높게 친다.

지나친 희화화인가. 그러나 현재 통용되는 64괘의 배열은 주역을 믿는 이들이 생각하는 만큼 공고한 게 아니다. 무너지기 쉬운 체계이며, 이미 무너졌다고 봐야 한다.

1973년 중국 장사長沙의 마왕퇴馬王堆에서 비단 위에 쓰인 주역 저본底本이 발견됐다. 이 주역은 통용 중인 주역과 전혀 다른 순서로 64괘를 배열하고 있다. 게다가 뚜렷한 배열 원칙을 갖고 있다. 우리가 유일무이하다고 믿는 주역의 체계는 유일하지도 않을 뿐만 아니라, 정합성의 측면에서 열등할 가능성까지 있는 것이다.

다시, 음양은 우주적 진리인가?

그러나 주역 신봉자들의 음양에 대한 믿음은 굳건하다. 그들은 말한다. 연역이든, 귀납이든 주역은 여전히 음양의 이론 아닌가. 음양이 촉발했든, 음양이 감싸 안았든 음양의 체계 아닌가. 변함없고, 다함없는 음양의 원리를 구현한 주역은 '우주적 진리'다….

이쯤 해서, 글머리에 언급했던 《스켑틱》 6호 '음양오행이라는 거대한 농담, 위험한 농담'으로 돌아가려 한다. 당시 원고의 주역 관련 논지를 업데이트해 새롭게 요약하는 것으로, 주역의 '신앙 코스프레'에 관한 비판을 끝낼 수 있을 것 같다.

> 음양은 순수하고 오류 없는 무결점의 우주적 진리인가. 138억 년 전 빅뱅으로 우주가 출현했다. 50억 년 전 태양이 만들어졌다. 46억 년 전 태양계의 먼지들이 뭉쳐 지구가 탄생했다. 지구에 소행성 하나가 부딪친다. 떨어져나간 지구의 조각에 우주의 먼지가 붙는다. 지구 위로 달이 뜨기 시작한다. 해와 달, 낮과 밤에 이어 음과 양의 개념이 탄생한다. 음양은 우주적 진리인가. 음양은 '태양-달-지구' 시스템과 함께 등장한 '지구적 진리'에 그친다. 그마저도 내륙에 갇힌 채 중원의 헤게모니를 다투던 이들의 마음속에 자리 잡고 있던 '통일적 시각'에 대한 열망의 이면이다. 주역을 굳이 '믿을' 것인가.

사족 : 55번째 괘 풍의 메시지

주역을 '믿어선' 안 된다. 나는 그렇게 생각한다.

그러나 믿을 수 없다고 폐기할 것인가.

주역은 서로 다른 시대의 유적이 겹겹이 쌓인 지층 같은 텍스트다. 수천 년 전의 종잡을 수 없는 점사들 위로, 삼황오제의 신화가 쌓이고, 은殷·주周 교체기의 정치적 격동이 덧붙고, 그 위로 음양 이론이 스며들며 만들어졌다. 여기에 송宋 시기, 당대의 천재들인 소강절邵康節, 주희朱熹 등이 정치精緻한 해석을 보태며 주역을 신화화했다. 이렇게 수천 년에 걸친 축적이 만들어낸, 변화무쌍의 콘텐츠를 '믿음'의 대상이 아니란 이유로 파문하는 건 적절치 않다.

영어권에선 주역을 역경易經의 중국어 발음을 따라 'I Ching'이라고 쓴다. 그리고 그 뒤에 'The Book of Change'란 부제를 붙인다. 주역은 시종일관 변화change를 역설하는 텍스트다. 그렇게 변화를 역설하는 책을, 왜 그리 요지부동의 자세로 대하는지.

주역의 55번째 괘 뇌화雷火 풍豊은 형통의 메시지로 유명하다. 태양火이 천둥번개雷의 호위를 받으며 하늘 위로 치솟는다. 전례 없는 풍요를 예감하며, 풍 괘의 단사彖辭는 이런 메시지를 덧붙인다.

> 해는 중천에 뜨면 곧 기울고, 달은 차자마자 이지러진다. 천지는 가득 찼다가 비워지고, 시간은 쇠했다가 살아난다. 하물며 사람이랴, 하물며 귀신이랴.

하물며 주역이랴. '변화의 책'을 변화로서 대하는 세태를 소망할 뿐이다. 주역의 마인드로 주역을 대하는 것, 그게 굴리우지 않고, 굴리는 방법이다. 구태의연의 늪에 빠진 고래古來의 텍스트를 되살리는 길이다.

2부

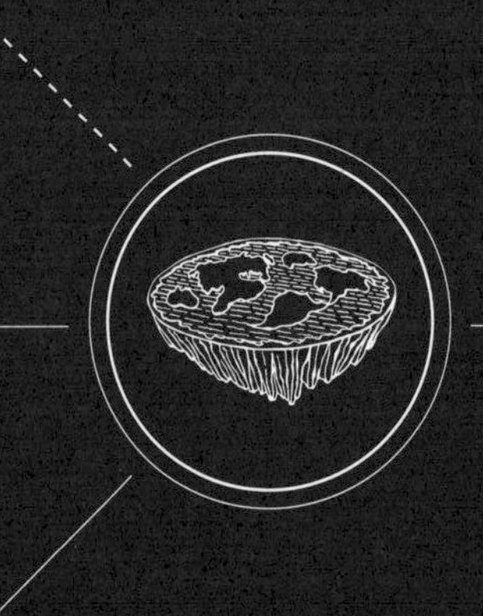

우리 일상 속 과학에 관한 이상한 믿음

물은 답을 알고 있다?

니콜라 고브리트·스타니슬라스 프랑포르

지금은 고인이 된 에모토 마사루江本勝는 1943년에 출생한 일본의 작가이자 사업가다. 그는 '감정이 물체에 주는 영향'이라는 문제에 오랫동안 각별한 관심을 가졌다. 그리고 자신의 궁금증을 해결하기 위해 다음과 같은 실험을 실시했다. 먼저 물이 담긴 용기 앞에서 긍정적인 문장(예: "고마워." "사랑해.") 또는 부정적인 문장(예: "네가 싫어." "넌 바보야.")을 소리 내어 읽어준다. 그리고 이 물을 얼린 다음 현미경으로 얼음 결정의 형태를 촬영했다. 에모토에 따르면 다정한 말을 들은 물에는 그렇지 못한 물에 비해 훨씬 아름다운 결정이 생성되었다고 한다. 이에 제임스 랜디James Randi는 에모토가 이중 맹검double blind 조건에서 실험을 다시 실시해 같은 결과를 얻으면 백만 달러를 내놓겠다고 도발했다. 에모토는 이 제안을 거절했다.

에모토는 쌀밥도 물처럼 감정의 영향을 받는다고 믿었다. 쌀밥 실험에서 에모토는 사람들에게 쌀밥이 든 용기에 대고 다정한 말 또는 무정한 말을 하게 했다. 에모토는 다정한 말을 들은 쌀이 무정한 말을 들은 쌀에 비해 천천히 부패했다고 주장했다. 인터넷에서 검색을 해보면 집에서 비슷한 실험을 실시해 같은 결과를 얻었다거나 에모토와 다른 결과가 나왔다고 주장하는 몇몇 웹사이트를 찾을 수 있다.

그러나 그중 어느 것도 제대로 설계된 실험이라고 인정하기는 어렵다. 이유는 다음과 같다. 우선 어느 실험에서도 네 개 이상의 표본을 사용하지 않았다. 통계적으로 유의미한 결론을 내리기에는 표본 수가 너무 적은 셈이다. 둘째로 무작위 추출의 과정이 전혀 없다. 친절한 말을 들을 쌀그릇과 매정한 대우를 받을 쌀그릇을 지정할 때 실험자들의 주관이 개입될 수 있는 것이다. 에모토의 이론을 믿는 사람이라면 무의식적으로 빨리 상할 확률이 높은 쌀을 골랐을 수 있다. 예를 들어 젖었지만 물에 잠기지 않은 쌀(에모토의 실험에서는 용기 안에 물도 함께 담아 두었다)은 빨리 상할 가능성이 크다.

셋째로 그것은 은폐 실험이 아니었다. 쌀에게 듣기 싫은 말이나 다정한 말을 반복해서 들려준 사람과 쌀을 보관한 사람은 대체로 동일 인물이었고, 실험을 끝내는 시점을 직접 결정했으며, 어느 쌀이 가장 많이 상했는지도 스스로 (주관적으로) 판단했다. 이렇게 되면 에모토의 이론을 믿는 사람은 나쁜 말을 듣는 쌀그릇을 열악한

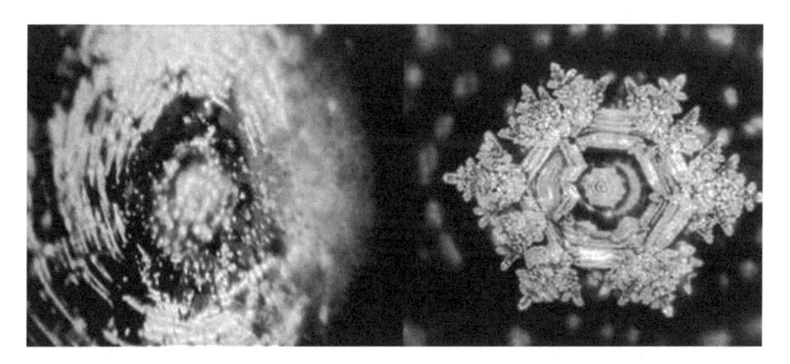

에모토의 실험에서 물에게 감정적 문장을 읽어준 다음 얼렸을 때의 얼음 결정 형태: 무정한 말을 들었을 때(왼쪽)와 다정한 말을 들었을 때(오른쪽).

환경(다량의 빛과 열에 노출되는 양지)에 놓아두고, 육안상 그 쌀이 처음과 달라졌거나 좋은 환경에 있는 쌀보다 많이 상했을 시점에 실험을 끝낼 가능성이 있다.

이런 방법상의 결함을 바로잡기 위해 우리는 무작위 맹검 절차에 따라 에모토의 실험을 반복했다. 연구에는 두 명의 실험자 A와 B가 참가했다. A는 똑같이 생긴 22쌍의 용기에 쌀을 담고 1조부터 22조까지 번호를 지정했다. 그러면 B는 동전을 던져 각 조에서 나쁜('부정적') 대우를 받을 용기와 좋은('긍정적') 대우를 받을 용기를 결정했다. 이때 A는 현장을 떠나 있었다. '부정적' 또는 '긍정적'이라 적힌 라벨은 용기를 들어보지 않으면 아무도 보지 못하도록 용기 바닥에 붙였다.

A는 2주 동안 날마다 용기를 쟁반에 올려 B에게 가져다 준 다음 그 자리를 떠났다. B는 용기 바닥을 확인하여 라벨에 표시된 대로 쌀에게 다정한 말이나 불쾌한 말(가능하면 욕설)을 했다. 동시에

말에 상응하는 감정도 쌀에게 쏟아 부어야했다. 용기 한 개당 할당한 시간은 1분씩이었다. 그런 다음 B가 용기를 다시 쟁반에 담고 A를 부르면 A는 각 용기가 어느 카테고리에 속하는지 확인하지 않고 무작위로 아무 위치에나 가져다 놓았다.

2주 뒤에 A는 B가 조별로 짝지어 놓은 용기를 (밑면의 라벨을 확인하지 않고) 개봉한 다음 둘 중 어느 것이 더 많이 상했는지 비교했다. 상태를 정확히 판단하기 위해 필요한 경우, 냄새를 맡거나, 눈으로 살펴보거나, 썩은 부분을 손으로 건드려 볼 수 있었다.

결과

'부정적' 쌀이 더 많이 썩었다고 평가받은 것은 7쌍이었지만 '긍정적' 쌀이 더 부패한 것은 15쌍이었다. 이쯤 되면 새 이론을 만들어야 할 것 같다. 우리가 사용한 태국 쌀에 마조히즘 성향이 있었다고 봐야 할지 모르겠다. 아니면 쌀은 밥이 되면서 이미 생명을 잃었으니, 우리의 '긍정적' 메시지를 받아들여 왕성하게 증식한 것은 박테리아인지도 모른다.

물론 어느 것도 검증된 사실은 아니다. 우리의 결과는 통계적으로 유의미하지 않으므로, 에모토는 우리 실험이 순수한 임의변동random variation의 결과에 불과하다고 반박할지 모르겠다. 그렇지만 아무래도 쌀이 인간의 말과 감정에 영향을 받는 것 같지는 않다.

얼음 결정의 형성

에모토 마사루는 인간의 감정이 얼음 결정의 형태에도 영향을

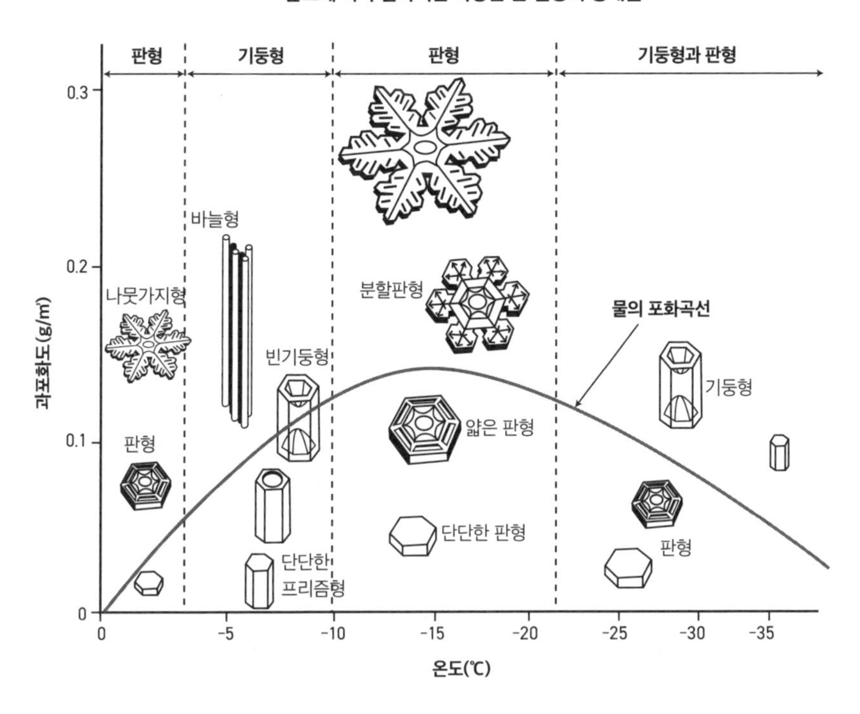

줄 수 있다고 주장했다. 그는 결정의 형태를 두 부류로 나누어, 전형적인 육각의 대칭형 결정은 '아름다운 결정'으로, 부정형의 덩어리는 '흉한 결정'으로 불렀다.

에모토가 과학자들이 수십 년간 실험실에서 눈꽃을 만들어왔으며 온도와 습도 등을 조절하여 원하는 형태의 결정을 만들 수 있다는 사실을 알고 있었는지는 알 수 없다. 자연 상태에서처럼 흉한 결정 덩어리를 만들어내기도 어렵지 않다. 압력을 가하거나 온도를 높여 섬세한 결정 구조를 파괴한 다음 다시 얼리기만 하면 된다. 냉정한 말 따위는 필요 없다.

앞의 그래프는 눈 결정의 기본적인 형태가 온도나 습도와 어떤 관계를 갖는지 보여주는 것이다. 이 자료는 케네스 리브레히트Kenneth G. Libbrecht의 웹사이트(snowcrystals.com)에서 가져왔다. 이 사이트에는 눈 결정을 만들고 촬영하는 방법에 관한 (최신 학술 논문부터 어린이 교육 자료에 이르는) 다양한 정보, 눈 결정의 형성 과정을 담은 동영상, 전자현미경 사진, 눈 결정 사진의 역사 등이 수록되어 있다. 번역 김효정

휴대폰은 암을 유발할 수 있을까?

버나드 레이킨드

뉴스에서는 휴대폰이 뇌종양, 안구암 등을 유발할 수 있다고 연일 우리를 위협하고 있다. 특히나 한창 성장 중인 아이들은 뇌가 취약하기 때문에 더 큰 위험에 노출된다고 주장한다. 유행병학자들은 관련 자료를 제시한 뒤, 휴대폰에서 나오는 전자기파의 유해가능성을 배제할 수 없으며 더 많은 연구가 필요하다고 경고한다. 의학 전문가들은 아직 확정적인 자료가 없으니 혹시 모를 위험에 대비하는 차원에서 휴대폰을 팔 길이만큼 떨어뜨려 놓을 것을 권장한다. 물론 뉴스 기사에서도 이러한 경고들로 가득차 있다. 위험이 도사리고 있다고 말이다.

휴대폰이 암을 유발한다는 것은 아무런 근거도 없는 두려움이다. 휴대폰에서 나오는 전자기파가 암을 유발한다는 증거는 눈곱만큼도 없다. 집 내벽에 매립된 전깃줄, 헤어드라이어, 전기담요, 집 근처로 지나가는 고압전선보다도 증거가 약하다.

이런 에너지원에서 발생한 에너지가 우리 몸의 원자나 분자와 만났을 때 어떤 일이 일어나는지 우리는 정확히 알고 있으며, 그런 에너지가 암을 유발하지 않는다는 것도 분명히 알고 있다. 이런 에너지로 암을 유발할 수 있는 방법은 알려진 것이 없다.

일부 전자기파는 암과 관련이 있다. 자외선, X선, 감마선 등이 여기에 해당한다. 이런 유형의 전사기파는 우리 몸속에 있는 분자들의 공유결합을 파괴할 수 있어서 위험하다. 중요 분자에서 특정 공유결합이 파괴되었을 경우 암 발생 위험이 증가하기 때문이다. 태양에서 오는 자외선과 피부암 사이의 상관관계가 그 사례다.

이것을 제외한 나머지 모든 유형의 전자기파는 그저 분자나 원자의 열교란thermal agitation을 활발하게 만들 뿐, 다른 일은 하지 못한다. 가시광선은 화학결합에 영향을 미칠 수 있는 충분한 에너지를 가지고 있다. 빛이 우리 망막에 들어 있는 막대세포rod cell나 원뿔세포cone cell와 부딪히면 휴지 상태에 있던 로돕신rhodopsin 분자가 휘어지면서 다른 상태로 전환되지만 분자 자체가 파괴되지는 않는다. 가시광선이 식물의 엽록소 분자와 부딪히면 분자의 전자 상태에 변화가 생기지만 엽록소 자체는 파괴되지 않는 것과 같은 이치다. 결국 가시광선은 암을 유발하지 못한다.

전자기파의 에너지는 '광자photon'의 형태로 원자와 분자에 전달된다. 광자의 에너지는 그 광자의 주파수에 비례한다. 자외선, X

그림1 생화학의 에너지 세계

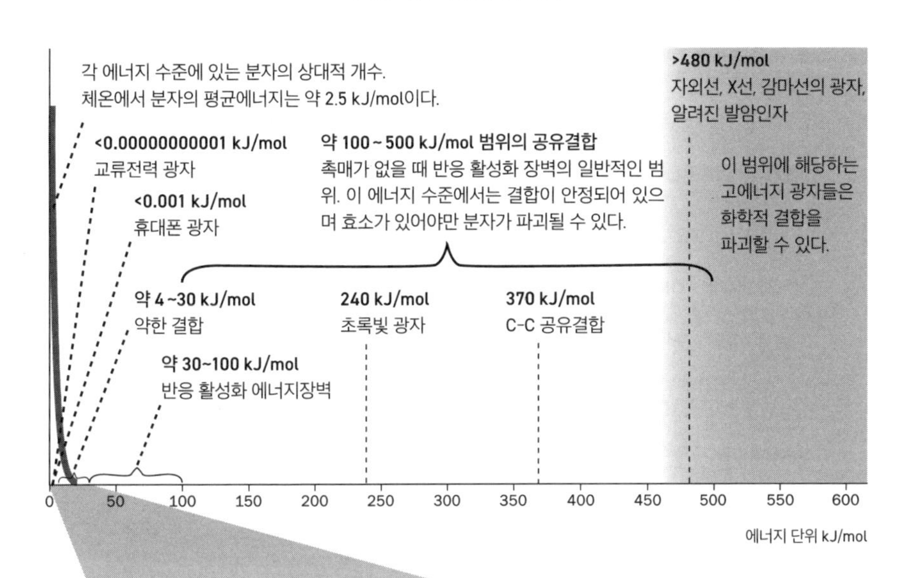

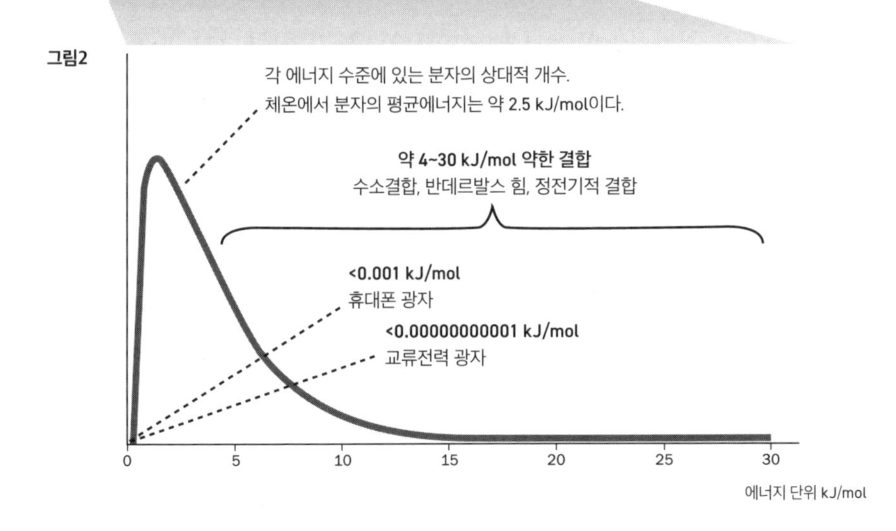

선, 감마선처럼 주파수가 높은 전자기파의 광자는 저주파수의 전자기파와 비교하면 상대적으로 많은 양의 에너지를 실어 나른다. 고에너지 광자는 공유결합을 파괴할 수 있으나 가시광선, 적외선, 극초단파(마이크로파), TV와 라디오의 전파, 교류전력 등 다른 전자기파의 광자 에너지는 그러지 못하는 이유가 바로 이 때문이다.

그림1은 생명체에서 중요한 에너지 영역의 범위를 보여주고 있다. 가운데 100~500kJ/mol의 에너지 영역을 살펴보자. 이 영역은 강력한 화학결합인 공유결합의 에너지 범위를 나타낸다. 공유결합은 생명을 구성하는 모든 분자에서 대단히 중요한 역할을 한다. 유기체에서 가장 중요한 결합, 즉 두 탄소 원자 사이에서 일어나는 공유결합(C-C 공유결합)의 에너지는 370kJ/mol이다. 이보다 높은 에너지의 전자기파는 암을 유발할 수 있다. 초록빛의 에너지가 어느 정도인지 눈여겨보자. 가시광선은 암을 유발하지 않는다.

휴대폰 전자기파의 에너지와 교류전력 전자기파의 에너지가 매우 낮다는 사실에 주목하자. 휴대폰의 전자기파는 공유결합을 파괴하거나 약화시킬 수 없다.

그림2는 **그림1**의 에너지 척도 중에서도 저에너지 영역(0~30kJ/mol)을 별도로 확대해서 보여주고 있다. 약 4~30kJ/mol의 약한 결합 범위에 주목하자. 수소결합, 반데르발스 힘, 정전기적 결합, 그리고 소수성 힘hydrophobic force•과 친수성 힘hydrophilic force•• 등의 힘이 여기에 포함된다. 생명체의 분자 복합체에서는 이런 결합들이 분

• 기름처럼 물과 섞이기를 싫어하는 성질.
•• 물과 친화력이 좋아 쉽게 어울리는 성질.

자 가닥을 한데 붙잡아 3차원 형태를 만드는 데 핵심적인 역할을 한다.

공유결합은 DNA 한 가닥에 들어 있는 원자들을 결합시키고, 수소결합은 이렇게 만들어진 DNA 가닥을 그 짝과 연결시킨다. 효소는 접히고 비틀어지며 촉매제로서 역할을 수행한다. 다양한 약한 결합을 통해 분자의 접힘 형태와 비틀림 형태가 유지된다.

이 두 도표에는 체온에서의 분자 열운동 에너지가 나타나 있다. 우리 몸을 이루는 모든 분자는 이 열운동에 참가하고 있다. 분자들은 서로 거칠게 떠밀고, 비틀리며, 진동한다. 그래프의 굵은 분홍선은 이런 다양한 운동에서 에너지가 어떻게 분포되는지 보여준다. 이 운동의 평균 에너지는 2.5kJ/mol이다. 그리 많진 않지만 일부 분자는 훨씬 높은 에너지를 갖고 있다.

만약 2.5kJ/mol 전후의 에너지 전달만으로 생명체의 분자에 손상을 입힐 수 있었다면 생명은 존재할 수 없었을 것이다. 무작위 열운동만으로도 대부분의 분자가 신속하게 파괴되었을 것이기 때문이다. 다행스럽게도 공유결합을 파괴하려면 이보다 10배에서 50배 정도의 에너지가 필요하다. 열운동에 의한 충돌은 공유결합을 파괴하지 않는다. 약한 화학결합은 열 결합과 열 충돌이 일어나는 영역의 위쪽 부분에 위치한다. 바로 그런 이유로 약한 결합이 생명체의 구조에서 나타날 때는 단일결합이 아니라 언제나 집단적 결합으로 나타난다. DNA의 긴 이중나선에서 각각의 수소결합은 지퍼의 이빨 하나하나와 비슷하다. 혼자서는 버틸 수 없는 힘도 여럿이 모이면 버틸 수 있는 것이다.

이런 충돌에서는 전자기 상호작용이 일어난다. 분자의 바깥 전자들은 전자기력을 통해 이웃 분자의 존재를 감지한다. 이 전자들은 다가오는 이웃 전자들을 밀어내고, 자기 자신이 속해 있는 분자 또한 같은 방식으로 밀어낸다. 이런 밀치는 힘을 전달하는 것이 전자기력이다. 생물학에 등장하는 모든 분자는 이런 전자기력을 견딜 수 있어야만 자신의 형태와 기능을 유지할 수 있다. 휴대폰의 전자기장이 생명체의 분자에 가하는 힘도 분자들 사이에서 발생하는 밀치는 힘과 다를 것이 없다. 다만 그 힘이 훨씬, 아주 훨씬 약할 뿐이다.

암은 개별 세포의 유전에 문제가 생기는 질병이다. 뭔가가 잘못되어 세포가 그 후손에게 오류를 전달하기 시작한다. 이상이 생긴 한 세포가 걷잡을 수 없이 복제되면서 잘못된 지침, 즉 손상된 DNA를 딸세포들에게 물려주는 것이다. 그 손상이 너무 큰 경우 세포는 죽음을 맞이하게 된다. 만약 손상이 별것 아니면 암이 되지 않는다. 암이 발생하려면 손상이 생긴 세포와 그 손상을 물려받은 후손 세포들이 통제되지 않는 상태로 계속 기능해야만 한다. 보통 암이 발생하려면 단일 세포 안에서 한 가지 이상의 돌연변이가 일어나야 한다.

화학적 변화는 어떻게 일어나는지, 생명체의 분자가 세포질 안에서 안정을 유지하는 이유는 무엇인지, 생명체가 자신의 화학 반응을 어떻게 켜고 끄며 통제하는지 이해할 필요가 있다. **그림3**을 살펴보자.

그림3은 화학 반응의 도식으로 생화학 관련 서적마다 빠지지 않

그림3 효소가 있을 때와 없을 때의 반응 에너지장벽

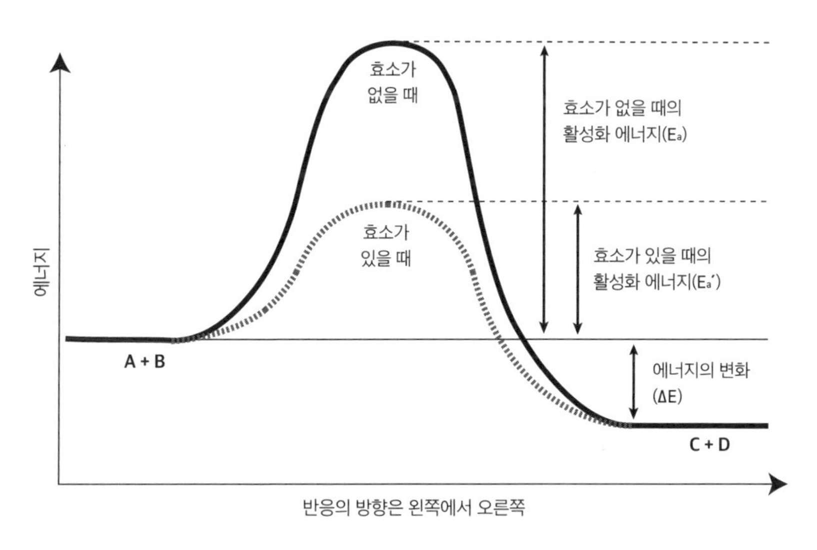

고 등장하는 유명한 도표다. 이 반응을 A + B → C + D로 생각하자. 여기서 A와 B는 반응물질이고, C와 D는 반응산물이다. 도표와 방정식에서 반응은 왼쪽에서 시작해서 오른쪽으로 진행된다. 수직축은 에너지를 말한다. 전문적인 내용은 신경 쓰지 않아도 좋다. '효소가 없을 때의 활성화 에너지'라고 나와 있는 위쪽 실선에서 시작하자. 이 반응이 일어나기 위해서는 분자 A와 B가 이 언덕을 넘어갈 수 있는 충분한 에너지가 필요하다. 이 에너지는 끊임없이 이루어지는 열 충돌에서 나올 수도 있고, 다른 분자의 내부 에너지, 혹은 전자기파나 다른 원천으로부터 발생해 들어오는 광자에서 나올 수도 있다. 여기서 주변 환경을 포함한 계 전체의 총 에너지는 일정하다.

분자 A, B와 주변 환경 사이에서 지속적으로 무작위적인 에너지 교환이 이루어지다가 우연히 A와 B가 언덕을 뛰어넘을 수 있는 충분한 에너지를 얻게 되면 반응이 일어나 C와 D가 만들어진다.

이 도표는 설명을 위해 간략하게 표현된 것이다. 아무리 간단한 화학 반응이라도 실제 도표로 나타내보면 간단히 수평축 하나로 표현되는 것이 아니라 여러 차원의 축으로 구성된다. 에너지장벽 또한 이런 매끈한 언덕이 아니라 산과 계곡으로 이루어진 울퉁불퉁한 표면을 갖게 될 것이다. 실제 도표는 반응분자들의 방향이나 기타 여러 가지 요소들을 고려해야 한다. 하지만 생명체를 구성하는 안정된 분자들은 모두 이 도표의 왼쪽과 비슷한 우물 속에 살고 있다고 말할 수 있다. 이 분자들이 우물을 탈출하려면 주변 환경으로부터 에너지가 투입되어야 한다. 생물 분자들은 여러 가지 다양한 화학반응을 일으킬 수 있다. 원자 하나를 제거하고 그것을 다른 원자로 치환할 수도 있고, 분자 조각을 다른 분자 조각으로 바꿔치기할 수도 있다. 생명체의 모든 분자는 화학조성, 형태, 기능을 안정적으로 유지할 수 있도록 자연선택에 의해 설계되었다. 가능한 모든 화학반응에 대하여 활성화 에너지장벽이 높게 형성되어 있으므로 이런 반응은 드물게 일어난다. 만약 그렇지 않았다면 생명체의 분자들은 안정적인 상태를 유지하지 못했을 것이다.

생명체가 어떤 특정한 반응을 필요로 할 때 반응을 용이하게 만들어주는 효소가 존재한다. 효소enzyme는 생물학적 촉매제다. **그림3**에서 회색 점선을 보자. 이 점선은 '효소가 있을 때의 활성화 에너지'다. 이 그래프 역시 똑같은 A + B → C + D의 반응을 나타내고 있지만, 이번에는 반응을 용이하게 만들어주는 효소가 존재한다. 효소의 기능은 간단히 말해 반응의 활성화 에너지장벽을 낮춰주는 것이다. 활성화 에너지가 낮아지면 반응물질이 열 충돌이나 다른 반응에너지 원천을 이용해 언덕을 넘어가기가 훨씬 쉬워진다.

원하지 않는 반응을 촉진하는 효소는 존재하지 않는다. 효소는 올바로 기능하기 위한 적절한 구성과 형태를 유지하고 있다. 돌연변이가 일어나거나 효소가 변하려면 화학반응에 필요한 에너지가 어딘가로부터 공급되어야 한다. 우주선cosmic ray, 지구에서 나오는 방사능, X선 기계 등에서 나오는 X선 광자가 그러한 에너지를 공급해줄 수 있다. 하지만 다른 유형의 전자기파에서 나오는 광자는 그런 에너지를 공급하지 못한다.

다시 **그림1**을 보자. 도표의 가운데 영역에 포함되는 화학결합은 모두 안정적인 결합이다. 효소가 없는 상태에서는 이 결합이 파괴되거나 재형성되지 않는다. 도표의 왼쪽에는 일상적인 열운동에서 얻을 수 있는 에너지와 일반적인 활성화 에너지 범위가 표시되어 있다. 열운동의 에너지만으로는 분자들을 활성화 에너지장벽 너머로 이끌어 반응을 일으키기에 역부족이다. 도표 가운데를 차지하고 있는 초록빛 광자의 에너지조차 결합을 파괴하고 분자를 활성화 에너지장벽 너머로 데리고 가기에는 부족하다. 하지만 도표 오른쪽에서 볼 수 있는 자외선, X선, 감마선의 광자들은 직접 돌연변이를 야기할 수 있다. 이들은 개별 효소 분자에도 손상을 입힐 수 있다.

이제 휴대폰과 교류전력의 전자기파 광자가 이 도표에서 어디 있는지 찾아보자. 이들은 도표에서 한참 왼쪽에 있다. 휴대폰에서 나온 그 어떤 광자도 화학결합을 파괴할 수 없다. 전자기파의 양이 많아진다고 해서 광자가 더욱 강해지는 것은 아니다. 그저 광자의 수만 많아질 뿐이다. 광자들이 분자를 패거리로 공격하지는 못한다. 광자 하나가 할 수 없는 일을 광자가 여럿 모인다고 할 수는 없다.

이런 약한 광자들이 분자에 흡수되면 분자는 살짝 흔들린다. 그 분자의 에너지는 살짝 높아지고, 광자는 사라진다. 분자는 높아진 에너지 상태에 맞게 조정되고, 그 후 이웃 분자들과 충돌할 때 에너지의 일부를 이웃 분자에게 전달해줄 수 있다. 그러면 세포질의 온도가 살짝 높아진다. 휴대폰의 전자기파로 인해 신체가 가열되는 정도는 가스레인지 곁에 있을 때, 햇빛 아래 서 있을 때, 목 주위에 스카프를 두르고 있을 때와 비교해보면 아주 작다. 이렇게 약한 온도 증가로는 암을 유발할 수 없다.

만약 **그림1**의 왼쪽 끝에 해당하는 휴대폰 광자나 교류전력 광자가 어떤 메커니즘에 의해 암을 야기할 능력을 갖고 있었다면, 열 진동 역시 암을 유발할 수 있을 것이다. 즉, 휴대폰 전자기파보다 에너지가 높은 광자를 가진 모든 유형의 전자기파가 암을 유발했을 것이다.

휴대폰 전자기파에 대한 우려가 생기게 된 데는 연구를 진행할 때 일반적으로 일어나는 통계적 요동statistical fluctuations도 한몫했을 것이다. 최근에 유행병학자들은 흡연, 석고와 같은 중요한 환경적 위험 요인들을 찾아냈다. 이제 그들은 그보다는 약하지만 위험한 요인들에 대해 연구 중이다. 똑같은 잠재적 위험 요인에 대해 연구해도, 어떤 연구에서는 작은 위험이 나타나고, 어떤 연구에서는 아무런 위험도 없다고 나타난다. 오히려 이로운 작용을 한다고 나오는 연구도 있다. 이것은 이 잠재적 위험 요인이 실제로는 위험 요인이 아니며 연구결과의 차이도 그저 통계적 요동에 불과하다는 신호다. 하지만 뉴스에는—그것이 설령 매우 낮은 위험이라도—어쨌거나 위험이 존재한다고 주장하는 연구만 나온다.

휴대폰 전자기파가 암을 유발한다는 것을 입증했다고 주장하는 역학적 연구결과가 나왔다고 하더라도, 그 연구는 적어도 한 가지 이상의 오류를 범하고 있다고 자신 있게 말할 수 있다. 이런 확신을 가질 수 있는 이유는 휴대폰이 암을 야기할 수 있는 타당한 메커니즘이 존재하지 않기 때문이다.

휴대폰의 안전성에 대해 물리학자로서 조언을 해달라는 부탁을 받으면 나는 전자기파는 알려진 메커니즘이든, 알려지지 않은 메커니즘이든 그 어떤 방식으로도 암을 야기할 수 없다고 설명한다. 이렇게 말했는데도 계속 보채면 나는 이렇게 대답한다. "운전하는 동안에는 문자메시지를 하지 마십시오. 휴대폰을 먹지도 말구요."

휴대폰의 가열 능력

이 글의 핵심 전제는 휴대폰 전자기파가 우리 몸에 미칠 수 있는 효과는 체온을 높이는 것밖에 없다는 것이다. 이 부분에 대해 생각해보자. 나는 키가 180센티미터, 체중은 83킬로그램 정도다. 내 기초대사율은 하루 1750킬로칼로리 정도다. 이 수치는 내가 다른 일은 안 하고 책상에서 빈둥거리기만 할 때 내 몸에서 사용되는 에너지의 양이다. 잔디를 깎고, 카펫을 진공청소기로 청소하는 정도의 활동을 하면 250킬로칼로리 정도가 더 소모된다. 즉 내가 하루에 발생시키는 평균 에너지는 약 2000킬로칼로리 정도다.

일일 칼로리 소비량, 즉 단위 시간당 에너지 소비량은 출력power을 나타낸다. 하루 당 2000킬로칼로리를 물리 단위인 와트Watt(J/s)로 변환해보자. 그러면 약 100와트라는 값이 나온다. 따라서 내가 일상생활을 하면 100와트 전구를 하루 종일 켜놓는 것과 맞먹는 에너지가 소비된다.

나는 자주 헬스클럽에 들려서 러닝머신에서 달리기를 한다. 나는 2단계 경사 오르기 코스를 좋아해서, 1마일(1.6킬로미터)을 9분에 주파하는 속도로 30분 동안 쿵쾅거리며 달린다. 러닝머신의 알림판에 따르면 이 과정에서 500킬로칼로리가 소모된다고 한다. 30분 동안 500킬로칼로리를 소비하는 것은 1163와트의 출력에 해당한다. 이것은 평상시 출력보다 11배에서 12배 정도 높은 값이다. 내 다리 근육 안에서 11개나 12개 정도의 100와트 전구가 30분간 켜져 있는 것이다.

내부의 힘을 외부의 일로 변환하는 인체의 에너지 효율은 여러 가지 요인에 따라 달라지는 복잡한 문제다. 여기서는 그 효율을 20퍼센트 정도로 잡아도 크게 벗어나지는 않을 것이다. 따라서 내가 달리기를 할 때 사용하는 1163와트의 출력 중 약 230와트 정도는 내가 러닝머신을 달리는 데 사용되고, 약 920와트는 내 다리 근육의 열로 변환된다. 피는 근육을 따라 흐르면서 산소와 연료를 실어 나르고, 이산화탄소와 다른 노폐물들을 제거해준다. 근육의 온도가 올라가면 그곳을 흐르는 피의 온도도 올라가기 때문에 근육을 거친 피는 열에너지를 몸 구석구석에 전달한다. 그러면 심부체온이 올라가면서 땀을 많이 흘리게 된다.

휴대폰은 1~2와트 정도의 전자기파를 방출한다. 그중 대부분은 사방으로 흩어져 버리고, 일부는 중계기로 향한다. 내 몸은 손, 귀, 두개골, 뇌 조직의 일부를 통해 그 전자기파를 흡수한다. 내 몸이 휴대폰의 출력량 중 1와트를 흡수한다고 가정해보자. 그러면 이 조직들은 살짝 온도가 올라갈 것이고, 그 조직을 흐르는 피도 역시 온도가 올라갈 것이다. 여분의 열에너지가 발생하면 피는 그 열을 온몸 구석구석으로 실어 나를 것이고, 이 열은 결국 내 주변 공기로 퍼진다.

내가 격렬한 운동을 하는 동안에 다리에서 발생하는 900와트의 열이 다리 근육이나, 몸 다른 곳에 암을 유발한다고 믿는 사람은 없다. 그런데 휴대폰에서 나오는 1와트의 열이 암을 유발하리라 믿을 이유가 무엇이란 말인가? 번역 김성훈

음식으로 뇌를 고칠 수 있다고?

최낙언

'뇌를 고칠 수 있다'고 주장한 책이 종합 베스트셀러 상위에 오른 적이 있다. "머릿속에 안개가 낀 것 같다면, 오늘 당장 이 책을 읽어보라!"라는 광고 문구가 묘해서 책을 살펴봤다. 하지만 뇌를 고쳐준다는 책에는 터무니없는 오류가 너무 많았다.

책을 보다 보니 오래전 출간된《환자혁명》이 떠올랐다.《환자혁명》 역시 독자들에게 많은 관심을 받았다. 한데 문제는 이 역시 오류로 가득하다는 점이다.《환자혁명》의 저자 조한경과 페이스북에서 MSG를 놓고 공방을 한 적이 있다. 그는 MSG에 대해서 잘 아는 신경과 의사처럼 말을 하면서 MSG가 독소라고 주장했다. 물론 터무니없는 주장이다.

같은 계열의 《소소하지만 확실한 건강이야기》라는 책도 있다. 세 책의 저자들은 각 분야를 연구하는 전문가나 전문 의사가 아니라 카이로프랙터라는 공통점이 있다. 카이로프랙터는 의사가 아니므로 처방약을 쓰거나 수술을 할 수 없기에 영양제와 음식의 중요성을 강조한다는 것은 충분히 이해할 수 있다. 하지만 그들은 식품과 영양에 대해 균형적인 시각은커녕 기본적인 사실마저 틀린 잘못된 정보로 독자들을 현혹하고 있다.

이들이 범하고 있는 상식선에서도 말이 되지 않는 기초적인 오류 6가지를 살펴보고자 한다.

뇌를 고칠 수 있다고?

톰 오브라이언은 베스트셀러 《당신은 뇌를 고칠 수 있다》에서 다음과 같이 말한다.

> 우리 몸은 끊임없이 오래되고 손상된 뉴런을 제거하고 새로운 뉴런을 생성한다.

하지만 이 말에 동의하는 뇌과학자는 없을 것이다. 나이가 들면 암보다 무서운 것이 치매고, 치매는 신경세포의 손상에 의한 것이라 아직 치료법이 없다. 성인의 뇌에서 신경세포가 재생되는지에 대해 많은 조사가 이루어졌다. 해마와 후각 연합 영역에서 새로운 신경세포가 생긴다는 연구 결과가 있었지만, 이들은 뇌의 극히 일부이며 이마저 아직 확실히 입증된 것이 아니다. 나머지 뇌 영역에서 신경세포가 새로 만들어진다는 증거는 전혀 없다. 저자는 뇌의 손상을 어떻게 고친다는 것인지 기본적인 설명도 없이 뇌를 고칠 수 있다고 주장하는 것이니 제목부터가 틀린 것이다.

글루텐이 독이라고?

글루텐은 가짜 건강서들의 공통의 적일까? 그들은 밀가루의 글루텐이 독극물인 것처럼 말하며 모든 사람이 밀가루를 끊어야 한다고 주장한다.

먼저 《소소하지만 확실한 건강이야기》의 저자 오경석은 글루텐을 먹으면 설탕보다 빠르게 혈당을 높인다는 황당한 주장을 한다. 밀가루의 70퍼센트가 전분이니 밀가루 음식을 많이 먹으면 혈당을 올릴 수 있겠지만, 글루텐은 밀가루에서 단백질만 추출한 것인데 어떻게 혈당을 설탕보다 빨리 올릴 수 있다고 주장할 수 있을까? 그는 전분(탄수화물)과 단백질조차 구분하지 못하는 것 같다.

또한 톰 오브라이언에 따르면 "밀은 뇌에 침투하면 정신착란을 일으킬 수 있는 아편과 유사한 엑소르핀이라는 분자를 배출하고", "벤조디아제핀 계열"의 화학물질을 가지며, "면역계가 밀과 글루텐 분자"를 공격해 염증을 유발한다. 밀이 이렇게 위험한 음식이었다니! 그는 그 위험성의 근거로 셀리악병을 든다.

면역세포가 우리 몸을 공격해서 일어나는 자가면역질환은 70종이 넘는다. 알레르기 아토피가 가장 많이 알려진 것이고 글루텐으로 인한 셀리악병은 그중에 하나일 뿐이다. 만약 어떤 식품이 알레르기를 일으킬 가능성이 있다고 금지시키면 소고기, 돼지고기, 닭

고기 같은 육고기와 고등어, 조개, 굴, 게, 전복, 새우 같은 해산물도 금지시켜야 하고 호두, 대두, 땅콩, 참깨 같은 농산물과 복숭아, 키위, 토마토 같은 과일도 금지시켜야 한다. 즉, 특정 물질에 알레르기가 있는 사람의 경우에만 해당 물질을 피하면 그만인 것이다.

더욱이 한국인 중 셀리악병과 관련된 유전자를 보유한 사람은 5퍼센트 미만이고 지금까지 보고된 셀리악병 환자는 딱 한 명뿐이다. 그런데 모든 사람이 무조건 밀가루를 피해야 한다는 주장은 전혀 바람직하지 않다. 또한 글루텐프리 식품 자체가 글루텐만 빠지는 것이 아니라 식이섬유처럼 다양한 영양소가 빠지기 때문에 오히려 당뇨 위험도가 증가한다는 보고가 있다.

옥수수, 쌀, 밀은 다른 작물에 비해 압도적인 생산성을 가진 인류에게 절대적인 식량원이다. 이들이 없으면 우리의 식생활도 파탄이 나고 환경도 파탄이 난다. 다른 작물로 보충하려면 지금보다 몇 배나 많은 땅을 농지로 사용해야 하기 때문이다.

밀가루에 마약과 같은 중독성 성분이 있다고?

톰 오브라이언은 이렇게 나쁜 글루텐을 끊어야 하는 이유로 중독성을 이야기한다. 글루텐 섭취가 마약과 같은 중독을 일으킨다는 것이다.

> 아침에는 토스트, 점심에는 샌드위치, 저녁에는 파스타를 먹는다면, 엑소르핀이 다량으로 생성되고 쉴 새 없이 아편제수용체를 자극하게 된다. 매일 매끼 밀가루를 섭취하다 보면 아편제수용체

> 가 둔해져서 약효가 떨어지고 만다. 그러면 결국 수용체가 더 이상 원활히 작동하지 않고, 내성이 생길 것이다. 결국 동일한 좋은 기분을 맛보기 위해 더 많은 밀가루 음식을 먹으려 들 것이다. 이것이 중독성 행위다.

저자는 똑같은 이유로 우유에도 중독성이 있다고 하는데 소젖에는 인간 모유에 발견되는 것보다 10배는 강력한 (아편과 유사한) 카소모르핀이 있다고 한다. 우유에 마약과 같은 중독성 성분이 있다는데 왜 갈수록 우유 소비량은 줄어들까?

저자는 중독의 기본 원리도 모르는 것이다. 우리는 마약의 특수한 성분에 중독이 되는 것이 아니고 마약이 일으키는 과도한 쾌감에 중독이 된다. 우리 몸에는 모르핀보다 100배나 강력한 엔도르핀이 있는데, 워낙 작은 양이 만들어져 보통 진통제 기능만 한다. 몸에서 엔도르핀이 가장 많이 분출될 때가 여자들이 출산을 할 때라고 한다. 그런데 중독은커녕 통증 때문에 엔도르핀이 그렇게 많이 나왔는지도 모른다.

사실 모든 맛있는 음식에는 약간의 중독성이 있다. 그런데 마치 밀가루에만 중독성이 있는 양 엑소르핀을 강조하는 것은 전혀 바람직하지 않다.

MSG를 먹으면 뇌가 망가진다고?

가짜 건강서들은 밀가루 외에도 MSG를 공공의 적으로 삼는다. 먼저 오경석은 MSG에 대해 다음과 같이 말한다.

> MSG가 신경을 흥분시키는 독소 역할을 한다는 점이다. 신경세포가 흥분되면 결국 죽는다. (중략) MSG의 독성은 이미 여러 연구에서 확실하게 밝혀졌다. 신경세포 파괴, 비만, 두통, 피곤증, 정신 혼란, 우울증, 심계항진, 신경 저림 등을 일으킨다.

정말 어이없는 말이다. 뇌의 신경세포는 언제나 흥분한다. 심지어 당신이 잘 때도 0.01초 단위로 흥분한다. 아, 흥분하지 않을 때가 있다. 바로 우리가 죽었을 때다.

조한경 역시 MSG의 위험성에 대해 다음과 같이 말한다.

> 글루탐산은 뇌의 신경전달 물질을 조절하는데, 뇌에 존재하는 물질 중 가장 독성이 강한 것으로 알려져 있다. (중략) 과다한 글루탐산에 노출되면 뇌신경을 연결하는 데 문제가 생긴다. (중략) 심각한 문제들로는 정신분열증, 강박장애, 중독, 폭력적 성향, 자살충동, 불안증, 우울증 등을 들을 수 있다. 이 모든 것들이 글루탐산이 과다할 때 나타날 수 있는 증상들이다.

그는 이를 근거로 천연이든 합성이든 MSG 섭취를 주의해야 한다고 말한다. 그런데 과연 그럴까? 먼저 그는 반수치사량 LD50을 기준으로 자신이 찬양하는 비타민D가 글루탐산보다 수백 배 독성이 강하다는 사실을 모르는 듯하다. 글루탐산은 심지어 가장 안전한 비타민C보다 독성이 약하다.

사실 글루탐산이 흥분독소라는 엉터리 주장은 아주 오래된 것이다. 그 기원은 미국 의사 러셀 L. 블레이록Russell L. Blaylock이 1994년에 쓴《흥분독소: 죽음을 부르는 맛Excitotoxins: The Taste that Kills》에서 찾을 수 있다. 이 책은 TV 프로그램인 〈먹거리 X파일〉에 소개된 이후 2013년에《죽음을 부르는 맛의 유혹: 우리의 뇌를 공격하는 흥분독소》라는 제목으로 국내에 번역 출간되었다. 그런데 재밌게도 이 책만큼 MSG가 흥분독소가 아니라는 것을 명쾌하게 설명해주는 책도 없다.

그는 음식의 글루탐산으로 뇌세포가 손상될 수 있음을 증명하려고 노력했지만 실패했음을 인정했다. 신경세포를 따로 배양하여 신경세포에 일상에는 없는 고용량의 글루탐산을 직접 가하는 것 말고는 신경세포의 손상이 불가능했기 때문이다.

이들의 주장처럼 음식물을 통해 들어오는 글루탐산이 그대로 뇌에 들어가 작동한다면 뇌는 음식의 섭취에 따라 마구 흔들릴 것이다. 우선 음식으로 먹는 글루탐산은 소장에서 95퍼센트가 에너지원으로 소비된다. 혈관으로 이동하는 글루탐산은 5퍼센트가 안 되기 때문에 많은 양의 글루탐산을 한꺼번에 섭취해도 뇌혈관의 글루탐산 농도는 거의 변하지 않고 낮은 상태를 유지한다. 그리고 뇌는 혈액뇌장벽blood-brain barrier, BBB이라는 차단시스템을 통해 음식으로 섭취한 글루탐산과 뇌에서 만든 글루탐산을 완전히 분리해서 사용한다. 그동안 MSG 사용 여부로 착한 식당을 결정할 정도로 MSG에 대한 오해가 많았다. 이제는 제발 MSG에 대한 부질없는 논쟁은 그만했으면 한다.

산성식품을 먹으면 몸이 산성이 된다고?

조한경은 고기는 산성이고 전분은 알칼리성이어서 같이 먹을 경우 중화 작용을 해 소화를 방해한다고 말한다. 또 오경석은 비타민C는 좋지만, 아스코르브산은 산성 물질로 몸을 산성화하기 때문에 나쁘다고 말한다. 비타민C와 아스코르브산이 같은 물질이란 것도 모르는지 혈액형에 따른 성격 분류보다 형편없는 유사과학인 산성 식품과 알칼리성 식품의 분류를 믿는 것이다.

식품 중에 위산보다 강력한 산성 물질은 없다. 음식으로 먹는 산에 의해 우리 몸의 pH가 변할 정도라면 1회 식사에서 pH 1.0~1.5의 강력한 위산이 500~700밀리리터가 분비되는데 우리 몸은 그것에 의해 이미 초강산 체질로 변했을 것이다.

또한 오경석은 제산제가 위산을 중화시켜 단백질의 소화와 칼슘의 흡수 등을 억제하기 때문에 몸에 좋지 않다고 말한다. 하지만 알칼리성 식품이 좋다고 믿는다면 제산제야말로 식품에는 없는 강력한 알칼리성 물질이므로 완벽한 건강 성분이라 칭송해야 할 것이다. 산성 식품과 알칼리성 식품, 체질의 산성화를 말하는 사람은 무조건 피하는 것이 좋다. 기본도 갖추지 못한 것이다.

뇌의 90퍼센트가 콜레스테롤이라고?

가짜 건강서들은 한결같이 콜레스테롤은 나쁜 물질이 아니라고 한다. 콜레스테롤에 대한 오해는 나도 10년 전부터 계속 말하던 내용이다. 여기에 더해 조한경은 뇌의 90퍼센트가 콜레스테롤로 되어 있다고 강조한다. 하지만 아무리 콜레스테롤의 중요성을 말하려

해도 그렇지 몸의 특정 부위가 콜레스테롤로 90퍼센트가 채워졌다는 것은 황당하기 그지없다.

우리 몸에는 좋은 콜레스테롤도 나쁜 콜레스테롤도 없다. 우리 몸에는 단 한 가지 형태의 콜레스테롤만 만들어지고 단백실과 함께 지방을 싣고 운반하는 상태(LDL)와 지방을 세포로 전달하고 비어 있는 상태(HDL)가 있을 뿐이다. 콜레스테롤은 모자라면 병이고 과도해도 병이다. 상태에 따라 적절한 조치가 필요할 뿐이다.

너무도 많은 오류

지금가지 살펴본 문제 외에도 가짜 건강서 곳곳에는 초보적인 오류가 너무도 많다.

먼저 《당신은 뇌를 고칠 수 있다》는 내용의 진위를 따지기 이전에 페이지에 따라 내용이 바뀐다. 뇌과학을 표방하면서 뇌세포의 숫자가 32쪽에는 771억 개, 43쪽에서는 2000만 개, 52쪽에서는 1000억 개, 205쪽에서는 무려 7조 개로 바뀌는 식이다. 책의 앞에서는 아가베시럽이 나쁘다고 했다가 뒤쪽에서는 아가베를 사용한 레시피가 태반이고, 앞에서는 덱스트린이 위험하다고 했다가 뒤에는 덱스트린이 좋다고 하고 앞쪽에서는 토코페롤(비타민E)이 나쁘다고 했다가 뒤쪽에서는 비타민E를 추천하는 식이다.

《소소하지만 확실한 건강이야기》에서 오경석은 정제염이 미네랄이 없어서 나쁘다고 하면서 염화나트륨 함량이 99퍼센트인 암염은 예찬하기도 하고, 액상과당이 끈적끈적해서 충치를 일으킨다고 비난하지만 생꿀은 찬양한다. 그런데 꿀은 액상과당보다 끈적인다.

또 음식을 전자렌지로 데우게 되면 음식이 죽게 되고 이렇게 죽은 음식은 죽은 자들의 몫이라고 말하기도 하고, 켐트레일chemtrail 같은 음모론을 믿기도 한다. 그리고 조한경은《환자혁명》에서 효소를 제거하면 음식은 썩지 않는다고 하기도 하며, 한국인은 해조류를 많이 먹어 보통 요오드를 필요량의 5배를 먹고, 상위 8퍼센트에 해당하는 사람은 33배를 먹는데 요오드를 더 먹으라고 하기도 한다. 이들의 이런 상식 밖의 주장은 여기서 모두 언급할 수 없을 정도로 너무도 많다.

이들은 식품에 대한 진지한 지식은 없고 그냥 시중에 떠도는 이야기를 대충 퍼 나른다. 지금까지 수많은 건강식품이 부침을 거듭했다. 일정 기간 유행하다가 소리 소문도 없이 사라진다. 진짜로 효과가 있으면 왜 유행을 탔겠는가? 사이비의 허튼소리가 대부분인 것이다. 방송에서 불량 지식을 전파하는 부류는 대개 얼핏 전문가로 보이는 사람들이다. 전공도 아니면서 배운 적도, 공부한 적도 없는 사실을 인터넷 검색으로 급조해 익히고는 아는 척하는 것이 대부분이다.

좋은 식품이란 무엇인가

사실 좋은 식품이란 말로는 쉽지만 실제 구체적으로 조건을 하나하나 따지고 들어가면 실체가 없는 허상이 된다. 식품은 다양한 분자의 조합일 뿐이고, 우리 몸에 소화 흡수되어 에너지원이 되거나 우리 몸을 구성하거나 대사 과정의 부품이 된다. 물이 생명의 무대가 되고, 단백질이 생명활동의 구조와 엔진이 되며, 탄수화물이 연료, 지방이 연료의 저장소의 역할을 한다.

음식은 단순하고 그것을 활용하는 내 몸이 복잡한 것뿐이다. 그리고 식품의 의미와 역할은 내 몸이 부여하는 것이지 식품의 분자 자체가 특별한 기능을 하지 않는다. 영양분이란 모자라는 사람한테는 좋은 것이지 넘치는 사람에게도 좋은 것은 아니다. 누군가 몸에 좋다고 하니 무작정 자신에게도 좋고, 좋은 것을 많이 챙겨 먹을수록 좋을 것이라는 생각은 위험한 착각이다. 극소량만 필요한 비타민과 미네랄을 숟가락으로 퍼먹으면 치명적이다.

좋은 식품의 기본 조건은 독이 되는 성분이 없어야 한다는 것이다. 독은 특히 전문가의 영역이라 첨가물은 무조건 나쁘다고 생각하는 아마추어가 함부로 말할 수 있는 영역이 아니다. 첨가물은 식품에 첨가해도 문제가 없는 물질이라 법적으로 허용된 물질이지 독이 아니다. 비타민, 미네랄, 아미노산, 항산화제, 심지어 산소마저 식품에 첨가될 때는 첨가물로 관리된다.

좋은 식품과 건강이란 말이 넘칠수록 인간은 더 나약해지고 아프게 느껴질 수밖에 없다. 건강에 지나친 관심이 새로운 질병을 창조하고 의료비도 늘어난다. 조심은 지혜지만 불안은 인생의 낭비다. 완벽한 건강을 추구할수록 우리는 불안해지고 지금까지 살펴본 건강 브로커들에게 쉽게 넘어가게 된다.

음이온 환상에 빠져버린 사회

이덕환

음이온이 만병통치의 효능을 가지고 있다는 엉터리 음이온 괴담이 도무지 사라지지 않고 있다. 음이온이 신체의 균형과 힘을 개선하고, 신진대사를 촉진 및 증진하며, 신경 안정이나 피로회복 효과를 낸다는 것이다. 공기청정기, 에어컨, 냉장고 등의 가전제품은 물론이고 화장품과 기능성 속옷에서 침구류에 이르는 거의 모든 가정용 공산품이 음이온의 효능을 자랑한다. 특허청도 음이온 괴담을 부추긴다. 음이온 관련 특허가 무려 5855건이나 된다는 사실은 우리가 '음이온 공화국'에 살고 있음을 보여준다. 문제는 그런 음이온이 실제로는 소비자의 안전을 위협하고, 심각한 사회적 혼란과 갈등의 원인이 되고 있다는 점이다.

공기청정기에서 시작된 괴담

음이온 괴담은 1980년대 말에 처음 등장한 '음이온 공기청정기' 때문에 본격적으로 퍼지기 시작했다. 나무가 울창한 숲이나 파도가 이는 해변에서 자연 발생적으로 만들어지는 음이온이 공기청정기에서 쏟아져 나온다는 광고가 놀라운 설득력을 발휘했다. 그동안 매연과 황사에 의한 극심한 대기오염에 지쳐버린 소비자들에게 낯선 과학 용어를 앞세운 가짜 과학이 매력적으로 보였던 것이다. 당시 삼저三低 호황으로 경제 사정이 크게 개선된 것도 음이온 마케팅에 힘을 실어주었다.

음이온 공기청정기를 처음 개발한 중소기업 대표에게는 최고의 발명가 또는 사업가라는 찬사가 쏟아졌다. 음이온 마케팅은 당시에 빠르게 보급되고 있던 에어컨으로 확대되었다. 음이온 기능이 없는 공기청정기와 에어컨은 찾아볼 수 없게 되었다. 심지어 음이온 선풍기도 등장했다.

음이온 제품이 등장하고 10여 년이 지난 후부터 심각한 부작용 사례들이 알려지기 시작했다. 기관지를 비롯한 호흡기에 심각한 문제를 경험하는 소비자가 늘어났고, 음이온 공기청정기에서 인체에 유해한 오존이 발생한다는 경고가 등장하기 시작했다. 그러나 음이온 광풍에 휩쓸린 우리 사회의 반응은 싸늘했다. 전문성이 부족했던 어설픈 전문가들은 공기청정기의 환경 규제 기준이 없다는 이유로 오존의 유해성을 부정해버렸다.

오히려 인터넷을 통해 음이온 공기청정기의 유해성을 경고했던 대리점 업주에게 법원은 비방 금지 명령을 내렸다. 대리점 업주는 훗날 명예훼손으로 벌금형을 받았다고 한다. 그러나 결국 음이온 제품의 부작용에 대한 우려는 사실로 밝혀졌고, 공기청정기와 에어컨에서 '음이온' 기능은 자취를 감춰버렸다. 적어도 겉으로는 그랬다.

끈질긴 생명력의 음이온 마케팅

그렇다고 음이온 괴담이 완전히 사라져버린 것은 아니었다. 새로운 음이온 마케팅이 등장했다. 게르마늄, 토르말린 등으로 만든 '음이온 팔찌'가 건강에 좋다는 황당한 주장으로 소비자들을 현혹시키기 시작했다. 광고에 등장하는 정체불명의 '음이온'을 경계해야 한다는 전문가의 과학적 주장은 비윤리적인 제조사의 엉터리 광고의 늪에 빠져버린 소비자들에게 아무런 설득력이 없었다. 오히려 창의적이고 도전적인 신제품을 알량한 교과서적 지식으로 음해한다는 고약한 비난이 쏟아졌다. 전문가의 논리적 주장을 노골적으로 거부하는 사회에서 문제를 제기할 용기를 가진 전문가는 많지 않았다.

엎친 데 덮친 격으로 2007년에는 의료용 온열매트에서 1군 발암물질로 알려진 방사성 라돈이 방출된다는 사실이 알려졌다. 2018년 우리 사회를 발칵 뒤집어 놓았던 라돈 침대 소동의 싹은 10여 년 전부터 뿌리를 내리기 시작하고 있었다는 뜻이다. 의료용 온열매트도 2018년 우리 사회를 발칵 뒤집어 놓았던 라돈 침대와 마찬가지로 '음이온'의 효능을 강조하던 음이온 제품이었다.

원자력안전기술원의 보고서에 따르면 2015년 66개 제조사가

100여 종의 공산품에 방사성 모나자이트를 사용하고 있다. 더욱이 방사성 모나자이트를 이용해서 신비의 음이온 효과를 낸다고 주장하는 특허도 382건이나 된다. 특허청이 "음이온과 원적외선을 방출하는 토르말린, 모나자이트, 옥, 황토가 체온상승, 혈액순환 및 신진대사 촉진, 성인병 예방 등에 효과가 있다"라는 발명가의 엉터리 주장을 한 치의 의심도 없이 인정해준 셈이다. 더욱 놀라운 사실은 그런 특허 중 상당수가 과거 미래창조과학부가 관리하는 국가연구개발 사업으로 개발되었다는 것이다. 정부가 세금으로 소비자의 건강을 위협하는 엉터리 기술을 개발하고, 특허까지 내주었다는 뜻이다.

음이온 괴담의 정체

음이온 괴담은 일본에서 전해진 것으로 알려져 있다. 실제로 일본의 괴담에는 'negative ion'이 건강에 좋다는 엉터리 주장이 있다. 그런데 화학에서는 음전하를 가진 음이온을 'anion'이라고 부른다. 이런 음이온 괴담은 일본에서 사회 문제가 될 정도로 심각하게 확산되지 않았다. 하지만 우리 사회에서는 일본의 교묘한 말장난이 엄청난 설득력을 발휘하게 된 것이다. 정말 부끄러운 일이 아닐 수 없다.

일본의 음이온 괴담은 단순히 말장난을 넘어서 실제 과거 과학자들의 주장을 교묘하게 왜곡하기도 했다. 괴담은 음극선에 대한 연구로 1905년 노벨 물리학상을 수상한 독일의 물리학자 필리프 레나르트Philipp Lenard가 제시했던 '레나르트 효과'를 들먹인다. 이는 공기 중에 떠 있는 물방울이 공기역학적인 이유로 전하를 가진 입자로 갈라지는 '분무대전噴霧帶電' 또는 '폭포 효과'라고 부르는 현상이다. 레나르트 효과를 폭포 효과라고 부른다고 해서 실제로 폭포에서 레나르트 효과가 관찰된다는 뜻은 아니다.

실제로 레나르트 효과는 폭포에서 음이온이 자연 발생적으로 생성된다는 이론도 아니고, 그런 음이온이 사람의 건강에 긍정적인 효능을 가지고 있다는 주장도 아니다. 오히려 레나르트 효과는 구름 속에서 만들어지는 물방울이 대기를 통과해 떨어지는 과정에서 나타나는 전기적 현상을 설명하기 위한 것이다. 번개와 천둥이 발생하는 원리를 설명하기 위해 제시한 과학 이론이었다는 뜻이다.

울창한 숲속의 공기 중에 음이온이 많다는 주장도 그 의미가 어처구니없는 것이다. 음이온 괴담은 숲속의 공기 1밀리리터에 2000개 이상의 음이온이 있다고 강조한다. 과학 상식이 부족한 소비자의 입장에서는 음이온이 엄청나게 많다고 느껴지게 만드는 주장이다.

그런데 고등학교 화학에서 배우는 이상기체 상태방정식에 따르면 상황은 전혀 다르다. 보통 상온과 상압에서 공기를 비롯한 기체 1몰mol•은 대략 20리터(2만밀리리터)의 공간을 차지한다. 즉, 이는 1밀리리터에 들어 있는 공기 분자의 수는 무려 3×1019개에 이른다는 뜻이다. 그렇게 많은 공기 분자 속에서 2000개의 음이온은 결코 많다고 할 수 없다. 숲속 공기에서 음이온을 찾는 일은 모래사장에서 바늘 찾기보다 훨씬 더 어렵다. 오히려 음이온 괴담은 숲속에서는 음이온을 찾아볼 수 없다는 사실을 강조하는 것으로 이해

• 아보가드로 수(6022해 1407경 6000조 개)의 원자 또는 분자에 해당하는 양.

하는 것이 합리적이다. 더욱이 숲이 쾌적하게 느껴지는 것은 음이온이 많아서가 아니라 먼지와 소음이 없기 때문이다.

진짜 음이온의 건강 효능

세상의 만물을 구성하는 원자와 분자에서 음전하를 가진 '음이온anion'이 만들어질 수 있는 것은 사실이다. 전극에서 직접 전자를 공급받거나, 다른 원자 또는 분자와의 상호작용을 통해서 전자를 제공받거나, 큰 분자가 음이온과 양이온cation으로 해리될 경우에 음이온이 만들어진다. 그러나 전하를 가진 음이온은 물리·화학적으로 매우 불안정하므로 액체 상태의 물과 같은 특별한 환경에서 양이온과 음이온이 특정한 비율로 섞여 있는 경우에만 안정적으로 존재할 수 있다. 특히 분자들이 서로 떨어져서 빠르게 돌아다니는 기체 상태에서는 음이온이나 양이온이 안정적으로 존재하는 것이 불가능하다.

모든 음이온은 건강에 좋고, 모든 양이온은 건강을 해친다는 인터넷 정보도 과학적으로 터무니없는 황당한 엉터리다. 화학물질의 인체 영향은 원자나 분자가 가지고 있는 전하의 종류에 의해서 결정되는 것이 아니다. 더욱이 똑같은 음이온이라고 하더라도 수용액에 함께 녹아 있는 양이온의 종류에 따라 인체에 미치는 영향은 전혀 다르게 된다.

예를 들어서, 염소(Cl) 음이온이 수소(H) 양이온과 함께 녹아 있는 수용액은 신맛이 나고, 그 양이 많아지면 치명적인 독성을 나타낸다. 그러나 똑같은 염소 음이온이 소듐(Na) 양이온과 함께 녹아 있는 수용액은 짠맛이 나는 소금물이다. 우리는 매일 일정량의 소금물을 반드시 섭취해야만 건강을 지킬 수 있다.

음이온 공기청정기의 정체

음이온 광풍을 몰고 왔던 음이온 공기청정기는 사실 공기를 통해서 흐르는 전류의 코로나 방전을 이용한 오존발생기ozonizer였다. 공기 중에서 번개가 칠 때 공기 중의 산소가 깨지면서 오존이 발생하는 것과 같은 원리를 이용한 것이다. 일반적으로 코로나 방전에서는 밝은 빛과 함께 특유의 소리가 발생한다. 흔히 전깃줄이 '합선'될 때 나타나는 '스파크'가 바로 코로나 방전의 결과다. 다만 공기청정기나 에어컨에서는 코로나 방전 시스템을 통해 흐르는 전류의 양을 최소화해서 소비자가 인식하지 못하게 만들었을 뿐이다.

오존이 살균력과 탈취력을 가지고 있는 것은 사실이다. 화학적으로는 오존의 강한 산화력 때문에 나타나는 효과다. 실제로 그런 오존을 실생활에 활용하기도 한다. 식당에서 사용하는 컵 소독기, 역삼투 정수기의 저수조, 정육점의 육류 전시대에서 자외선램프로 발생시킨 오존을 이용한다. 다중이용시설의 화장실에 냄새 제거용으로 작은 자외선램프를 켜두기도 했다.

그러나 실내 공기 중에 오존이 지나치게 많으면 인체에 치명적인 문제가 생긴다. 특히 면역 기능이 취약한 눈과 호흡기에 좋지 않다. 과학적으로 분명하게 확인된 진실이다. 심지어 실외 공기 중의 오존에 대해서도 경계를 한다. 그래서 대기 중의 오존 농도가 0.12 피피엠ppm을 넘으면 주의보를 발령하는 '오존 경보 제도'를 운영한다. 태양 빛의 자외선과 자동차 배기구에서 배출되는 질소 산화물 등이 대기 중의 오존을 증가시키는 요인이다.

환경부가 다중이용시설의 실내 공기 중의 오존 농도를 0.06피피엠 이하로 권고하고 있는 것도 오존의 인체 유해성 때문이다. 물론 정부가 가정이나 승용차의 실내에 대해서는 규제를 시행하지 않는다. 그러나 건강을 위해서 가정이나 자동차 실내에는 소비자가 자발적으로 다중이용시설보다 더욱 엄격한 기준을 적용하는 것이 마땅하다. 실내에 오존을 일부러 만들어서 살포할 이유가 없다는 뜻이다.

음이온 공기청정기나 에어컨을 사용했던 소비자들은 대부분 실내에서 비릿한 냄새를 기억한다. 소비자들이 기억하는 비릿한 냄새는 오존 특유의 냄새다. 오존주의보가 발령되는 경우에도 대부분 사람은 오존의 냄새를 인식하지 못한다. 결국 음이온 가전제품을 장시간 작동해서 비릿한 냄새가 느껴진다면 실내의 오존 농도가 주의보 수준인 0.12피피엠을 훌쩍 넘어섰다는 뜻이다. 결코 권장할 수 있는 상황이 아니다.

부작용 사례가 알려진 후에는 공기청정기와 에어컨에서 음이온 기능이 사라진 것처럼 보인다. 그러나 제품에 부착된 버튼의 표식만 사라졌을 뿐이다. 제조사들은 지금도 오존을 발생시키는 코로나 방전 장치에 매달리고 있다. 특히 자동차용 공기청정기의 사정이 매우 심각하다. 오존의 시간당 발생량을 0.05피피엠 이하로 규제하고 있어서 걱정할 필요가 없다는 것이 정부의 입장이다. 소비자의 안전을 지켜줘야 할 정부가 오히려 엉터리 기업의 편을 들고 있는 형국이다.

문제가 되는 것은 시간당 발생량이 아니라 실내에 누적되는 오존의 농도다. 시간당 발생량이 아무리 적다고 하더라도 좁은 실내에서 음이온 기능을 장시간 작동시키면 오존의 농도는 위험 수준으로 올라갈 수밖에 없다. 코로나 방전 방식을 사용하는 공기청정기와 에어컨에는 '오존발생기'라는 표식을 부착해서 소비자들이 오존의 유해 가능성을 분명하게 인식할 수 있도록 해야만 한다.

모든 음이온 제품을 경계해야

음이온 팔찌에서 시작해서 라돈 침대까지 확대된 음이온 제품의 문제도 심각하다. 음이온 제품 중에는 게르마늄 팔찌처럼 아무 효능도 기대할 수 없는 황당한 경우도 있다. 소비자들이 '독일의 원소'라는 뜻의 묘한 이름을 매력적으로 느끼는 모양이다. 그런데 게르마늄(Ge)은 고굴절률의 유리 제작이나 일부 반도체 산업에서 보조 소재로 사용되는 것을 제외하면 특별한 용도가 없는 평범한 경금속이다. 게르마늄 의약품을 개발하려는 노력이 없는 것은 아니지만 일반적인 인체 효능에 대한 어떠한 과학적 근거도 없다.

정말 심각한 것은 라돈 침대의 경우처럼 방사선을 음이온으로 둔갑시켜서 소비자를 혼란스럽게 만드는 엉터리 음이온 마케팅이다. 라돈 침대를 비롯한 대부분의 음이온 제품은 모나자이트라는 광물을 음이온을 방출하는 음이온 파우더로 잘못 사용한 것이다. 실제로 모나자이트는 세륨(Ce)이나 네오디뮴(Nd)과 같은 희토류 금속이나 차세대 원자로의 연료로 사용될 가능성이 큰 토륨(Th)

을 채취하는 용도로 사용되는 방사성 광석이다. 우리나라에는 희토류나 토륨을 분리하는 산업이 없기 때문에 모나자이트를 수입해야 할 이유가 없다. 그런데 어느 중소 화장품 제조업체가 그런 모나자이트를 연간 수십 톤을 수입해서 음이온 마케팅을 원하는 영세 제조업자들에게 음이온을 방출하는 토르말린, 게르마늄, 칠보석 등으로 둔갑시켜서 판매했던 것으로 추정된다.

문제는 모나자이트에 10퍼센트 정도 포함된 토륨(반감기 140억 년)과 우라늄(U, 반감기 45억 년)이 느린 속도로 방사성 붕괴를 일으키면서 방사선(알파선, 베타선, 감마선)과 함께 방사성 동위원소인 라돈(Ra-222, 반감기 3.8일)과 토론(Ra-220, 반감기 55.6초)을 방출한다는 사실이다. 영세업자들은 일본에서 구입한 정체불명의 '음이온 검출기negative ion detector'를 이용해서 자신들의 제품에서 '음이온'이 방출된다고 거짓말을 했던 것이다. 사실 영세업자들이 사용한 음이온 검출기는 단순한 방사선 검출기였던 것으로 추정된다.

소비자 입장에서 음이온 공산품에 들어 있는 모나자이트에서 방출되는 방사선이나 라돈과 토론의 양은 심각하게 걱정해야 하는 수준은 아니다. 그러나 사회적으로 심각한 혼란을 경험한 우리 사회에서 모나자이트 제품을 절대 용납할 수 없다. 정부가 모나자이트의 수입을 확실하게 차단해주어야 한다. 현재 원자력안전위원회가 강조하고 있는 연간 1밀리시버트mSv의 피폭 허용기준은 의미가 없는 것이다.

이제 음이온 환상에서 깨어나야 할 때

이제 어떠한 과학적 근거도 없는 음이온의 환상에서 확실하게 벗어나야 한다. 음이온이 건강에 좋다는 주장 자체가 과학적으로 무의미한 괴담이다. 우리가 숨 쉬는 실내 공기를 살균하겠다는 발상이 얼마나 위험한 것인지에 대한 확실한 인식도 필요하다. 세월호와 비교할 수도 없을 정도로 엄청난 규모의 피해자를 발생시킨 가습기 살균제 참사가 바로 실내 공기 살균에 대한 소비자의 왜곡된 인식 때문에 일어난 안타까운 일이었다.

과학 용어를 교묘하게 왜곡시키는 가짜 과학 마케팅은 과학 상식을 갖추지 못하고 만병통치의 비현실적인 기적을 기대하는 소비자의 주머니를 노린 비윤리적 상술이다. 정부도 전문성을 강화해야 한다. 음이온 괴담을 강조하는 모든 특허는 당장 취소를 시켜야 하고, 공산품의 음이온 마케팅을 확실하게 차단해줘야만 한다. 물론 언론도 엉터리 가짜 과학을 부추기는 황색 저널리즘을 적극적으로 경계하는 가이드라인을 만들어야 한다. 소비자도 변해야 한다. 건강은 건강한 과학 상식과 노력으로 지켜지는 것이다. 가짜 과학을 가려내지 못하면 아까운 재산을 잃고, 건강도 해치게 된다.

파란색 냄새를 맡는 소녀

제시 베링

우리 대부분은 영화라면 당연히 '보는 것'이라고 생각한다. 하지만 시각 장애인이 영화관에 가는 것은 현상학적으로 전혀 다른 사건이다. 몇 년 전 어느 날 저녁 나는 사랑스러운 시각 장애인 여성에게 영화를 보러 가자며 데이트를 신청했다. 우리가 선택한 영화는 〈페이스오프Face/Off〉였다. 주인공이 다른 얼굴로 변하는 이야기여서 그런지, 화면을 봐야만 어떤 내용인지 이해할 수 있을 듯한 장면이 많았다.

처음 영화를 선택할 때 나는 어리숙하고 배려심이 부족해서 그녀가 스크린에 나타나는 시각적 정보가 없어 세부 줄거리를 따라가기 어려울 수 있다는 생각을 미처 하지 못했다. 영화 중간에야 이런 생각이 문득 들어 나는 그녀에게 영화에서 어떤 일이 펼쳐지고 있는지 떠들기 시작했다. "저 사람은 사실 다른 남자야." "저 남자는 자신이 니콜라스 케이지에게 이야기하는 거라고 생각하지만 사실은 존 트라볼타야." 하지만 내 행동은 배려가 아니라 장애인을 무시하는 결례였다. 그녀가 답했다. "응, 나도 알아."

돌이켜보면 그녀가 오우삼 감독의 시시한 마법을 귀로만 듣고도 아무런 문제없이 이해한 건 당연했다(이를 뒤늦게 깨달아 미안할 따름이다). 그녀는 머리가 비상했다. 우리가 심리학과 졸업반이었을 당시 통계학 수업에서 강사가 학생들에게 복잡한 가설에 대한 문제를 냈을 때 그녀는 제일 먼저 손을 들어 정답을 말했다. 강사가 문제를 칠판에 막 적으려던 참이었다. 우리는 펜과 종이를 들기도 전이었는데도 그녀는 강사의 말만 듣고 답을 생각해냈다. 선천적으로 눈이 보이지 않는 사람의 마음에서 어려운 수학 이론의 기호와 공식이 어떻게 표현될지 나는 도통 짐작이 가지 않는다. 어떠한 비시각적 수단으로 그 난해한 정보를 처리했는지 모르겠지만 그녀는 빛의 속도로 문제를 풀어냈다.

오래전부터 심리학계는 하나의 감각을 잃으면 다른 감각들이 강화된다고 추측해왔다. 심리학자 윌리엄 제임스William James의 말에 따르면 로라 브리지먼Laura Bridgeman이라는 시각·청각 장애인은 누군가와 한 번 악수하고 나면 몇 년이 지난 뒤에도 손의 감촉으로 그를 기억했다고 한다. 정신병원 세탁실에서 일한 어느 시각 장애인 여성은 이미 세탁한 침대보라도 냄새를 맡으면 어떤 환자가 쓰던 것인지 알아낼 수 있었다. 헬렌 켈러Helen Keller도 냄새만으로 친구들을 구분했다고 한다.

시각 장애인이 후각을 비롯한 다른 감각에 크게 의존하는 경향은 진화적 관점에서 보면 그리 놀랍지 않은 현상이다. 상한 고기에서 나는 썩은 내부터 불길한 연기 냄새 그리고 잠재적인 성적 대상의 불결한 체취에 이르기까지 냄새는 생존에 유익한, 때로는 꼭 필요한 정보를 제공한다. 어릴 때부터 눈이 보이지 않은 사람은 후각망울이 상대적으로 크다는 증거가 있긴 하지만, 신경학자 대부분은 시각 장애인이 생리학적으로 후각 기관이 발달한 게 아니라 냄새에 더 민감할 뿐이라고 말한다. 다시 말해 상실한 감각을 보상하는 메커니즘은 감각이 아니라 인지 능력과 관련되어 있을 가능성이 크다. 예를 들어 2018년에 캐나다의 뇌과학자 시모나 마네스쿠Simona Manescu 연구진은 학술지 《신경과학Neuroscience》에 어렸을 때 시각을 잃은 피험자들에게 와인 향을 맡게 하고 어떤 와인인지 맞히게 했지만 눈이 보이는 대조군과 비교해 특별히 더 뛰어나지 않았다고 발표했다. 하지만 루스 로젠블루스Ruth Rosenbluth가 이스라엘에서 실시한 고전적인 연구에서 시각 장애를 가진 아이들은 꿀, 고무, 표백제, 등유처럼 일상에서 자주 접하는 사물을 냄새만으로 구분하는 능력이 보통 사람들보다 훨씬 뛰어나다는 것을 발견했다.

한 프랑스 연구진은 눈이 보이지 않는 아이들에게 일상에서 냄새가 어떤 역할을 하는지 물었다. 아이들은 냄새가 아주 중요하다고 말했다. 실험을 진행한 한 연구자는 다음과 같이 말했다. "흥미롭게도 아이들은 사람들이 있는 곳에서는 냄새를 맡고 싶은 욕망을 억눌렀다. 이는 코를 킁킁거리는 행동을 바람직하지 않게 여기는 사회적 압력의 증거다."

1922년에 위스콘신 맹학교Wisconsin School for the Blind에 다니던 17세 학생 윌레타 히긴스Willetta Higgins는 믿기 힘든 후각 능력으로 보상 이론에 대한 신빙성을 그 한계치까지 끌어올렸다. 너무나 믿기 힘든 나머지 일부 과학자들은 그녀의 능력을 수상하게 여길 정도였다. 윌레타의 이야기가 믿을 만한지 판단하기 전에 우선 그녀의 코가 얼마나 대단했는지 살펴보자. 좀 더 정확히 이야기하자면 그녀의 왼쪽 콧구멍이었다.

마법 소녀의 등장

윌레타는 네 살 때 아버지를 결핵으로 떠나보냈고 몇 년 뒤에는 어머니마저 성병으로 잃었다. 할머니와 살던 윌레타는 열 살 무렵 맹학교 현장 연구원의 눈에 띄어 학교를 다니기 시작했다. 당시에는 흐릿하게나마 볼 수 있었지만 학교에 다니기 시작하고 얼마 지나지 않아 시력을 완전히 잃었고 곧이어 청력도 사라졌다.

윌레타가 '마법의 소녀'로 불리며 사람들의 이목을 끈 것은 맹학교 교장이었던 J. T. 후퍼가 이 신비스러운 소녀와 면담을 하고 난 약 1년 뒤였다. 윌레타는 (말 그대로) 색의 냄새를 맡을 수 있었다. 《위스콘신 스테이트 저널The Wisconsin State Journal》은 그녀를 '옷 취향이 까다로운 시각 장애인 소녀'라는 제목으로 다음과 같이 보도했다. "그녀는 스스로 원피스를 만들어 입었다. 옷을 직접 디자인했는데 냄새와 촉감으로 옷감의 패턴을 구분했다."《파퓰러 메카닉스Popular Mechanics》는 (언론의 관심을 즐기는) 후퍼 교장이 치페와 폴스Chippewa Falls에 있는 한 은행 금고 안에서 윌레타에게 6개의 봉투를 하나씩 건넨 실험을 소개했다. 봉투에는 색이 다른 실이 들어 있었다. 윌레타는 냄새로 색을 정확히 맞혔다.

또 다른 실험에서 그녀는 낯선 사람들이 있는 방 안에서 냄새를 맡은 후 몇 명이 있는지 맞혔다. "방에 저를 포함해서 세 명이 있어요." 그러고는 "얼룩무늬 고양이도 있네요"라고 덧붙였다. 방 안에 있는 사람들과 한동안 이야기를 나누던 그녀는 갑자기 "고양이가 나갔어요"라고 말했다. 당시 방에 있던 기자는 "그 말에 사람들이 방을 둘러보니 정말 고양이가 없었다"라고 회고했다. 윌레타의 마지막 말은 그리 놀랍지 않다. 고양이가 장에 문제가 있어 냄새를 풍기고 다녔을 수도 있다. 그렇더라도 윌레타가 초자연적인 후각을 선보였다는 사실을 부정하기는 힘들다.

후퍼 교장과 함께 매디슨에 있는 주지사 관저에 초대받은 윌레타는 수많은 카메라 앞에서 자신의 능력을 기꺼이 선보였다. 존 블레인 주지사에게 다가간 그녀는 양복 냄새를 맡은 뒤 "회색이랑 검은색이 섞여 있네요"라고 말했다. 방에 있던 또 다른 소녀가 "그러면 내 블라우스는 무슨 색이에요?"라고 묻자 윌레타는 허공에 대고 코를 킁킁거리며 말했다. "하얀색이고 깃 가장자리가 노란색이네요."

그런데 소녀의 질문을 청각 장애인인 윌레타가 어떻게 들었을까? 윌레타에게는 비상한 후각 외에도 특별한 능력들이 있었다. 대부분은 촉각과 관련되어 있었다. 윌레타는 헬렌 켈러에게 영감을 받아 다른 사람의 머리나 후두에 손가락 끝을 대 어떤 말을 하는지

윌레타 히긴스가 헬렌 켈러의 원피스가 무슨 색인지 알기 위해 냄새를 맡고 있다.

출처: 《위스콘신 스테이트 저널》 1923년 4월호

윌레타가 무선 전신기 앞에 앉아 수신기 진동판에서 느껴지는 진동을 해독하고 있다.

출처: 《파퓰러 사이언스》 1923년 4월호

이해하는 법을 익혔다. 종이의 감촉으로 지폐 단위를 맞히거나 신문을 읽을 수도 있었다.

윌레타가 시각으로 색을 식별했을 가능성을 의심한 전문가들은 그녀의 시력을 측정했지만 "시각과 청각이 전혀 기능하지 않는다"라고 결론 내렸다. 안과 전문의 토머스 윌리엄스Thomas Williams는 시카고의학회Chicago Medical Society에서 윌레타와 함께 연단에 섰다. 그녀에게 시력이 남아 있을 가능성을 고려해 안대를 씌운 후 윌리엄스는 색이 다른 털실 타래를 차례로 그녀의 코밑에 댔다. 윌레타는 차례대로 어두운 파랑·노랑·분홍·초록·파랑·불타는 빨강·갈색·하양 등 구체적인 색을 말했다. 종이 꽃다발로 한 실험도 마찬가지였다. 그 자리에 있던 속기사의 수첩을 건네받았을 때는 수첩 색이 분홍·파랑·하양이라고 정확히 맞혔다.

합리적인 설명을 원했던 사람들은 윌레타가 사실 색의 냄새를 맡은 게 아니라 직물을 비롯한 물체에서 염료의 냄새를 맡은 것이라고 주장했다. 하지만 그녀를 믿는 사람들은 그녀가 붉은색 데이지와 하얀색 데이지를 구분했고 콩도 색깔별로 분류했다며 반박했다. 고양이에게 얼룩무늬가 있다는 건 또 어떻게 안 걸까?

그녀의 능력을 의심하는 사람들

많은 사람이 서커스 묘기 같은 윌레타의 능력을 믿었지만 여전히 일부 사람들은 그녀가 앓는 병의 원인을 수상하게 여기며 의심을 떨쳐버리지 못했다. 조지프 자스트로Joseph Jastrow도 윌레타의 능력에 매우 회의적이었다. 위스콘신대학교 심리학과 학장이던 그는 당시 새롭게 부상한 실험심리학의 선구자이자 착시 현상의 권위자였다(그가 그린 고전적인 '오리-토끼' 착시 그림은 심리학 교재의 삽화로 등장한다). 또한 그는 대중에게 과학을 알린 과학 대중화의 선도자이기도 했다.

그는 미신에 강경한 회의주의자였다. 이름난 탈무드 학자의 아들로 태어난 그는 언제나 합리주의를 고수했다. 시각 장애인 중에는 다른 감각이 유난히 발달한 경우가 많다는 사실은 인정했지만 '색의 냄새'를 맡는다는 윌레타의 주장은 신비주의와 불가능의 영역으로 치부했다. 그는 《미국의학협회저널Journal of the American Medical Association》에서 "사람들이 감각과 관련해 전혀 터무니없는 이야기를 믿는다면 심리학자는 이에 반박해야 할 의무가 있다"라고 말하며 귀가 얇은 동료들이 "믿고자 하는 의지" 때문에 모두 윌레타에게 속아 넘어가고 있다고 비난했다.

자스트로는 직접 암실에서 윌레타를 시험했다. 눈을 가리는 것은 충분하지 않다는 생각 때문이었다. 결과는 그가 예상했던 것처럼 인상적이지 않았다. "빛이 없으면 윌레타는 아무것도 하지 못했다." 자스트로는 윌레타가 시력을 완전히 잃지 않았으며 놀라운 결과를 보여준 다른 실험에서는 물체가 코밑에 있을 때 안대 밑으로 희미하게 색을 인지했다고 결론 내렸다. 그는 윌레타를 뻔뻔한 사기꾼이라고 노골적으로 비난하지는 않았지만 "의도적인 속임수가 결국 자기기만으로 이어진 건 아닌가"라며 사기의 가능성을 암시했다.

대중의 열광에 찬물을 끼얹은 자스트로를 향해 많은 사람이 그가 처음부터 윌레타를 탐탁지 않아 했으며 실험 도중 그녀에게 겁을 주었을 거라고 반박했다. 후퍼 교장도 자스트로의 퉁명스러운 태도와 어둡고 답답한 실험실 분위기가 예민한 윌레타를 불편하게 했을 거라고 주장했다. 윌레타는 재미있는 게임을 통해서만 색의 냄새를 맡을 수 있고 무대가 아닌 실험실에서는 낯선 사람에게 자신의 능력을 보여주지 않는다고 알려져 있었다. 당시 시카고의학회 회장이었던 존 네이글John Nagel은 월레타가 썼던 안대를 직접 써본 후 "자스트로가 말한 것처럼 월레타가 안대 밑으로 사물을 슬쩍 볼 수 있다면 이는 자스트로가 주장한 '믿고자 하는 의지' 이론보다 더 놀라운 일이다"라며 자스트로를 비꼬았다.

월레타의 비밀을 파헤치기 위해 그녀의 행적을 추적해온 노스웨스턴대학교 심리학과 로버트 골트Robert Gault 교수는 이 문제를 한 번에 해결하길 원했다. 12월 말 무렵 춥고 눈발이 휘날리던 날 그는 케임브리지에서 열린 미국심리학회연례 학회에서 강당을 가득 메운 청중에게 자신이 맹학교에서 한 실험 결과를 발표했다. 그는 동료 학자들에게 "월레타는 몹시 신경질적"이라고 말했다. "월레타는 쉽게 화를 내고 우울해하고 울음을 터트렸습니다. 실험자가 의심하는 기색을 조금이라도 내비치거나 이 실험이 매우 진지한 실험이라고 말하면 그녀는 감정적으로 변해 실험 결과에 영향을 주었습니다."

그는 자스트로가 월레타의 후각을 시험하기 위해 밀폐된 암실을 실험 장소로 택한 이유를 이해할 수는 있지만 "후각이 얼마나 민감한지 정확히 측정하려면 환기가 잘 되는 방"에서 해야 한다고 지적했다. 골트의 주장은 자스트로에게 치명타였다. 안타깝게도 월레타가 다니는 학교에는 어두우면서도 공기가 잘 통하는 공간이 없었다. 게다가 후퍼 교장은 월레타가 어두운 곳에서는 "기분이 아주 안 좋아진다"라고 말했다.

골트는 이러한 난점들을 극복하고 자스트로가 주장한 것처럼 윌레타가 시력으로 색을 인식할 가능성을 차단하기 위한 특수 고글을 제작했다. 고글의 테두리에 검은 종이를 두르고 컵 모양의 내부는 탈지면으로 채웠으며 탄성이 강한 고무줄을 달아 머리에 두를 수 있도록 했다. 또한 너비 5센티미터의 밴드를 렌즈 밖으로 빠져나온 탈지면을 감싸도록 둘러 고글이 피부에 완전히 밀착되도록 했다.

골트는 시력이 정상인 20명의 학생에게 이 고글을 착용시키고 실험을 진행했는데 단 한 명도 어두운 벽과 빛이 들어오는 창을 구분하지 못했다. 그렇다면 고글을 쓰면 윌레타가 시력이 남아 있더라도 앞을 전혀 볼 수 없게 된다. 골트는 윌레타가 기분이 상해 능력을 제대로 발휘하지 못할 가능성도 고려하여 실험을 가벼운 놀이 형식으로 설계해 탁자 위에 놓인 90개의 실타래 중 파란색 냄새가 나는 것을 전부 고르도록 했다. 90개 중에서 22개가 푸른빛을 띠었는데 윌레타는 그중 4개를 찾지 못했다. 빨간색을 고르라고 했을 때는 빨간색과 빨강 계열의 실타래 13개를 모두 골라냈다. 노란색은 노란빛이 조금이라도 섞인 실을 모두 찾았다. 노란색을 고르라고 하자 주황색도 집으면서 노란색 그룹이기도 하지만 빨간색 그룹이기도 하다고 말했다.

골트는 윌레타가 전혀 불가능할 것 같은 일을 해내는 것을 본 후 상당히 놀랐지만 어쩌면 그녀가 털실을 만지면서 어떠한 단서를 얻었을지도 모른다고 추측했다. 그래서 자신이 직접 털실을 들어 윌레타의 코밑에 갖다 댄 후 색이 무엇이냐고 물었다. 결과는 실패였다. 윌레타는 "냄새가 공기로 날아가 버렸다"라며 불평했다.

30 *Popular Science Monthly*

Can We See with Our Noses

Amazing Feats of 17-Year-Old Blind and Deaf Girl, Who Smells Colors and Feels Sound, Convince Scientists that Unused Powers Lie Asleep in Our Senses

CAN we learn to see with our noses? Can we learn to hear with our finger tips? Can we develop eyes in the backs of our heads or wherever else we happen to need them?

The amazing case of Willetta Huggins, the 17-year-old blind and deaf girl of Janesville, Wis., makes these questions much less fantastic than they would have seemed a year ago. For Willetta can do some of these things.

While we human beings have been developing to a high degree our senses of sight and hearing, have we failed to develop at the same rate our senses of smell and touch? The accomplishments of this little girl, handicapped from babyhood, seem to prove that this is so.

She Smells Color!

Willetta can recognize colors by their smell. She can hear spoken words by placing the sensitive tips of her fingers against the throat of the speaker. She can identify different people by their personal odors. *She knows, even, when the family cat enters the room for a moment and then leaves.*

Physicians and psychologists are still debating the exact nature and extent of Willetta's powers. Scientific tests of her case are still in progress. There seems little doubt, however, from the experiments made that she really does possess a remarkable development of the senses of smell and of touch.

When she was nine years old, Willetta was left an orphan. A year later she was admitted to the Wisconsin School for the Blind at Janesville. She was then partly blind and nearly deaf. Within five years she had lost what remained of her hearing and a year later she became totally blind.

Under this double misfortune she grew, as was natural, somewhat morose and listless. For a time she showed little interest in anything. Suddenly this changed. She was introduced by her teachers to Helen Keller's method of "hearing" by feeling the lips.

Her Interest Is Awakened

Almost overnight Willetta lost her listlessness and indifference. She not only found out that she could use the method made famous by Miss Keller, but she discovered a better method. She found that when she placed the tips of her fingers on the throat of a person who was speaking, she could "feel" what was said merely by the vibrations of the throat. It was not necessary for her to touch the lips at all.

This unusual ability and the rapidity with which she learned the use of it, attracted the attention of her teachers and of the medical men attached to the institution. It was found that her sense of smell was no less extraordinary. The fame of her accomplishments spread. Attention was attracted in Chicago and on April 26, 1922, Willetta was examined before the Chicago Medical Society.

There is still some controversy about exactly what she can do, but the following facts are well attested:

She can recognize spoken sounds when her fingers are touching the throat of the speaker. She insists that she does not hear the sounds. She says that she "feels" them. She can also feel sounds in the same way through a wooden rod, such as a billiard cue, one end of which is pressed against the chest of the speaker, the other end of which she touches.

She carries around with her a portable telephone of the kind used by deaf people, but she does not put it to her ear. Instead, she touches the vibrating diaphragm in the telephone with the tips of her fingers. She asserts that she feels the vibrations of sound in this way. She has been able, under test, to hear concerts and stage performances and to describe correctly what was happening. Aided by her telephonic apparatus, she can carry on a conversation with all the ease of a person who has perfect hearing.

Feels the Ink on Newspapers

She can read newspaper headlines, the denominations of paper money, and similar matter printed in large type merely by running her fingers over it. She says she feels the ink on the paper.

There is little doubt, also, that she can really smell colors. In a series of careful tests arranged by Dr. Thomas J. Williams, of Chicago, and Professor Robert H. Gault, of the Department of Psychology of

Through her sensitive finger tips, this remarkable 17-year-old deaf-blind girl feels words as they vibrate down a long pole resting on the head of the speaker

© International Newsreel

Willetta Huggins, deaf and blind, hears the world of voices by placing her fingers on the receiver diaphragm of a telephone instrument. It is possible, scientists believe, that Willetta differs from the rest of us only in that she has learned how to use senses that we have neglected

To demonstrate that persons with normal sight and hearing can develop the sense of touch so as to distinguish sounds with their hands, two students at Northwestern University conducted this speaking tube test under the direction of Professor Gault, noted psychologist. With eyes and ears bandaged, and

1923년 4월 《파퓰러 사이언스》에 소개된 윌레타 히긴스. 남자가 말할 때 머리 위에서 진동이 울려 관을 통과하면 윌레타가 손가락 끝으로 남자의 말이 무엇이었는지 맞혔다. 가운데 사진에서 윌레타는 전화기 수신기의 진동판에 전달된 진동으로 상대방의 말을 해독하고 있다.

그는 실험을 다시 설계해 냄새가 날아가지 않도록 양 끝이 뚫린 작은 유리관을 사용했다. 족집게로 털실 한 가닥을 유리관 한쪽 구멍에 넣어 맞은편으로 통과시킨 다음 월레타의 콧구멍으로 넣었다. 그러자 그녀는 성공했다. 골트가 무작위로 고른 30개의 털실 색을 모두 맞힌 것이다. 하지만 골트는 다음 사실을 지적했다. "유리관을 오른쪽 콧구멍에 넣으면 놀랍게도 전혀 맞추지 못했습니다."

나중에 알고 보니 월레타는 그날 낮에 코피가 났었는데 피가 난 콧구멍이 오른쪽이었다. 하지만 몇 시간 뒤 오른쪽 콧구멍은 다시 기능을 회복했다. 며칠 뒤 심한 코감기에 걸려 양쪽 콧구멍 모두 막혔을 때는 털실 색을 거의 맞히지 못했다.

골트는 모든 과정을 종합하여 월레타가 실제로 후각을 사용해 물체의 색을 인식한다고 결론 내렸다. 월레타가 의식적으로든 무의식적으로든 아직 남아 있는 시력으로 색을 구분했다고 주장한 자스트로와 달리 골트는 그녀가 학회를 속였다고 생각하지 않았다. 하지만 자스트로와 마찬가지로 그도 합리적인 설명이 필요했다.

골트가 실험에서 데이지나 콩이 아닌 유리컵이나 도자기를 사용했을 때 월레타는 맞히지 못했다. 색이 있는 조명을 월레타의 얼굴에 비추고 심지어 직접 코로 발사했을 때도 그녀는 정답을 말하지 못했다. 아닐린 염료로 염색한 두 가지 실이 같은 색인지 다른 색인지 구분하는 법은 일반인들도 어느 정도의 훈련을 거치면 터득할 수 있다. 그러나 "월레타처럼 색의 구체적인 이름까지 댈 수 있는 사람은 없었다."

심지어 골트는 케임브리지 학회에서 월레타가 공감각적 능력을 지녔을 가능성에 관해서도 이야기했다. "월레타가 열 살 전에는 시각 장애인이 아니었다는 사실을 기억해야 합니다. (중략) 그녀가 어린 시절부터 색과 냄새를 정확하게 연결할 줄 알았더라도 다시 말해 어떤 색이 어떤 냄새를 풍기는지 알았더라도 지금은 기억하지 못합니다. 눈이 보이는 동안에는 공감각적 현상을 대수롭지 않게 여겼거나 잊었을 가능성이 큽니다."

신비로운 마법 소녀의 반전

색의 냄새를 맡는 월레타의 신비로운 능력은 결국 미스터리로 남았다. 하지만 몇 년 뒤 그녀는 전혀 다른 이유로 또 한 번 화제가 되었다. 월레타의 이야기에서 가장 놀라운 부분은 이 결말이다. 1924년 1월 《뉴욕타임스》는 '청각·시각 장애인 소녀 완치되다'라는 제목의 기사로 월레타의 소식을 알렸다. 의료계는 철저한 실험을 통해 그녀의 "시각과 청각이 실질적으로 정상이 되었다"라고 발표했다. 기사에 따르면 "월레타는 하나님에 대한 믿음과 크리스천 사이언스Christian Science 소속 의사들의 도움 덕분에 눈과 귀가 치료되었다고 확신했다."

기도와 신앙이 보고 듣지 못하는 소녀의 눈과 귀를 뜨이게 해줬다고 믿는 사람이 아니라면 모든 것이 사기라고 의심한 강경 회의주의자 자스트로가 결국 옳았다고 생각할 수 있다. 그리고 골트의 여러 실험에서 시각이 정상인 사람도 후각으로 실의 색을 구분할 수 있다는 사실이 밝혀졌으므로 초자연적이라고는 할 수 없고 충분히 훈련한다면 유난히 예민한 후각을 지닌 십대 소녀가 어떤 냄새가 어떤 색을 뜻하는지 연결시키는 것도 가능할 것이다. 그녀가 '시력'으로 청중들을 속인 건 아니더라도 시각적 정보를 활용한 것은 분명하다.

그렇다면 이후 윌레타 히긴스의 삶은 어땠을까? 영적으로 깨어난 뒤에는 세간의 관심을 피한 듯하다. 그녀의 행적을 조사하던 누군가가 1970년대 말에 미국 중서부 지역에서 크리스천 사이언스의 공인 치료사로 활동하던 윌레타를 찾아냈지만 그녀는 이름을 바꾸었고 자신의 화려했던 과거에 대해 말하기를 꺼렸다고 한다. 번역 하인해

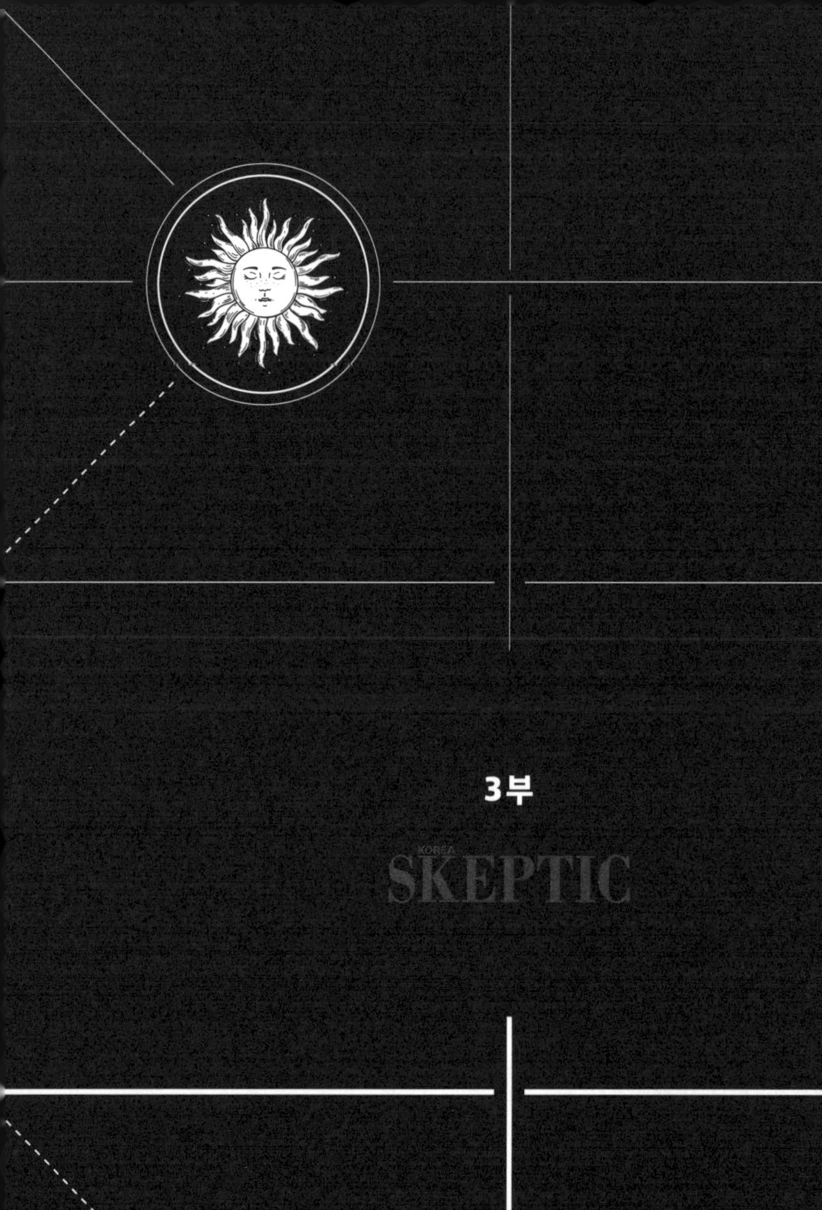

3부

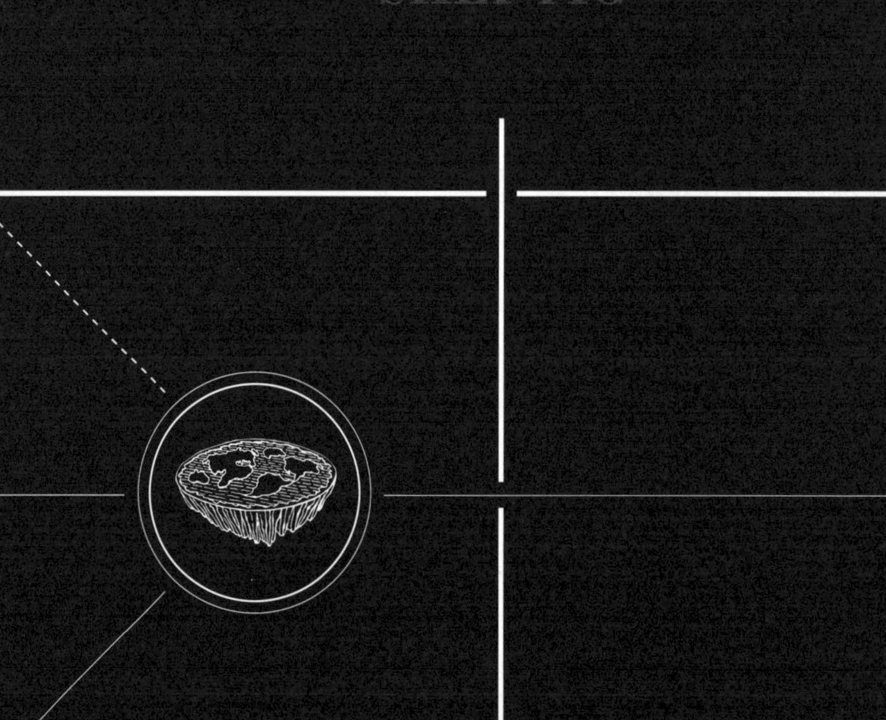

숨은 진실에 관한 이상한 믿음

인지 부조화는 어떻게 현실을 왜곡하는가

대니얼 록스턴

불가사의한 마음

이 글은 우리 뇌가 어떤 식으로 잘못 작동하는지, 혹은 최소한 우리가 기대했던 바와 얼마나 다르게 작동하는지에 대한 이야기다. 분명 우리 뇌는 놀라운 정도로 근사하며 그 어떤 컴퓨터보다 강력하다. 동물계에서 이보다 멋진 발명품은 없을 것이다. 영리한 동물은 많지만 상상력, 발명, 이성, 언어 등 우리 인간의 특별한 능력에 비할 정도는 아니다. 인간은 이 놀라운 두뇌를 사용해 우리 선조들이 상상할 수 없는 방식으로 세계를 변화시켰다. 우리는 도시를 건설하고 농사를 짓고 멋진 기술을 창조했다. 오늘날의 세계는 우리 선조들이 직립 보행을 하며 거대한 뇌를 진화시키기 시작한 아프리카의 대초원과는 완전히 다르다.

1만 5000년 전에 살던 사람들도 지금의 우리와 다를 바 없는 현대적인 뇌를 가지고 있었다. 그들은 작은 무리를 이루고 매머드와 같은 동물을 사냥하면서 살아남았다. 큰 뇌를 사용해 집단 사냥을 하고 창이나 불과 같은 도구를 사용했고 동물의 가죽으로 의복을 지어 입었다. 또한 동굴에 그림을 그리고 이야기를 만들어냈다. 그들 역시 서로 대화할 수 있을 만큼 영리했다. 그럼에도 불구하고 그들은 현대인이 아니다. 그들의 문화는 지금의 문화와 상당히 달랐다. 지금의 우리와 언어는 물론 신념도 달랐다. 특히 그들은 지금 우리가 과학을 통해 발견한 사실들을 전혀 알지 못했다. 여기에는 우리의 마음이 어떻게 작동하는지 우리가 과학을 통해 알아낸 사실도 포함된다.

그들 역시 우리처럼 사랑이나 분노와 같은 감정을 경험하기도 하고 자신의 머리에 '생각'이 들어 있다는 사실도 알았을 것이다. 그러나 그들은 자신이 왜 그렇게 생각하고 느끼고 믿는지 알 수 없었다(사실 우리 대부분도 마찬가지다). 물론 석기 시대에도 일부 반응은 이해하기 어렵지 않았을 것이다. 누군가 화를 내면 겁이 났을 거고 친절을 베풀면 호의를 느꼈을 거다. 분명 이런 행동들은 쉽게 예측 가능하다. 하지만 현명하다고 알려진 지도자가 어리석은 행동을 하거나 용맹했던 사냥꾼이 겁쟁이처럼 행동한다면? 때때로 집단 구성원들은 이해하기 어려운 믿음이나 감정적 반응을 표출한다. 선사 시대 사람들은 이런 행동을 이해하기 위해 마법을 만들어냈다. 누군가가 이상한 행동을 한다면, 그건 신, 유령, 귀신, 영혼 때문이라고 믿었다.

인간의 마음과 확증편향

이런 믿음은 농사를 짓고 도시를 건설하고 문자를 쓸 수 있었던 수천 년 후의 고대 시대에도 이어졌다. 예를 들어 고대 그리스 철학자 플라톤은 두 가지 유형의 광기가 있는데, 하나는 인간의 병에서, 다른 하나는 신에서 기인한다고 말했다. 그는 위대한 시와 예술적 영감을 이끌어낼 수 있기 때문에 '하늘이 내린 광기'를 좋은 것으로 여겼다.

고대 철학자들은 사람들이 어떻게 생각하고 무엇을 믿는지 관심이 많았다. 그리고 그들은 스스로를 반성해보면 분명히 깨달을 수 있는 한 가지 사실, 즉 우리 인간이 사실이 아닌 것을 많이 믿는다는 걸 알아차렸다. 또한 사람들은 자신의 믿음에 관한 믿음을 갖고 있는데, 이 역시 틀릴 수 있다. 예를 들어 당신이 1 더하기 2가 5라고 생각한다면, 당신은 두 가지 오류를 범하고 있는 것이다. 하나는 잘못된 수학 지식이고, 다른 하나는 당신이 올바르게 수를 더할 수 있는 능력이 있다는 잘못된 믿음이다.

이후 철학자들은 계속해서 사람들이 실제로 어떻게 생각을 하는지 이해하고자 했다. 하지만 철학자들은 생각을 통해서만 생각에 대해 알아낼 수 있을 뿐이었다. 뭔가 새로운 방법이 필요했다. 철학자들은 이를 찾아 분투했고, 결국 관찰과 실험을 통해 가설을 검증하는 과학적 사고가 태동하기 시작했다.

약 400년 전 영국의 철학자 프랜시스 베이컨은 사람들에게 증거를 제시할 것을 촉구하며 이 새로운 접근법을 널리 알리기 시작했다. 또한 그는 사람들이 너무 쉽게 자신을 속인다는 사실을 잘 알고 있었다. 인간은 단순하게 올바른 생각은 받아들이고 잘못된 생각을 거부하지 않는다. 베이컨에 따르면 "인간은 더 쉽게 믿을 수 있는 진리를 마음에 품는다." 감정, 욕구, 선입견 그리고 타인의 의견은 미처 깨달을 새도 없이 우리를 감염시키곤 한다.

베이컨은 다음과 같이 중대한 문제를 지적한다. 일단 어떤 생각을 품게 되면 우리는 마음을 바꾸기는 매우 어렵다. 설령 그래야 한다는 증거가 있다고 하더라도.

> 인간은 일단 의견(타인의 생각이든 자신의 생각이든)을 채택하고 나면 모든 걸 동원해 그것을 뒷받침하고 동의하고자 한다. 반대되는 증거가 아무리 많아도 이를 무시하거나 경시한다. 그렇지 않다면 편견에 따라 증거를 구별하고 부분만 받아들인다. 이런 중대하고도 치명적인 사전 결정으로 인해 앞서 내려진 결론의 권위가 손상될 수 있기 때문이다.

이와 관련해 베이컨은 전적으로 옳았다. 우리는 마음을 바꾸는 데 저항하고 변명을 꾸며낸다. 우리는 이미 가지고 있던 믿음과 일치하는 사실이나 의견을 찾는 경향이 있다. 더불어 우리는 우리가 틀릴 수 있음을 암시하는 증거들을 무시하고 거부한다.

우리의 이런 나쁜 습관을 '확증편향'이라고 부른다. 확증편향은 인간이 범하는 실수의 주요한 원인이다. 그렇다면 사람들은 '왜' 올바른 증거를 무시하고 거부하는 걸까? 모두가 쉽사리 마음을 바꾸지 못하는 상황에서도 마음을 바꿀 수 있는 사람이 있을까? 믿음을 형성하고 옹호하며 변화시킬 때, 인간의 머리에서 무슨 일이 일어나는지 설명할 수 있는 검증 가능한 이론이 나오는 데는 베이컨 이후 300년이 더 필요했다.

뇌라는 자동 처리 시스템

우리 자신의 마음을 이해하기 위한 오랜 탐구는 결국 '심리학psychology'이라는 이름의 학문이 되었다. 이제는 철학자만이 마음을 탐구하지 않고 인터뷰, 테라피, 실험을 통해 사람들의 반응을 연구하는 전문가들이 등장하기 시작했다.

분명 우리 뇌에서는 우리가 의식하는 것보다 훨씬 더 많은 일이 일어나고 있다. 친구와 대화할 때, 우리는 보통 이야기에 신경을 쓰지 움직이고 있는 두 다리에 신경을 쓰지 않는다. 우리 뇌는 근육을 조율하는 복잡한 일을 의식에 넘기지 않고 모두 떠맡는다. 의식적으로 근육을 조율하며 걷는다면, 우리는 순조롭게 걷기 어려울 것이다.

뇌의 자동 처리 시스템은 실로 매우 유용하다. 호흡이나 심장박동을 계속해서 관리해야 한다면, 우리는 다른 것을 생각할 겨를이 없을 것이다. 하지만 우리가 인식하지 못하는 자동적이고 무의식적인 사고 과정에는 단점이 있다. 그건 우리도 모르는 사이 뇌가 우리의 믿음과 인지를 결정한다는 거다.

이는 1784년 프랑스에서 진행된 한 실험에서 명백해졌다. 당시 독일의 의사 프란츠 메스머Franz Mesmer는 논쟁적인 한 치료 요법을 유행시켰는데, 자신이 '동물자기'라고 부르는 보이지 않는 에너지를 사용해 질병을 치료할 수 있다고 주장했다. 그의 환자들 역시 마치 전류처럼 이 힘이 자신의 몸에 흐르는 걸 느낄 수 있다고 말했다.

프랑스의 왕은 일군의 의사와 미국의 전기 전문가 벤저민 프랭클린Benjamin Franklin이 이끄는 조사팀에게 메스머에 대한 진상을 조사해달라고 요청했다. 과연 동물자기는 실재하는 걸까? 프랭클린의 조사팀은 일군의 환자들에게는 자신이 '자기화磁氣化' 되었다고 믿도록 만드는 실험을 설계했다. 그리고 다른 환자 집단에게는 따로 정보를 제공하지 않고 메스머의 치료를 제공했다. 결과는 놀라웠다. 동물자기는 사람이 느낄 수 있는 힘이 아니었다. 자기화 된 환자들은 자신이 자기화 되었다는 걸 모르면 아무것도 느낄 수 없었다. 반면 자신이 자기화 되었다는 믿음을 일단 가지게 되면 강력한 자력을 느꼈다. 심지어 어떤 사람은 경련을 일으키거나 기절하기도 했다. 결국 동물자기는 상상력이 만든 힘이었다. 무의식적 마음이 그들이 기대하던 감각을 만들어낸 것이다.

초기 심리학자들은 무의식적인 과정을 연구하는 데 상당한 열의를 보였지만, 마음을 과학적으로 연구하기란 여간 까다로운 일이 아니었다. 심리학자는 화학자가 물질을 측정하거나 천문학자가 망원경으로 행성을 관찰하는 것처럼 감정을 측정하거나 사람의 머릿속을 들여다볼 수 없었다.

이런 어려움 때문에 몇몇 선구자들은 잘못된 결론으로 비약하기도 했다. 예를 들어 프로이트는 무의식이 어떻게 작동하는지 정교한 이론을 발전시켰지만, 이 이론을 과학적으로 검증하지는 않았다. 이후 현대 심리학은 그의 추측 대부분을 폐기했다.

과학적 심리학자들은 마음에 대해 프로이트처럼 그저 추측만 하는 일은 피하고자 했다. 그들은 인간의 행동처럼 관찰과 측정이 가능한 요인만 받아들이고자 했다. '행동주의behaviorism'로 불린 이 접근법은 20세기 전반 내내 심리학계를 주도하는 이론이 되었다. 행동주의자들은 먹이를 이용해 쥐를 훈련시킬 수 있다는 사실을 알아냈다. 그들은 더 나아가 이런 방식으로 사람을 연구할 수 있다고 봤다. 이는 사람이 어떻게 보상을 찾고 처벌을 피하는지 관찰해 사람을 이해하는 방식이다. 이를 통해 행동주의자들은 믿음이나 욕구처럼 사람의 마음에서 일어나는 측정하기 어려운 상태를 무시할 수 있었다.

문제는 사람이 쥐가 아니라는 점이다. 사람들은 아무런 보상이 없는 경우에도 자신의 믿음에 따라 행동할 때가 많다. 실제로 우리는 신념에 따라 자신에게 해가 되는 행동도 서슴지 않는다. 믿음을 이해하지 않고서는 인간 행동의 미스터리를 풀 수 없었다. 그리고 이는 세계에 대한 정확하고 합리적인 믿음만을 이해해서는 충분하지 않다. 우리 인간은 완벽한 헛소리도 믿는 흥미로운 존재다. 설령 누군가 그 믿음이 틀렸다고 말할 때도 말이다.

현실을 거부하는 일이 초능력은 아니지만 생각보다 꽤 어려운 일이다. 어떻게 하면 2 더하기 2가 7이라거나 지구가 평평하다는 믿음을 진심으로 가질 수 있을까? 아무리 큰 보상을 제공해도 이를 진정으로 수용할 사람은 거의 없을 것이다. 물론 마음을 바꾼 척할 수는 있겠지만, 믿음을 강요하는 누군가의 요청만으로는 실제 마음을 바꿀 수 없다.

그럼에도 불구하고 사람들은 계속해서 진실이 아닌 것들에 대해 스스로를 납득시킨다. 프랭클린의 실험에서 볼 수 있었던 것처럼 우리 뇌는 현실에 대한 인식을 왜곡하고 변화시키는 힘을 가지고 있다. 그런데 뇌는 어떻게 그리고 무슨 이유로 이런 일을 하는 걸까?

부조화 이론

미국의 사회심리학자 레온 페스팅거Leon Festinger가 1954년에 최초로 그 물음에 대한 답을 제안하였다. 여기서 '사회심리학'이란 사람들이 서로의 생각과 행동에 어떤 영향을 미치는지를 연구하는 분야를 말한다. 페스팅거는 이미 이웃이 어떻게 친구가 되는지, 사회 집단이 어떻게 구성원의 믿음에 영향을 미치는지, 우리가 어떻게 타인과 자기 자신을 비교하는지 등 흥미로운 연구를 진행한 바 있었다. 이 연구들은 이후 더 포괄적인 이론인 '인지 부조화 이론cognitive dissonance theory'의 단초가 되었다. 이 새로운 이론은 심리학사에서 가장 중요한 이론 중 하나가 되었다.

페스팅거는 이론의 세부 내용이 너무 복잡해서 그 내용을 자신의 학생들하고만 공유했다. 하지만 다른 훌륭한 이론처럼 핵심 내용은 매우 단순하다. 페스팅거는 극도로 조심스러운 초안에서 다음과 같이 설명했다. "인간에게는 인지와 행동을 일치시키려는 성향이 있다."

계속해서 페스팅거의 전문 용어가 등장할 예정이니 각각이 무엇을 의미하는지 간단히 살펴보자. 다행히도 이 용어들은 이해하기 어렵지 않다.

'인지cognition'는 사실, 사고, 의견, 믿음, 태도 등과 같이 당신이 마음에 품고 있는 것을 말한다. 다음으로 '조화consonance'는 서로 잘 어울리거나 일치하는 두 대상의 관계를 의미한다. 예를 들어 "아스크림은 맛있어"라는 진술은 아이스크림을 먹는 행위나 "아이스크림을 사야겠어"와 같은 진술과 잘 어우러져 '조화'를 이룬다. 그렇다면 '부조화dissonance'는 서로 충돌하거나 일치하지 않는 관계라고 할 수 있다. "당근은 맛없어"라는 진술은 당근 요리를 하는 행위와 부조화를 이룬다.

사람들은 보통 조화와 부조화를 음악의 비유로 설명하곤 한다. 비발디의 〈사계〉와 같이 희망찬 선율의 음악을 듣는다고 해보자. 그리고 후에 빠르고 거친 록 음악을 듣는다고 해보자. 두 음악 모두 훌륭하다. 하지만 두 음악을 동시에 재생한다면? 그보다 끔찍한 소음은 없을 것이다. 대부분은 두 노래 중 하나를 바로 끌 것이다.

페스팅거의 놀라운 통찰은 사람들이 상충하는 두 가지 생각을 할 때면 불편함을 느낀다는 것이었다. 그는 우리 뇌가 충돌하는 생각들을 서로 일치하도록 조정하는 경향이 있다고 가정했으며, 이러한 가정을 검증하기 위해 일련의 구체적인 가설을 수립했다. 그는 자신의 인지 부조화 이론이 옳다면 어떤 일이 일어날지 예측했다.

무엇보다 페스팅거는 사람들이 자신의 믿음이나 행동을 변화시켜 부조화를 줄이고자 할 것이라고 예측했다. 만약 그다지 중요하지 않은 행동이나 믿음이라면, 이를 쉽게 바꿀 것이다. 하지만 만일 중요한 아이디어나 행동이 충돌하는 경우는 어떨까? 이 부분이 바로 인지 부조화 이론의 흥미로운 지점이다. 사람들은 자신에게 정말로 중요한 믿음이나 행동의 변화를 강력하게 거부할 것이다. 그리고 페스팅거가 맞다면, 그들은 부조화를 줄이기 위해 무언가를 해야 한다고 느낄 것이다.

페스팅거는 "마치 배고픔이 허기를 달래는 행동으로 이어지듯 부조화의 불편함이 부조화를 제거하려는 행동으로 이어진다"라고 제안했다. 배고픔은 불편하다. 이러한 불편함을 제거하려면 무언가를 먹어야 한다. 아무것도 먹지 못하는 상황이라면, 주의를 다른 곳으로 돌리거나 물을 마시거나 껌을 씹는 등 다른 방식으로 허기를 달래려 할 것이다. 마찬가지로 마음이나 행동을 변화시켜 부조화를 제거할 수 없는 경우에는 이런 불편함을 제거하기 위해 다른 방법을 시도할 것이다.

예를 들어 여러분이 가장 좋아하는 축구팀이 올해 결승전에서 우승하리라고 확신하고 있다고 해보자. 하지만 우리는 강팀도 때로는 패배한다는 사실과 상대 또한 꽤 훌륭한 팀이라는 사실을 알고 있다. 우리 팀이 승리하리라는 '믿음'은 우리 팀이 질 수도 있다는 '지식knowledge'과 부조화를 이룬다.

당신은 당신의 팀이 꼭 승리할 것이라고 강하게 믿고 있다. 그런데 이번 경기의 승패에 한 달 동안 설거지 당번이 걸려 있다면? 페스팅거는 이러한 부조화를 줄이기 위한 몇 가지 방법을 제시한다. 먼저 다른 팀의 팬들과 만나는 일을 피해야 한다. 상대 팀의 경쟁 우위는 인지 부조화를 일으킨다. 더 많이 알수록 불편함만 커질 뿐이다. 대신 당신은 같은 팀을 응원하는 사람들을 찾고자 할 수 있다. 그들은 당신에게 사회적 지지를 보내고 "우리 팀을 막을 수 있는 상대는 없다!"와 같이 당신의 믿음과 조화를 이루는 인지를 제공할 것이다.

또 다른 선택지가 있다. 현실을 왜곡하는 것이다. 우리는 사실에 관한 지식을 바꿔 상대 팀의 우위를 제거할 수 있다. 이는 부조화로 인한 불편함을 제거하기 위해 뇌가 사용하는 일반적인 방법이라는 것이 밝혀졌다. 바로 여기가 진짜 어려움이 시작되는 곳이다.

예언이 실패할 때

어떤 신념에 헌신하는 사람의 마음을 바꾸기는 매우 어렵다. 페스팅거는 다음과 같이 설명한다.

> 확신을 가진 사람은 마음을 바꾸기 어렵다. 그에게 동의하지 않는다고 말하면, 그는 당신을 외면할 것이다. 사실이나 수치를 보여주면, 그는 출처를 물을 것이다. 논리에 호소해도 그는 논점을 피해갈 것이다.

사람들은 분노, 부정, 변명, 고의적인 오해, 무시 등 수많은 기발한 방법들을 동원해 소중한 믿음을 보호하고 자신에게 도전하는 사람들을 묵살한다. 하지만 그들의 믿음이 명백히 틀린 것으로 '입증'된다면? 페스팅거는 이를 통해 자신의 이론을 검증할 수 있으리라 생각했다.

> 한 사람이 무언가를 진심으로 믿는다고 해보자. 또 이 믿음에 헌신하고 이로 인해 돌이킬 수 없는 행동을 했다고 해보자. 마지막으로 그의 믿음이 틀렸다는 부인할 수 없는 명백한 증거가 있다고 하자. 그럼 어떤 일이 일어날까?

많은 사람이 자신의 믿음과 배치되는 '부인할 수 없는 증거'를 제시하면 마음을 바꿀 수밖에 없다고 생각한다. 하지만 페스팅거는 그렇지 않을 것이라고 예측했다.

> 그러한 사람은 자신의 믿음을 바꾸지 않을 뿐만 아니라 그 믿음을 더욱 강하게 확신할 것이다. 심지어 그는 타인을 설득하고 전향시키는 데 새로운 열망을 보일지 모른다.

틀린 것으로 입증되었기 때문에 믿음을 더 확신하게 되는 일이 정말 가능할까? 이에 대해 페스팅거는 실제로 일어난 수많은 역사적 사건을 언급한다. 그 대표적인 예가 세계 종말에 대한 예측이다.

지난 수백 년 동안 수많은 예언자가 세상이 멸망할 것이라고 주장해왔다. 대부분 예언자를 따르는 다수의 신자가 모여들어 종말에 대비했다. 하지만 세계는 지금도 끝나지 않았다. 인류 역사상 '지구 종말의 날'을 외친 예언이 실현된 적은 단 한 번도 없다. 그럴 때마다 실망한 신자들은 종말이 오지 않았을 때 어떻게 대처해야 할지

고민해야 했다.

시간이 흐르자 패턴이 나타났다. 처음에 그들은 혼란에 빠지고 화를 냈다. 확신이 크지 않았던 사람들은 대체로 합리적인 결론에 도달했다. 하지만 믿음에 깊이 헌신했던 신자(예를 들어 재산을 포기했던 사람 등)는 이제 마음을 바꾸기 더욱 힘들어졌다. 자신의 모든 소유물을 아무런 이유 없이 포기했다면 어떤 기분일까? 자신이 그토록 큰 실수를 저질렀다고 인정한다면 스스로가 매우 어리석게 느껴질 것이다.

이런 헌신적인 신자들은 마음을 바꾸는 대신 한데 뭉쳐 원래 믿음을 보호하기 위해 변명을 만들어냈다. 많은 무리가 예언에 착오가 생긴 것일 뿐 다른 날짜에 세상이 멸망할 거라고 주장했다. 실제 몇몇 집단은 포기하지 않고 멸망 일을 여러 번 변경하기도 했다. 또 다른 집단에서는 뭔가 신비한 방식으로 종말이 실현되었다고 주장하기도 했다.

페스팅거는 실망한 종말론 신자들이 두 가지 방법으로 자신들의 믿음을 보호할 수 있다고 생각했다. 하나는 서로가 옳다며 안심하는 것이고, 다른 하나는 자신들의 집단에 새로운 신자를 영입하는 것이었다. 다시 말해 그는 실망한 신자들이 '전도의 강화'를 통해 위안을 얻으려 할 것이라고 예측했다. 페스팅거는 감정적 추론에 대해 설명하면서 다음과 같이 말했다. "그들의 믿음 체계로 넘어오는 사람이 더 늘어나면 그 체계는 종국에 진리가 되고 말 것이다."

종말론 운동의 역사는 페스팅거의 이론을 뒷받침할 수 있는 것처럼 보였다. 하지만 그에게는 부족한 것이 하나 있었다. 바로 타임머신. 페스팅거는 수백 년 전에 살았던 종말론 신자들을 직접 연구할 수 없었기에 기록에 의존해야 했다. 이러한 오래된 기록은 페스팅거의 이론을 검증하기에는 불완전하며 신뢰성도 높지 않았다. 그에게 필요한 건 종말이 오지 않는 '실망의 날'에 종말론자들의 반응을 관찰할 수 있는 기회였다.

다시 돌아온 종말론

운이 좋게도 페스팅거는 곧 기회를 얻을 수 있었다. 1954년 9월 말 신문들은 소규모의 비행접시 단체가 그해 12월 21일에 종말론적인 재앙이 일어날 것이라고 예언했다는 기사를 헤드라인으로 다뤘다. 이 단체의 수장인 도로시 마틴Dorothy Martin이란 여성은 '클라리온'이라는 별의 초월자들이 자신에게 메시지를 보냈다고 주장했다. 이 외계인들은 아마도 '자동 글쓰기', 즉 사람의 손이 저절로 움직이며 메시지를 작성하는 방식을 통해 도로시에게 메시지를 전달했다고 한다.

마틴은 우주인들의 말을 전하며 오대호에서 일어난 거대한 파도가 시카고와 인근 도시들을 파괴할 것이라고 주장했다. 그 후 홍수가 일어나 "북극권에서 멕시코만까지 이어지는 내해가 형성되고, 동시에 (중략) 시애틀에서 남아메리카에 이르는 서부 해안을 따라 대재앙이 일어날 것이다"라고 예언했다.

이는 정확히 페스팅거가 바라던 상황이었다. 그는 도로시와 그의 추종자들이 홍수가 일어나지 않았다는 것을 깨달은 바로 그 순간, 그들의 반응을 관찰하고자 했다. 페스팅거는 사회심리학자들을 모집하고 훈련된 관찰자들을 고용하여 이 집단에 몰래 침투시켰다. 관찰자들은 우주인의 메시지에 대해 더 알고 싶어 하는 호기심 많은 대중으로 가장했다.

이 흥미로운 연구는 몇 주 동안 계속되었다. 페스팅거 팀은 사모임이 있을 때마다 적어도 한 명 이상의 관찰자를 참석시키고자 했다. 이 일은 생각보다 쉽지 않았다. 몇몇 신자는 도로시의 집에 하루 종일 머물렀고 회의는 종종 밤새 이어졌다. 페스팅거 팀은 하루 내내 교대로 신자들을 관찰해야 할 때가 많았는데, 이 일은 고되고 짜증스러울 때가 많았다. 관찰자들은 마틴을 추종하는 사람들의 이상한 믿음을 받아들이는 척해야 했다. 이 단체는 영매 마틴을 통해 우주의 창조주, 우주 예수 그리고 외계 '지구 수호자'의 메시지를 받았다고 한다. 늦은 밤이면 반복적이고 일관성 없는 메시지가 쏟아져 나왔다(지친 관찰자들의 눈에는 엄청난 시간 낭비로밖에 보이지 않았다). 그럴 때면 관찰자들은 화장실 안에 숨거나 산책을 하는 척하면서 그들이 목격한 사건에 대해 기록했다.

그럼 마틴의 지지자들은 종말의 날까지 남은 일수를 계산하면서 공포에 떨고 있었을까? 그렇지 않았다. 오히려 흥분하고 있었다. 그들은 재앙이 발생하기 전에 외계인의 비행접시가 자신들을 안전한 곳으로 데려갈 거라고 기대했다. 물론 홍수로 수백만 명이 죽겠지만 그리 큰 문제는 아니었다. 우주인들이 사자의 영혼을 거두어 다른 행성에 새로운 보금자리를 마련해줄 거라고 믿었기 때문이다.

마틴의 추종자들은 다가오는 대홍수에 대해 여러 신문에 간략하게 경고한 후 더 이상 기자들의 연락을 받지 않았다. 그들은 다른 사람을 설득하려고 애쓰지도 않았다. 수호자들에게 받은 메시지에 따르면 다른 사람을 설득하기엔 이미 너무 늦었기 때문에 시도조차 하지 않은 것이다.

그들은 조용히, 심지어는 비밀스럽게 지구를 떠날 준비를 했다. 직장을 그만두고 평생 동안 저축한 돈을 다 써버리기도 했다. 옷에서 금속으로 된 지퍼와 단추를 모두 제거하기도 했는데, 아마 비행접시를 타기 위한 필수 조건으로 보인다. 그리고 그들은 때가 오기를 기다렸다.

반복되는 실망

침묵은 오래 이어지지 않았다. 어느 날 이 단체의 지도자 중 한 의사가 대학에서 강의를 하다가 학생들에게 기이한 UFO 이론을 설파했다는 이유로 해고된 다음, 언론이 관심을 보이기 시작했다. 전화가 쉴 새 없이 울리기 시작했고 건물 밖에는 기자들이 장사진을 쳤다. 의사는 기자들의 출입을 저지했지만, 기자들은 원하는 답을 듣기 전까지 그를 놓아주지 않을 작정이었다. 결국 그는 전 대륙이 바닷속으로 붕괴되어 "온 세상이 물로 씻겨 내려가는 위대한 정화가 일어나기까지 고작 일주일밖에 남지 않았다"라고 말했다.

두말할 필요도 없이 이 바보 같은 예언은 신문을 통해 전국에 알려지고 조롱을 당했다. 유명세가 높아짐에 따라 이 단체를 찾아와 기웃거리는 호기심 많은 사람이 점점 늘어났다. 한편 마틴은 자신이 "외계에서 온 비디오 선장"이라고 주장하는 한 사람에게 전화를 받았다. 비디오 선장은 비행접시가 당일 오후 4시에 마틴의 집 뒷마당에 창륙해 마틴의 추종자들을 데리고 떠날 예정이라고 말했다. 누가 봐도 장난 전화가 분명했지만, 어쩐 일인지 이 단체는 비디오 선장을 진심으로 믿어버렸다. 그들은 자신들의 옷에서 금속 조각을 모두 제거하고 한 시간 이상을 기다렸다. 물론 비행접시는 오지 않았다.

지지자들은 실망했고 혼란에 빠졌다. 한 사람은 떠났지만, 나머지는 자신들의 믿음을 계속 지켰다. 그들은 이 사건이 진짜 비행접시에 대한 예행연습일 거라고 서로를 위로했다.

그날 밤 자정 무렵 마틴은 자동 글쓰기를 통해 진짜 비행접시가 오고 있다는 감격스러운 메시지를 받았다. 지지자들은 또다시 비행접시를 맞이하기 위해 그 겨울밤 추위를 무릅쓰고 서둘러 밖으로 나갔다. 한 관찰자가 묘사하기를 이 지지자들은 "눈이 오는 추운 날씨에도 불구하고 기대감에 들떠 있었다." 그들은 어둠 속에서 몸을 떨며 3시간 이상 기다렸지만, 역시나 비행접시는 오지 않았다.

다음 날 아침, 지지자들은 어젯밤의 소동 또한 예행연습의 일환이라고 결론을 내렸다. 그러나 이런 변명도 점차 효과가 떨어졌고 의심이 싹트기 시작했다. 종말론 지지자들은 불쾌하고 속상한 기분에 대해 페스팅거의 예측과 정확히 동일한 반응을 보였다. 그들은 갑자기 방문자들을 붙들고 자신들의 신념이 진실이라고 설득하기 시작한 것이다.

예언된 종말의 날이 되었다. 지지자들이 얼마나 예민해졌을지 쉽게 상상할 수 있을 것이다. 마틴이 또 다른 메시지를 받았다고 했을 때, 그들이 얼마나 안심했을지 짐작이나 할 수 있을까? 마틴은 자정이 되면 우주인이 문을 두드리고 그들을 비행접시로 안내할 거라고 말했다. 마침내 자정이 됐다. 하지만 안타깝게도 아무 일도 일어나지 않았다.

몇 시간이 지났다. 홍수가 일어나기까지 몇 시간도 남지 않았다. 절망에 빠진 지지자들은 필사적으로 변명을 생각해냈다. 하지만 어떤 변명도 들어맞지 않았다. 그래도 그들은 포기하지 않았다. 새벽 4시쯤 의사는 한 관찰자에게 속마음을 털어놓았다. "나는 모든 것을 포기했어요. 모든 관계를 끊었고 되돌아갈 다리도 전부 끊어버렸습니다. 세상을 등진 거나 다름없어요. 그러니 내겐 의심할 여유 같은 건 없어요. 나는 믿을 수밖에 없습니다."

얼마 지나지 않아 마틴은 국면을 전환할 새 메시지를 발표했다. 하나님이 그들의 마음을 가엽게 여겨 종말을 취소했다는 소식이었다. 그들의 믿음은 실패하지 않았다. 그들은 전 세계를 구원한 영웅이었다. 지지자들은 기뻐 날뛰며 서로를 축하했다. 그리고 이 놀라운 이야기를 세상에 알리기 위해 신문사로 전화를 걸었다. 그들은 세상 모든 사람이 자신들의 믿음을 믿도록 만들어야 했다.

인간은 믿음의 부조화에 불편감을 느낀다

도로시 마틴의 예언은 모두 틀렸지만, 페스팅거의 예측은 정확했다. 홍수 예언이 실패하자 많은 지지자가 단체를 떠났다. 하지만 자신의 믿음에 너무 많은 걸 투자한 사람들은 아무튼 자신이 옳다고 스스로 독려하며 버틸 수밖에 없었다. 마틴과 핵심 지지자들의 신앙심은 그 어느 때보다 강렬했다. 마틴은 이후에도 뉴에이지 단체를 이끌면서 여생을 보냈다.

페스팅거는 이 단체를 연구한 《예언이 실패할 때When Prophecy Fails》를 1964년에 출간했으며 1년 뒤 마침내 《인지 부조화 이론A Theory of Cognitive Dissonance》을 펴냈다. 이 책은 심리학 혁명을 가져왔다. 페스팅거는 인지 부조화로 인간의 행동 중 많은 부분을 설명할 수 있다고 제안했고, 그의 예측은 이후 수십 년간 과학적인 실험을 통해 입증되었다.

다시 말하지만 인지 부조화 이론의 기본 개념은 매우 단순하다. 믿음들 혹은 믿음과 행동 사이에 모순이 발생하면, 인간은 불편함을 느낀다. 불편함의 수준은 불일치의 정도에 따라, 또 상충하는 믿음의 중요성에 따라, 경미한 정도에서 심각한 수준에 이르기까지 다양할 수 있다. 불편함이 커질수록 불편을 줄이고 더 악화시키지 않으려고 애쓰게 된다.

이런 현상을 더 잘 이해하기 위해 사람들이 언제 인지 부조화를 느끼지 않는지 알아보자. 우리는 생각과 행동이 일치할 때 불편함을 느끼지 않는다. "나는 쓸모 있는 사람이다"라고 믿는 사람이 타인에게 호의를 베푸는 일은 아무런 문제도 일으키지 않는다. 그리고 이런 행동과 믿음의 조화는 사람의 기분을 좋게 만든다.

설령 믿음과 행동이 일치하지 않더라도 그러한 불일치를 (비록 무의식적이더라도) 알아차리지 못한다면 큰 불편함을 일으키지 않는다. 페스팅거는 '생각 사이의 불일치'와 '불일치로 인한 심리적 불편함' 모두를 부조화의 의미로 사용했는데, 실제 이 둘은 별개의 개념이다. 불일치가 있다는 걸 알지 못하면 불편함도 느끼지 않는다.

예를 들어 버섯을 싫어하는 사람도 버섯이 들어간 줄 모르면 라자냐를 맛있게 먹을 수 있다. 여기에는 아무런 부조화가 없다. 비교 없이는 부조화도 없다. 인지 부조화를 느끼기 위해서는 두 생각을 동시에 품고 있어야 하고 그들이 서로 충돌한다는 걸 알아차려야 한다. 또 그런 충돌이 신경 써야 할 만한 가치가 있어야 한다. 예를 들어 우리 대부분은 거짓말을 할 때 이상한 느낌을 받는다. 타당한 이유 없이 거짓말을 하는 행위는 자신이 선하다는 믿음과 상충하기 때문이다. 예를 들어 누군가가 만화책을 좋아하지 않는 당신에게 만화책을 좋아한다고 거짓말을 하고 다니면 100만 달러를 주겠다고 제안했다고 해보자. 이에 대해 페스팅거는 다음과 같이 말했다. "분명 당신은 만화책을 좋아한다고 공개적으로 선언한 뒤 100만 달러를 보고 흡족한 미소를 지을 것이다." 이처럼 엄청난 보상에 비하면 아무것도 아닌 거짓말은 큰 문제가 아니다.

페스팅거는 단지 추측으로만 끝내지 않았다. 그는 피험자들에게 약간의 돈을 주고 거짓말을 하도록 만드는 아주 영리한 실험을 고안했다. 이 실험은 가장 유명한 심리학 실험 중 하나가 된다.

먼저 페스팅거는 피험자들에게 숟가락을 쟁반에 놓았다 들었다를 반복하는 지루하고 반복적인 작업을 지시했다. 그동안 실험자는 초시계를 사용해 피험자들을 관찰하며 기록을 남겼다. 지루한 시간이 지난 뒤 페스팅거는 피험자들에게 "오늘 실험은 끝입니다"라고 알렸다. 하지만 이는 속임수였다. 실제 실험은 이제 시작되었다. 이 지루한 과제가 시작되기 전, 페스팅거는 실험 도우미에게 이 과제가 "시간이 언제 흘렀는지 모를 정도로 정말 재밌어요"라고 말하고 다니도록 했다.

페스팅거는 피험자들을 세 집단으로 나눴다. 먼저 대조군 집단에게는 과제가 끝난 뒤 이것이 얼마나 재밌었는지 평가하게 했다. 나머지 두 집단에게는 과제 평가 전에 대기 중인 다른 피험자들에게 이 과제를 추천해달라고 요청했다. "보통은 실험 도우미가 하는 일인데, 오늘은 사정이 있어서 오지 못했어요"라고 말하며 도우미를 대신해달라고 한 것이다. 그리고 그 대가로 한 집단에는 1달러를 제안했고, 나머지 집단에는 20달러를 제안했다.

이를 의심하거나 거짓말이 싫다며 제안을 거절한 피험자도 있었지만, 대다수는 대가가 많든 적든 다른 피험자들을 속이는 데 기꺼이 동참했다. 과제 추천이 끝난 다음, 두 집단의 피험자들에게 과제가 얼마나 즐거웠고, 이후 비슷한 실험에 참가하기를 원하는지 평가를 요청했다. 페스팅거가 진짜 알고 싶었던 건 이들의 평가였다. 돈을 위해 거짓말을 한 피험자와 그렇지 않은 피험자는 다른 평가를 내렸을까?

먼저 대조군 피험자들은 이 지루한 과제를 좋아하지 않았다. 과제 선호도를 -5에서 +5 사이에서 평가하라고 했을 때 대조군의 평균 점수는 -0.5였다. 이후 비슷한 실험에 참여할지 묻는 질문에도 이들은 부정적인 견해를 보였다. 20달러를 받은 집단의 피험자들도 같은 질문에 0점 이하의 점수를 줬지만, 그 정도는 대조군에 비해 덜했다. 어쨌든 20달러를 벌었으니 이는 당연한 결과일지 모른다. 당시 코카콜라 가격이 5센트였으니 20달러면 꽤 큰 돈이라 할 수 있다. 하지만 20달러를 받은 피험자들도 과제가 썩 즐겁지 않다는 데에 동의했다.

사실 놀라운 결과는 대가로 1달러를 받은 집단에서 나왔다. 그들은 이 지루한 과제에 0점 이상을 준 유일한 집단이었다. 그들은 대조군보다 평가 점수가 2점 더 높았으며, 이후 유사한 실험에도 참가하겠다고 답했다.

페스팅거는 이 결과를 설명할 수 있는 단 하나의 설명이 있다고 확신했다.

> 누군가가 자신의 의견에 반하는 행동을 하거나 말하도록 유도된다면, 그는 자신의 행동 혹은 말과 생각을 일치시키기 위해 의견을 바꾸는 경향이 있는 것으로 보인다.

거짓말의 대가로 돈을 받은 학생들은 과제가 지루했다는 의견과 과제가 즐거웠다고 주장하는 행동 사이에서 부조화를 느꼈을 것이다. 하지만 20달러를 받은 피험자들은 큰 보상에 비하면 거짓말은 그리 중요하지 않으므로 부조화를 비교적 훨씬 적게 느꼈을 것이다. 반면 1달러는 거짓말이 사소하게 느껴질 정도로 큰 보상이 아니었고, 이 집단의 피험자들은 이미 거짓말을 한 상태이니 행동도 바꿀 수 없었다. 결국 실험 설계에 따르면 피험자들에게는 한 가지 선택만 남는다. 그들은 행동에 맞춰 자신의 의견을 바꾸는 수밖에 없다. 자신도 모르게 뇌가 자동적으로 현실에 대한 인식을 바꾸는 것이다.

인지 부조화 이론의 입증

현대 심리학자들은 우리 내면에서 일어나는 일에 비과학적인 가정을 하지 않으려고 한다. 이들이 '유도된 순응induced compliance' 실험을 전적으로 지지한 것도 실험실의 통제된 조건을 통해 숨겨진 심리적 과정을 측정하는 방법을 제공했기 때문이다. 이후 수십 년 동안 수많은 연구자가 페스팅거의 실험을 재현하는 것은 물론 다듬고 개선하고자 했다. 페스팅거의 해석에 이의를 제기하는 연구자도 있었지만, 많은 실험에서 페스팅거가 옳았던 것으로 드러났다. 인지 부조화 이론은 실험실의 유도된 순응 실험에서 사람들이 어떻게 행동하는지 정확히 예측했다.

더불어 페스팅거와 동료들은 인지 부조화 이론의 다른 예측들도 실험을 통해 검증하고자 했다. 그들이 진행한 일련의 실험들은 우리가 기존의 믿음에 부합하지 않는 정보는 피하고 부합하는 정보를 찾고자 한다는 걸 보여줬다. 그리고 무의식적으로 자신의 믿음을 뒷받침하는 정보는 신뢰할 수 있는 정보로 해석하고, 그렇지 않으면 가짜 정보라며 거부했다. 예를 들어 이스라엘 사람들은 자신의 정부가 제안한 평화 협정이 팔레스타인에서 한 것으로 오인하는 경우 이를 거부하는 경향이 있었고, 팔레스타인의 제안을 이스라엘에서 한 것으로 오인하는 경우 이를 선호하는 경향이 있었다.

차를 구입하는 것과 같은 어려운 결정을 내린 후 인지 부조화가 일어날 것이라는 페스팅거의 예측 또한 많은 실험을 통해 입증되었다. 우리는 무엇을 선택하든 선택하지 않은 차를 놓치게 된다. 예를 들어 사람들은 자신이 사지 않은 차의 가격이 더 저렴하거나 연비가 좋다는 사실을 알게 되면 인지 부조화를 겪는다. 실험에 따르면 사람들은 중대한 문제에 대해 자신의 결정을 정당화하기 위해 자신의 의견을 바꿔 부조화를 줄이려 한다.

초기에 이뤄진 한 실험은 피험자들에게 두 소형 가전제품에 대한 만족도 평가를 요청했다. 그다음 제품 중 하나를 고르면 그 제품을 집으로 가져갈 수 있다고 제안했다. 마지막으로 선택이 끝난 뒤 최종적으로 제품들을 다시 한번 평가해달라고 했다. 피험자들은 최종 평가에서 첫 평가와 비교해 자신이 선택한 제품에 높은 점수를 준 반면, 선택하지 않은 제품에는 낮은 점수를 줬다. 또한 첫 평가에서 두 제품의 점수가 비슷할수록 의견 변화가 컸다. 다시 말해 선택이 더 어려운 상황일수록 의견을 더 급격히 바꿨다. 이는 까다로운 선택일수록 더 큰 인지 부조화를 유발하므로 더 적극적으로 부조화를 줄일 필요가 있기 때문이다.

또 다른 실험에서는 사람들이 어떤 결과를 얻기 위해 불쾌한 상황을 견뎌야 하는 경우, 그렇지 않은 경우보다 결과를 더 높이 평가하는 것으로 나타났다. 예를 들어 한 연구에서는 학생들이 스터디 그룹에 들어가기 위해 난처한 과제를 수행하도록 만들었다. 이후 학생들에게 지루하고 체계가 없는 스터디그룹 구성원들의 토론을 녹음해 들려줬다. 그리 어렵지 않은 과제를 수행한 학생들은 이 토론을 부정적으로 평가한 반면, 혹독한 과제를 견뎌야 했던 학생들은 매우 훌륭하다고 평가했다. 학생들은 불쾌한 경험을 가치 있는 것으로 만들기 위해 자신의 인식을 바꾼 것이다. 심리학자 캐럴 태브리스Carol Tavris와 엘리엇 애런슨Elliot Aronson은 다음과 같이 말했다.

"여러 과학자들이 전기 충격에서 고통스러운 극기 훈련까지 다양한 방법으로 이 실험을 여러 번 재현했지만 결과는 항상 같았다. 신고식이 혹독할수록 그 단체를 향한 구성원들의 호감도는 더욱 높아졌다."

믿음은 어떻게 만들어지는가

페스팅거의 인지 부조화 이론은 실제 삶에서, 다른 사람과의 관계에서, 더 나아가 사회 전반에서 사람들이 어떻게 생각하고 행동하는지 이해할 수 있는 강력한 도구다. 이는 사회심리학이 우리에게 선사한 값진 선물이다. 하지만 과학 작가들이 실험실에서 진행된 인지 부조화 실험의 교훈을 일상생활에 적용하려 하자 심리학자들은 다소 긴장하기 시작했다.

심리학자들은 독심술사가 아니다. 한 개인이 어떤 행동을 취하거나 특정 믿음을 갖는 데는 여러 이유가 있을 수 있다. 누군가의 특정 행동은 부조화로 인한 불편함 때문일 수도 있지만, 단순히 주의가 산만하기 때문일 수 있고, 누군가에게 좋은 인상을 남기기 위한 것일 수 있다. 과학자들은 고도로 통제된 조건에서 이런 변수들을 배제하고자 하지만, 이는 일상생활에서는 할 수 없는 일이다.

그럼에도 불구하고 우리는 인지 부조화 이론으로부터 몇 가지 중요한 교훈을 얻을 수 있다. 심리학은 사람들의 행동에 대한 일반적인 통찰을 이끌어낼 수 있을 만큼 인지 부조화가 작동하는 방식을 충분히 이해하고 있다. 더불어 인지 부조화 이론 없이는 사람들의 행동을 설명하기 어려운 경우가 많다.

태브리스와 애런슨은 《거짓말의 진화Mistakes were Made (But Not by Me)》에서 인지 부조화의 영향력을 훌륭하게 설명했다. 먼저 인지 부조화는 애초에 믿음이 어떻게 형성되는지 이해하는 데 도움을 준다.

예를 들어 "마스크를 쓰면 코로나 바이러스를 막을 수 있는가?"라는 주제에 대해 생각해보자. 아마 2020년 초에는 누구도 이 주제에 대해 확고한 의견을 가지고 있지 않을 거다. 현재 이에 대한 당신의 의견은 당시와 많이 달라졌을 것이다. 한 번에 지금의 의견에 도달하지 않았을 것이고, 중립에 가까운 의견에서 출발했을 가능성이 높다. 이해를 돕기 위해 태브리스와 애런슨이 제시한 '선택의 피라미드'를 살펴보자. 새로운 주장을 접한 사람은 커다란 피라미드 꼭대기에 서서 균형을 잡으려는 상황이라고 할 수 있다. 이런 상황에서는 왼쪽이든 오른쪽이든 한 방향으로 쉽게 기울어질 수 있다. 어느 쪽으로든 살짝 건드리기만 해도(심리학 용어로는 '넛지'를 제공하면) 경사면을 타고 '믿음' 또는 '믿지 않음' 쪽으로 떨어지게 된다.

인지 부조화 연구는 우리가 어느 방향으로든 경사로를 따라 내려갔을 때 어떤 일이 일어나는지 보여준다. 한 실험은 학생들에게 시험에서 부정행위를 저지르고 싶다는 충동을 느끼게 만들었다. 그리고 학생들이 어떤 선택을 하든 부조화를 느끼도록 설계했다. 다시 말해 부정행위를 하지 않으면 좋은 성적을 놓치게 되고, 부정행위를 하면 정직함을 놓치도록 만든 것이다. 어느 쪽이든 학생들은 결국 자신의 의견을 변화시켜 부조화를 줄인다. 즉, 부정행위를 한 학생들은 부정행위가 그렇게 나쁜 행동이 아니라는 새로운 믿음을 형성하게 되고, 부정행위를 하지 않은 학생들은 부정행위가 나쁜 행동이라는 믿음을 더욱 강화한다.

우리가 어떤 믿음을 바탕으로 행동을 할 때면, 그 믿음이 더욱 강해지는 경향이 있다. 예를 들어 한 번이라도 마스크를 착용한 사람은 그렇지 않은 사람보다 마스크 착용이 바람직하다는 믿음을 더 강하게 믿는다. 반면 마스크 착용의 문제를 공공연하게 주장하는 사람은 마스크 착용이 나쁘다는 믿음을 더 강하게 믿는다. 이렇듯 우리는 어떤 믿음에 대한 일종의 대가를 치르면 그 믿음을 더 강하게 믿게 된다. 왜냐하면 믿음에 근거한 행동이 우리를 선택의 경사로 더 아래로 미끌어지게 하기 때문이다. 바로 이것이 인지 부조화가 작동하는 방식이다. 믿음은 비탈을 따라 굴러 떨어지기는 쉽지만, 다시 거슬러 올라가기는 매우 어렵다.

믿음의 방어와 확증편향

회의주의자들은 지난 수백 년 동안 자신이 믿고 싶은 바를 믿는 경향이 인간에게 있다고 말해왔다. 심리학자이자 회의주의자인 조지프 재스트로Joseph Jastrow는 1935년 "무지가 어리석음의 가장 큰 이유인 동시에 마음에 드는 결론만을 수용하려는 태도의 이유이기도 하다"라고 말했다. 이런 마음의 작동 방식에 대한 검증 가능한 설명을 제공한 것이 바로 지금까지 살펴본 페스팅거의 인지 부조화 이론이다. 확증편향은 우리 뇌가 자동적으로 인지의 조화를 추구하고 부조화의 불편함을 피하려 할 때 일어난다. 이런 자동 정보 필터링 기능은 우리 마음이 변화에 강력히 저항하도록 만든다.

페스팅거의 종말론 집단 연구에서도 볼 수 있듯, 사람들은 자신이 큰 투자를 한 믿음을 정당화하기 위해 무슨 일이든 한다. 이는 비주류 종교인에게만 해당되지 않는다. 여기에는 나와 당신, 그리고 모든 사람이 포함된다. 태브리스와 애런슨은 다음과 같이 말했다. "우리 대부분은 '내가 틀렸어'라고 인정하는 걸 어려워한다. 이런 어려움은 감정적, 재정적, 윤리적 이해관계가 클수록 더 커진다."

페스팅거는 사람들이 중요한 믿음을 보호하기 위해 더 극단적인 일도 할 수 있다고 생각했다. 이 문제를 더 깊이 탐구하기 위해 애런슨과 동료 연구자들은 거의 모든 사람이 가지고 있는 가장 중요한 믿음, 즉 자신이 똑똑하고 품위 있는 사람이라는 믿음에 특별한 관심을 기울였다.

태브리스와 애런슨는 다음과 같이 설명한다. "부조화는 늘 불편하지만 자신의 자아 개념 중 가장 중요한 요소가 위협받을 때, 즉 자신이 자신을 보는 관점과 일치하지 않는 행동을 할 때 가장 큰 고통을 일으킨다."

나는 나쁜 사람이 아니니 네가 나쁜 사람이다

여러분은 그리 큰 잘못을 하지 않은 사람에게 과도하게 화를 내는 사람을 본 적이 있을 것이다. 또한 여러분 자신이 잘못된 행동이나 못된 말을 하고 있다는 걸 알아차리고 화들짝 놀란 적이 있을 것이다. 뭔가 잘못된 행동을 했을 때는 바로 실수를 인정하고 사과하는 게 옳은 길이다. 하지만 이런 일은 잘 일어나지 않는다. 상황을 엉망으로 만든 게 나 자신이라는 사실을 납득하려면 용기가 필요하다. 그래서일까? 우리는 더 큰 실수를 할수록 이를 받아들이기 더욱 어려워한다.

우리 대부분은 자신이 품위 있고 점잖은 사람이라고 생각한다. 그래서 우리가 하는 나쁜 행동들은 우리의 긍정적인 자아상과 충돌하고 부조화를 일으킨다. 불행히도 우리 뇌는 변명을 통해 이런 인지 부조화를 줄이려고 한다. 태브리스와 애런슨은 다음과 같이 말한다. "우리가 폭언, 폭행 등 타인에게 피해를 주는 일을 할 때면 어떤 강력한 힘이 작용하기 시작한다. 바로 나 자신이 한 일을 정당화하려는 욕구 말이다."

"재가 먼저 시작했어요!" 우리는 이런 유형의 정당화가 무엇인지 잘 알고 있다. 그리고 우리는 다음과 같은 정당화가 얼마나 비열하게 들리는지도 알고 있다. "저 인간은 그래도 싸요! 저 사람 잘못이에요! 나를 이렇게 화나게 만들지 말았어야지!"

더 끔찍한 행동을 할수록 우리 자아상에 대한 위협은 더욱 커지기 때문에 변명을 찾기도 어려워진다. 나는 나쁜 사람이 아니니 나 아닌 누군가가 나쁜 사람이 돼야 한다. 이런 식으로 평범한 사람이 악당이 된다. 태브리스와 애런슨은 다음과 같이 설명한다.

> 자기기만의 끔찍한 계산법에 따르면, 우리가 다른 사람들에게 가한 고통이 크면 클수록 품위와 자아 존중감을 유지하기 위해 행위 정당화의 필요성도 커진다. 희생자는 고통을 받아도 마땅하므로 전보다 그들을 더 미워하게 되고, 결국 더 큰 고통을 가하게 된다.

여기에서도 뇌는 심각한 부조화의 불쾌감을 줄이기 위해 현실을 왜곡한다. 인간관계와 감정을 연구하는 심리학자 해리엇 레너Harriet Lerner 같은 학자는 이런 현실 왜곡을 수치심을 피하기 위한 시도라고 설명한다. 우리는 자신이 무가치하고 나쁜 사람이라는 느낌을 원치 않으므로 대신 다른 사람을 무가치하고 나쁜 사람으로 만든다는 말이다.

다행히 인지 부조화를 줄이고 수치심을 피할 수 있는 더 나은 방법이 있다. 우리는 자신이 괜찮은 사람이라는 믿음에 '때로는 실수를 저지르기도 한다'는 인식과 '실수를 인정하고 보상하려는 용기와 연민을 가진다'는 인식을 더할 수 있다. 그러면 타인에 대한 악의를 품는 대신 행동을 변화시켜(사과와 친절) 인지 부조화를 줄일 수 있다.

인지 부조화를 억제하는 가장 확실한 방법

인지 부조화는 수억 명의 미국인이 도로시 마틴의 종말론에 속아 넘어간 것처럼 개인적인 차원을 넘어 사회 전반에서 골칫거리가 될 수 있다. 이런 거짓 믿음 중 일부는 매우 위험하다. 대표적으로 코로나19가 조작되었다거나 백신이 안전하지 않다는 속설들이 있다. 이런 믿음을 가진 사람들의 마음을 바꿀 수 있다면 좋겠지만, 이 역시 앞에서 살펴보면 인지 부조화 때문에 쉽지 않다. 이들은 자신의 믿음에 반하는 정보를 피하고 무시하며 거부할 것이다. 잘 확립된 과학적 사실도 '가짜 뉴스'로 치부하며 현실을 왜곡할 것이다. 인지 부조화는 대중에게 정확한 정보를 제공해야 하는 사람들이 넘어야 할 가장 큰 장애물이다.

많은 가족이 사기 행각이나 음모론에 빠진 가족 일원을 구하기 위해 애쓰고 있다. 과연 위기에 빠져 있는 사람을 위해 무슨 일을 할 수 있을까? 제일 먼저 해야 할 일은 무슨 일이 일어나고 있는지 이해하는 것이다. 특히 인지 부조화가 어떤 영향을 미치고 있는지 파악하는 것이 중요하다.

여러분의 할머니가 어떤 사기 행각에 속아 넘어갔다고 해보자. 가족들이 이 사실을 알아차렸을 때는 사기꾼에게 큰돈을 넘겨준 상태다. 가족들은 할머니를 설득해 그만두게 하려 할 것이다. 가족들은 할머니에게 사실 관계에 대해 일장 연설을 하겠지만 아마 할머니는 들으려 하지 않을 것이다. 이에 대해 태브리스와 애런슨은 다음과 같이 설명한다. "인지 부조화를 이해하면 그 이유를 이해할 수 있다. '대체 무슨 생각이에요?'라는 말은 '너 바보니?'와 같은 뜻이므로 오히려 역효과를 낸다." 똑똑하고 분별 있는 사람이라는 자아상이 위협받는 한, 할머니는 자신의 실수를 인정하지 않을 것이다. 할머니가 사기꾼에게 돈을 줬다는 건, 종말의 날이 다가오자 모든 돈을 써버린 종말론자처럼, 할머니가 자신의 믿음에 큰 투자를 했다는 말이다.

회의주의자, 과학자, 기자 또는 공중 보건 당국이 대중에게 사기와 거짓 주장에 대해 강의할 때도 동일한 문제가 나타난다. 초자연적인 주장이 어리석고 잘못되었다고 말하는 건 그런 주장을 심각하게 받아들이는 모든 사람의 자아상을 위협하는 셈이다. 초자연적인 믿음을 가진 사람들은 인지 부조화의 불쾌감을 떨치기 위해 이런 정보를 거부하고 믿음을 보호하려 들 것이다.

마지막으로 인지 부조화는 우리 자신의 의견이 잘못되지는 않았는지 점검하는 일을 어렵게 만든다. 우리가 자신이든 타인이든 누군가에게 말을 걸고 있을 때 가장 바람직한 건 친절하게 대하는 일이다. 실수가 우리를 멍청하게 만들지 않는다. 사실의 불편함에 저항하는 건 지극히 인간적인 반응이다. 새롭게 우리가 접한 정보를 천천히 곱씹어보고 내가 틀릴 수도 있음을 인정하면, 실수에서도 배울 것이고 현실을 왜곡하지 않고도 인지 부조화를 억제할 수 있다. 번역 박선진

UFO에 대한 세 가지 가설

마이클 셔머

회의론 분야에서 30년간 활동한 덕분에 얻은 소득은 개인적인 기억은 물론, 역사적 맥락에 기반해 현재 진행 중인 논쟁을 볼 수 있다는 것이다. 2017년 12월 《뉴욕타임스》가 〈국방부의 수상한 UFO 프로젝트〉라는 기사를 내보냈을 때, 그리고 2021년 5월 CBS의 〈60분〉에서 "미국 영공에서 UFO가 종종 목격된다"라고 방송했을 때, 나는 곧바로 과거의 유사한 사례들을 떠올릴 수 있었다. 《스켑틱》의 발행 초기인 1990년대 초 우리는 이 주제를 집중적으로 다뤘던 적이 있다. 그리고 이보다 훨씬 전인 1890년대에도 상공을 떠다니는 '의문의 물체(나중에 비행체로 밝혀졌다)'를 목격했다는 증언이 쏟아졌던 적이 있었다. 1896~1897년에 출몰했던 신비한 비행체에 대한 역사학자 마이크 대시Mike Dash의 묘사는 최근의 UFO 영상에 열광했던 사람들에게 익숙하게 느껴질 것이다.

> 의문의 비행체는 당시에 전 세계에서 생산된 어떤 비행기보다 크고 빨랐으며 견고했다. 엄청난 거리를 비행할 수 있었고 몇몇은 거대한 날개를 달고 있었다. (중략) 보고서 작성을 위해 미국 전역의 1500개에 가까운 신문사 자료를 샅샅이 검토했다. 연구자들은 목격 사례 대부분이 행성이나 항성을 오인한 결과였고, 복잡한 목격담의 경우 거짓말이나 장난이었다고 결론 내렸다. 몇몇 사례는 여전히 애매모호하다.

완벽하지 않은 설명

마지막으로 '몇몇 사례'가 남았다는 단서는 과학적 탐구의 한계를 보여주는 듯하다. 하지만 어떤 분야에서도 연구 중인 현상을 완벽히 설명할 수 없다. '남은 문제'는 이론이 아무리 설득력 있어도 설명할 수 없는 변칙이 항상 존재한다는 것을 의미한다. 과학사에서는 뉴턴의 중력 이론이 수성 궤도의 세차 운동을 설명하지 못한 사례가 가장 유명한데, 이 문제는 훗날 아인슈타인이 일반상대성이론으로 풀었다. 다윈은 자연선택 이론으로 (포식자의 눈에 띄기 딱 좋은) 공작의 크고 화려한 꼬리 같은 이상 현상을 설명할 수 없었지만, 성선택 이론을 통해 암컷이 짝을 선택하는 방식을 설명했다.

UFO 연구의 남은 문제는 회의론자가 UFO 신봉자들과 공통점을 찾고 모든 걸 설명할 수 없다는 사실을 편안히 받아들일 수 있게 해준다. 예를 들어 2010년 베스트셀러 《UFO: 장성, 조종사, 정부 관료가 밝힌 정보UFO: Generals, Pilots and Government Officials Go on the Record》에서 UFO 신봉자 레슬리 킨Leslie Kean은 "UFO 목격담의 약 90~95퍼센트가 설명 가능한 현상이다"라고 밝힌다.

> 기상 관측 기구, 조명탄, 연등, 편대 비행하는 항공기, 비밀 군용기, 새나 비행기에 반사된 빛, 소형 비행체, 헬리콥터, 금성이나 화성, 유성이나 운석, 우주 쓰레기, 위성, 습지 가스, 회오리, 무리해, 구상번개, 얼음 결정, 구름에서 반사된 빛, 지상의 조명 또는 조종석 창에 반사된 조명, 기온 역전, 구멍 뚫린 구름, 이 밖에도 끝이 없다!

따라서 UFO와 UAP에 대한 설명으로 외계인 가설을 제안하기 위해서는 킨이 제시한 목록을 모두 제거하고 남은 자료를 근거로 삼아야 한다. 그럼 뭐가 남게 될까? 남는 것이 별로 없다.

지금의 UFO와 UAP 광풍을 일으킨 2017년 《뉴욕타임스》 기사의 공동 저자인 킨은 목격된 물체들이 "지능적으로 제어되는 듯하고 현재까지 알려진 기술을 뛰어넘는 속도, 동작, 광도를 가진 물리적 현상"을 나타낸다며 독자들에게 이를 열린 마음으로 고려해달라고 호소하며 기사를 시작한다. 이어 다음과 같이 말한다. "미국 정부는 늘 UFO를 무시하다가 압박에 못 이겨 잘못된 설명을 내놓는다. UFO가 외계나 다른 차원에서 왔다는 가설은 합리적이므로 우리가 지닌 데이터를 바탕으로 반드시 고려해야 한다." 그 후 "공군 소장이 직접 밝힌, 지금껏 가장 생생하고 정확하게 기록된 UFO 사건 연대기라는 매우 견고한 증거를 바탕"으로 1989~1990년에 벨기에에서 벌어진 UFO 파동을 소개한다. 다음은 벨기에 공군 소장 윌프리드 드 브루워Wilfried De Brouwer의 첫날 목격담이다.

> 수백 명의 사람이 강렬한 광선을 내뿜는 너비 약 35미터의 장엄한 삼각형 비행체를 목격했다. 큰 소음 없이 아주 천천히 움직였지만 몇 번은 매우 빠른 속도로 가속했다.

드 브루워의 설명과 이에 대한 킨의 요약을 비교해보자.

> 상식적으로 정부가 불과 수백 미터 상공에 움직이지 않고 떠 있다가 아무 소리도 내지 않고 눈 깜빡할 사이에 가속할 수 있는 거대한 비행체를 개발했다면, 그런 기술은 항공 여행과 현대전은 물론 물리학에도 큰 혁명을 일으킬 것이다.

드 브루워가 말한 35미터 너비의 비행체가 "거대한"으로, "아주 천천히 움직였지만"이 "움직이지 않고 떠 있다가"로, "큰 소음 없이"가 "아무 소리도 내지 않고"로, "매우 빠른 속도로 가속"이 "눈 깜빡할 사이에 가속"으로 바뀌었음을 눈여겨보자. UFO 묘사에서는 이런 말 바꾸기가 워낙 흔하기 때문에 과학자와 회의론자가 자연스러운 설명을 하기가 더더욱 어려워진다. 최근에 나온 UFO 목격담 동영상을 검토할 때도 이 점을 염두에 두어야 한다.

'진짜'의 의미는 무엇인가?

UFO 신봉자들은 《뉴욕타임스》 못지않은 권위자가 최근 급증한 목격 사례를 '진짜'로 인정했다고 숨 가쁘게 떠들었다. 나는 이 이야기가 권위 있는 신문사에서 UFO 신봉자들과는 독립적으로 자체 조사를 시작했다는 뜻인 줄 알았다. 하지만 사실은 그렇지 않았다. 소위 '권위' 있는 신문에 실린 후속 기사에서도 레슬리 킨의 이름이 등장한다. 앞에서도 확인했듯 킨은 UFO 현상과 그에 대한 정부의 반응을 중립적이고 객관적으로 전달할 사람이 절대 아니다(킨은 그 이후 임사 체험과 사후 세계에 관한 새 책을 쓰고 〈죽음을 이겨내고 Surviving Death〉라는 넷플릭스 다큐멘터리 시리즈를 제작했다). 2009년에 신문사를 떠나 《신봉자: 외계인과의 만남, 자연 과학, 존 맥의 수난 The Believer: Alien Encounters, Hard Science, and Passion of John Mack》이라는 책을 쓴 랠프 블루먼솔Ralph Blumenthal도 해당 기사의 공동 저자 중 한 명이다.

2017년 《뉴욕타임스》 이후로 거의 모든 언론 기사에서 인용된 '진짜'라는 단어가 여기서도 많은 역할을 하고 있기 때문에 그 의미는 중요하다. 예를 들어 〈60분〉의 진행자 빌 휘터커가 국방부의 첨단 항공 우주 위협 식별 프로그램AATIP의 책임자 루이스 엘리존도에게 "그러니까 당신 얘기는 미확인 비행 물체, UFO가 진짜라는 뜻입니까?"라고 묻자 엘리존도는 이렇게 답했다. "정부는 이미 그것들이 '진짜'라고 공식 발표했습니다. 내가 하는 말이 아니라, 미국 정부가 그렇게 말하고 있죠." 하지만 언론도, 미 국방부도, 미국 정부도 분명 이런 목격담이 외계인 방문자를 의미한다고 말하지 않았다. 그들이 진짜라고 인정하는 것은 동영상 자체가 컴퓨터로 합성한 가짜가 아니라 세상에 존재하는 무언가를 보여준다는 사실이다. 하지만 UFO 신봉자든 대중이든 '진짜'라는 단어를 한 번이라도 듣게 되면, 뇌가 카메라 오류나 착시 효과 혹은 아직은 설명되지 않은 변칙을 외계인으로 자동 수정하는 모양이다.

우리는 UFO 동영상을 설명하는 세 가지 가설을 살펴볼 것이다. (1) 평범한 지상 현상(카메라나 렌즈 효과, 착시, 풍선 등) (2) 평범하지 않은 지상 현상(러시아나 중국 정찰기 또는 생소한 물리학과 공기역학적 특성을 지닌 드론), (3) 비범한 외계 현상(외계 고등 생물).

평범한 지상 현상 가설

최근 일어난 UFO 파동을 처음으로 일으킨 동영상은 2004년 샌디에이고 근처에서 미확인 비행체를 보았다고 보고한 알렉스 디트리히Alex Dietrich 중령이 촬영했다. 디트리히 중령은 자신이 본 바에 대해 다음과 같이 설명했다. "2004년에 우리가 이 괴상한 물체를 보았다고 해서 그것이 외계인 또는 외계 기술이라는 뜻은 절대 아니다. 보고서는 큰 실망을 안겨줄 것이다. 나는 그것이 새롭고도 놀라운 통찰을 드러낼 거라고는 생각지 않는다." 2021년 여름에 발표된 미 국방부 보고서에 어떤 내용이 실렸을지 쉽게 예상할 수 있다.

가장 널리 시청되고 논의된 세 편의 동영상은 대서양 연안과 남부 캘리포니아 해안에서 미 해군 F/A-18 제트기에 장착된 적외선 카메라로 촬영되었다. 제트기 동체에 카메라 포드를 부착해 미 해군 첨단 적외선 전방 조준 시스템으로 찍은 이 영상들은 현재

'FLIR1', '짐벌GIMBAL', '고 패스트Go Fast'라는 이름으로 알려져 있다.

FLIR1는 2004년에 디트리히가 찍은 동영상이다.《파퓰러 메카닉스Popular Mechanics》에 따르면, 영상은 2007년에 UFO 웹사이트에 처음 공개되었다. 그 후《뉴욕타임스》가 레슬리 킨의 원본 기사를 다시 게재하고, 록 스타 톰 델론지가 설립한 UFO 연구 단체 '투 더 스타스 아카데미'가 자신들의 웹사이트에 이 영상을 2019년에 다시 올리면서 대중들의 의식 속으로 스며들었다. FLIR1 영상과 관련해 미 해군은 그것이 '진짜'라고 인정했다. 여기에서 진짜란 해당 영상이 조작본이 아닌 진본이라는 뜻이다. 미 국방부는 2020년에 "시중에 도는 동영상이 진본인지, 아니면 무언가 숨기는 게 있는지 대중의 오해를 불식하기 위해" 영상들을 다시 공유했다. 여기에서 사람들이 새롭다고 말하는 영상이 사실은 전혀 새롭지 않다는 걸 알 수 있다.

회의주의 공동체에서 이런 동영상을 분석하는 막중한 임무는 전직 비디오 게임 디자이너이자 음모론 폭로 사이트의 운영자인 믹 웨스트Mick West가 맡았다. 그의 분석은 실로 대단해서 미 국방부도 그와 같은 기준을 제시했으면 할 정도다. 그게 아니라면 자체 조사 과정에서 적어도 그의 설명을 고려할 필요가 있다.

웨스트는 FLIR1과 GIMBAL의 경우 제트기가 카메라에서 멀어지는 경우에 볼 수 있는 현상이기 때문에 비행체의 방향 제어면이나 배기가스가 보이지 않았다는 목격자 진술을 납득할 수 있고, 비행체가 접시 형태와 '틱택' 모양으로 보이는 건 카메라 렌즈의 반사광 때문이라고 설명한다. 더불어 그는 "저 거리에서 보이는 건 그저

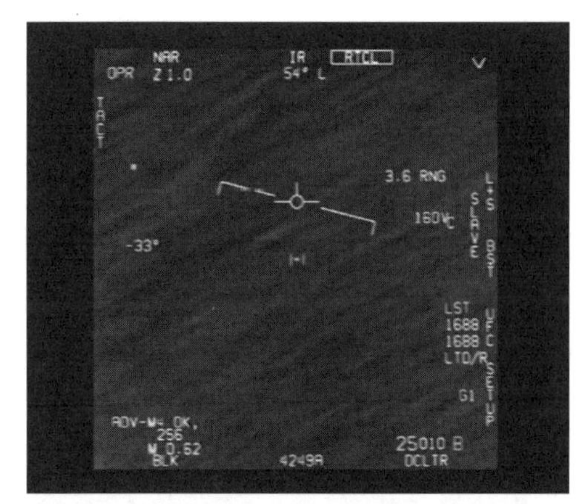

Go Fast 영상의 이미지. 믿을 수 없이 빠른 속도로 바다 위를 빙글빙글 도는 비행체 영상으로 알려져 있다.

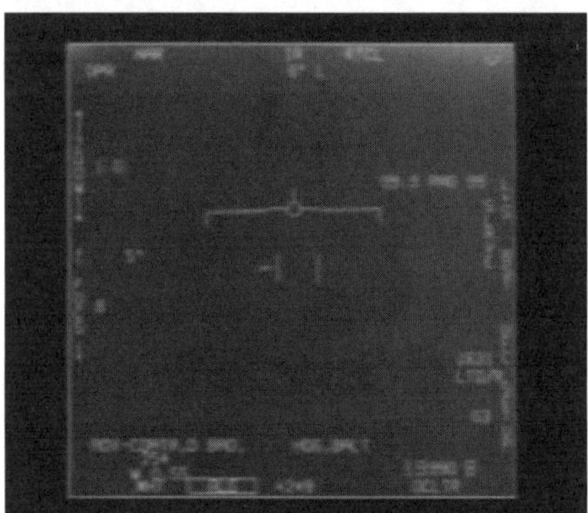

FLIR1 영상의 이미지. 영상에서 해당 물체는 급격하게 가속하는 것처럼 보인다.

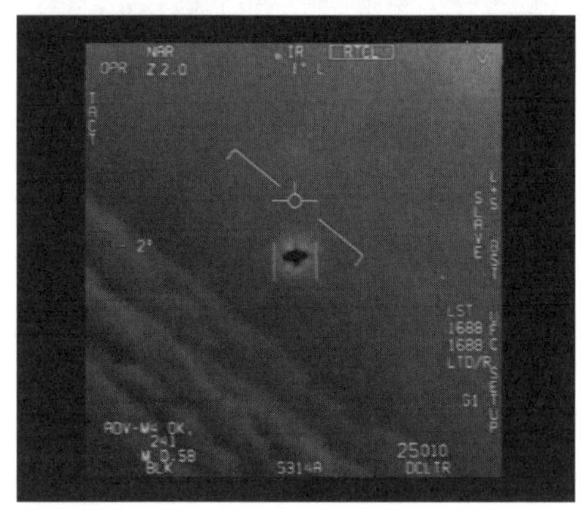

GIMBAL 영상의 이미지. 영상에서 검게 보이는 물체는 갑작스럽게 그 자리에서 회전하는 모습을 보인다.

뜨거운 물체가 내뿜는 빛일 뿐이며, F/A-18 등에 장착된 한 쌍의 엔진일 공산이 가장 크다"라고 이야기한다.

FLIR1 영상에서는 비행체가 갑작스럽게 화면에서 사라지는 듯 보이는데, 사람들은 이를 우리가 가진 제트기의 회전 능력과 속도를 초월하는 것으로 해석하기도 한다. 웨스트는 이 영상을 본 수백만 명의 사람 중 유일하게 물체가 움직이는 순간 화면 왼쪽 상단의 카메라의 '줌' 상태를 표시하는 숫자가 1에서 2로 두 배 늘어난다는 사실을 알아차렸다. 영상 재생 속도를 반으로 줄이자 비행체의 비범했던 움직임이 아주 평범해졌다. 이와 함께 웨스트는 카메라를 갑작스럽게 움직이면 물체가 특이하게 보일 수 있다며 다음과 같이 말했다. "'틱택' 동영상에서 볼 수 있는 불가능한 것처럼 보이는 가속은 카메라의 갑작스런 움직임과 일치한다는 사실이 밝혀졌다. 사실 영상 속 물체는 어떤 특별한 능력을 보여주는 것이 아니다."

Go Fast 영상에서는 열원이 없이(따라서 어떤 특수한 엔진으로 움직이는) 해수면 바로 위에서 말도 안 되게 빨리 움직이는 듯한 물체가 등장한다. 웨스트는 영상에 표시된 숫자를 이용해 고등학교 때 배우는 삼각법으로 해당 물체가 실제로는 해수면의 약 4킬로미터 상공에 떠 있고, 약 시간당 55~75킬로미터의 속도로 움직이는 기상 관측 기구에 불과하다는 사실을 밝혀냈다. 이에 대해 그는 다음과 같이 말했다. "줌을 최대로 높이고 카메라를 물체에 고정했기 때문에 (중략) 영상에서 바다의 움직임은 제트기의 움직임과 정확히 일치한다. 실제로 물체는 거의 움직이지 않으며, 움직임으로 보이는 건 날아가는 제트기가 만드는 시차 효과다."

다음으로 GIMBAL은 가장 자주 언급되는 영상이다. 이 영상에서는 한 물체가 추진 장치 없이 구름을 위를 스쳐 지나다 갑자기 속도를 늦추고 회전하는 것처럼 보인다. 이번에도 웨스트는 물체가 회전하는 장면에서 물체 주변의 빛이 물체와 함께 회전한다는 걸 발견했다. "이 영상과 관련해 분명한 건 해당 물체가 매우 뜨겁다는 점이다. 이는 나란히 붙어 있는 두 개의 제트 엔진이 뿜어내는 빛이 비행체보다 훨씬 커 비행체를 가리게 된 것이라고 볼 수 있다." 그는 이어 다음과 같이 말했다. "영상 시작 부분에서는 시차 효과로 인해 물체가 왼쪽으로 빠르게 이동하는 것으로 보인다. 물체의 회전은 카메라 효과이고, '비행접시'는 멀어지는 비행체의 엔진이 뿜어내는 적외선 섬광일 뿐이다." 웨스트는 해당 카메라의 특허를 확인했고 겉보기 회전이 짐벌 메커니즘 때문에 일어났다는 걸 알게 되었다.

미 국방부가 이 세 영상을 2020년에 다시 한번 재공유한 후에도 UAP 태스크포스팀은 추가로 두 건의 영상을 추가로 공개했다. 영상 중 하나는 날아가는 삼각형 물체에 대한 것이고 나머지는 지그재그로 움직이고 잠수도 가능한 구체에 대한 것이다. 웨스트는 이들에 대해서 유력한 설명을 제안했다. 삼각형 미확인 물체의 경우, 그는 이 영상이 LA 국제공항으로 향하는 경로에서 촬영되었으며, 해당 물체가 깜박이는 패턴이 하와이에서 LA로 날아가는 여객기와 완전히 일치한다는 점에 주목했다. 그는 삼각형 모양의 렌즈 조리개 때문에 이런 모양이 나타났으며, 흐릿하게 보이는 건 초점이 약간 맞지 않은 '보케' 효과나 빠른 렌즈 속도와 넓은 조리개로

반짝이는 녹색 삼각형 비행체를 촬영한 영상(좌). 조리개가 삼각형인 야간 감시 장비(우).

피사체를 찍었을 때 배경이 부드럽게 아웃포커스되는 효과일 가능성이 높다고 설명했다. 사실 해당 영상에는 다른 삼각형 형체들도 존재하는데, 웨스트가 밝혔듯 그 위치는 목성이나 알려진 몇몇 별들과 완벽히 일치한다.

캘리포니아 해안의 전함 오마하에서 촬영된 '지그재그'로 움직이는 구체 역시 웨스트의 분석에서 확인할 수 있듯 물체가 아닌 카메라가 움직여서 만들어진 것이며, 물체는 물속으로 가라앉는 것이 아니라 수평선 너머로 사라지는 것이다. 여러분도 보면 알 수 있듯, 이들은 과거에 흔히 있었던 UFO라 주장하는 거친 사진이나 흐릿한 영상과 다르지 않다.

비범한 지상 현상 가설

UFO 목격담에 대한 일반적인 설명을 대체할 첫 번째 해석은 러시아나 중국의 자산, 드론, 정찰기 또는 물리학과 공기역학 법칙을 뛰어넘는 속도와 회전이 가능하지만 우리에게는 아직 알려지지 않은 비행체라는 것이다. 목격자들은 24킬로미터 높이에서 단 몇

초 만에 해수면까지 내려가기도 하고, 갑자기 회전하거나 정지하기도 하며, 음속 폭음 없이 음속 장벽을 깨는 등 사실상 불가능한 '다양한 변칙을 보여주는 비행체'에 대해 이야기한다. 이런 식으로 급격하게 가속이나 회전을 하면 조종사는 곧 목숨을 잃을 것이다. 더욱이 엔진이나 배기가스 없이도 이런 움직임이 가능한 것으로 보이며, 미 국방고등연구계획국의 가장 진보된 실험 프로그램에서도 생각할 수 없었던 반중력 기술을 사용하는 듯하다.

〈60분〉의 진행자 빌 휘터커는 2014년에 버지니아 해변에서 날아다니는 UFO를 직접 본 적이 있다는 전직 해군 조종사 라이언 그레이브스Ryan Graves 중위에게 "혹시 러시아 기술이나 중국 기술은 아닐까요?"라고 물었다. 그레이브는 이렇게 답했다. "아니라고 생각할 이유도 없죠. 하지만 다른 나라 전술 제트기가 거기서 얼쩡거린다면 그 자체로 큰 문제가 되겠죠." 실제로 해군 최고의 조종사이자 니미츠 항공모함 F/A-18F 함대 사령관인 데이비드 프레이버는 〈60분〉에서 이렇게 말했다. "누구의 머리에서 나왔고, 누가 그걸 만들었으며, 누가 그 기술을 갖고 있는지 모르지만 분명 우리 비행기보다 나은 기술입니다."

이런 물체가 지구에서 기원했고 다른 국가나 기업 혹은 어떤 천재가 이를 독립적으로 개발했다는 가설은 과거부터 축적되어온 기술 혁신의 과정에 대해 우리가 아는 바를 감안하면 전혀 그럴듯하지 않다. 역사학자 조지 바살라George Basalla는 그의 역작 《기술의 진화The Evolution of Technology》에서 창조적인 천재가 홀로 작업하여 (머릿속에 전구가 환히 켜지듯) 새롭고 혁신적인 기술을 생각해낸다는 발명가 신화를 깨부순다. 바살라는 모든 기술이 기존 인공물(인공 물체) 또는 이미 존재하는 자연물(유기 물체)에서 개발된다고 설명한다. "세상에 나타나는 새로운 것은 전부 이미 존재하는 어떤 물체를 바탕으로 만들어진다."

2020년에 발표한 《혁신은 어떻게 일어나는가How Innovation Works》에서 매트 리들리Matt Ridley는 다양한 사례를 통해 다음 사실을 증명한다. 혁신은 의사소통에 관한 인간 습관의 직접적인 결과로 우연적이고 아래에서 위로 향하는 과정이며, "고독한 천재가 아니라 항상 집단이 협력하여 만드는 현상이다. 점증적·우발적·실험적이며, 재조합, 지속성, 전염성, 예측 불가능성을 특징으로 한다." 이렇게 서서히 누적된 기술 과학 혁신의 예로는 증기기관, 제트 엔진, 검색 엔진, 비행체, 전자 담배, 백신, 항생제, 터빈, 프로펠러, 비료, 컴퓨터, 농업, 화재, 유전공학, 유전자 편집, 컨테이너 수송, 철도, 자동차, 바퀴 달린 여행 가방, 휴대 전화, 골함석, 동력 비행, 변기, 진공 청소기, 전신, 라디오, 소셜미디어, 블록체인, 인공지능, 하이퍼루프 철도 등이 있다.

어떤 국가, 기업, 개인이 아무리 똑똑하고 창의적이어도 지금껏 알려진 어떤 항공기보다도 수세기나 앞선 비행체를 탄생시킬 만큼 새로운 물리학과 공기역학을 발견하고 혁신하기란 불가능하다. 이는 미국이 다이얼식 전화기를 쓸 때 러시아가 스마트폰을 사용한다거나 미국이 독일 V-2 로켓을 들여와 연구하고 있을 때 중국이 스페이스X 수준의 로켓을 테스트했다는 말과 크게 다르지 않다. 그런 마법 같은 기술이 존재했다면, 우리 모두 그 과정에 이르는 단계들을 잘 알고 있지 않았을까?

미국 역사상 가장 극비리에 진행된 맨해튼 프로젝트는 결국 1945년 원자 폭탄의 등장으로 이어졌다. 하지만 1949년 즈음 러시아도 원자 폭탄을 보유하게 되었는데, 이는 러시아가 이론 물리학자인 클라우스 푹스Klaus Fuchs를 통해 미국의 기술을 훔쳤기 때문에 가능했다. 애플, 구글, 인텔, 마이크로소프트 같은 현대 기술 기업은 자사의 발명에 대해 철저히 비밀을 유지하기로 유명하다. 사무실에 엄격한 보안 규정을 적용하고 특허와 소송으로 지적 재산권을 보호한다. 하지만 세계 각국의 컴퓨터, 스마트폰, 컴퓨터 칩, 소프트웨어 프로그램은 본질적으로 유사한 단계에 있다. 국가와 기업들은 서로의 아이디어와 기술을 훔치고 베끼고 역공학하기 때문에 누군가가 비약적으로 앞서나가기 어렵다.

킨 등이 쓴 2017년《뉴욕타임스》기사에서 뜻하지 않게 공개된 인용문에 따르면 엔지니어이며 초능력 신봉자로서 CIA의 원격 투시 프로그램에 참가한 해럴드 푸토프Harold Puthoff는 이에 대해 다음과 같이 말했다. "우리가 레오나르도 다빈치에게 차고 문 개폐기를 주고 무슨 일이 생길지 지켜보는 입장에 있다고 해보자. 우선 다빈치는 이 물건이 무엇인지 알아내려고 애쓸 것이다. 하지만 그는 그 안에 있는 전자기 신호나 기능에 대해서는 어떤 것도 알아내지 못할 것이다." 15세기의 예술가가 차고 문 개폐기와 같은 21세기의 기술을 손에 넣는다는 게 가능할까? 이 정도 혁신에 이르기 위해서는 수 세기에 걸쳐 수없이 많은 기술 개발 단계를 거쳐야 하기 때문에 가능하지 않을 것이다.

비범한 외계의 현상 가설

결국 UFO는 외계 지적 생명체의 방문을 의미할까? 이 역시 몇 가지 이유로 가능성이 매우 낮다. 일단 사람들 대부분이 혼동하는 두 가지 문제를 구분해보자. (1) 우주 어딘가에 외계 지적 생명체가 존재할까? (2) 외계 지적 생명체가 지구에 왔을까? 사람들은 내가 후자에 회의적인 의견을 표하면 전자에 대해서도 회의적이라고 생각한다. 내가 "UFO는 외계 지적 생명체가 아니다"라는 발언을 하면 사람들은 다음과 같이 반응한다. "정말 이 광대한 우주에 우리뿐이라고 생각합니까?" 나는 확실히 하고 싶다. 두 질문 모두에 긍정적인 답을 할만한 확실한 증거는 없지만, 나는 외계 지적 생명체가 우주 어딘가에 살고 있더라도 지구에는 찾아올 가능성이 매우 낮다고 생각한다. UFO가 외계 지적 생명체가 아닐 가능성이 매우 큰 이유에 대해서는 할 말이 많다.

먼저 첫 번째 질문에 대해 살펴보자. 대수의 법칙the law of large numbers에 따르면 외계 지적 생명체가 존재할 가능성은 매우 높다. 2016년 NASA와 유럽우주기구European Space Agency가 허블 울트라 딥 필드Hubble Ultra Deep Field 사진을 분석한 바에 따르면 우주에는 최소 1조 개의 은하가 있는 것으로 추산된다. 각각의 은하에는 최소 1000억 개의 별이 있으므로 우주에는 총 10^{23}개의 별이 있는 셈이다. 거의 모든 별이 행성을 거느린다는 케플러 우주 망원경의 발견을 고려하면, 이미 헤아릴 수 없이 큰 수에 0 여러 개가 추가된다. 우리는 이제 먼지와 기체 구름이 합쳐져 형성된 별과 행성이 태양계를 이루기까지 몇 백만 년밖에 걸리지 않는다는 사실을 안다. 우리 은하에서만 이런 현상이 한 달에 한 번 꼴로 발생한다. 다시 말해 우리 우주에서는 매초 1000개의 태양계가 새로 탄생한다는 뜻이다. 《코스모스: 가능한 세계들Cosmos: Possible Worlds》에서 앤 드루얀Ann Druyan은 이 개념을 다음과 같이 생생하게 표현했다.

> 손가락을 '탁'하고 튕겨보자. 그 순간 천 개의 새로운 태양계가 생겨난다. 탁! 또 천 개의 새로운 태양계. 탁! 또 천 개의 새로운 태양계. 탁! 또 천 개의 새로운 태양계. 탁! 탁! 탁!

이들 중 우리와 의사소통이 가능한 지적 생명체가 진화하기에 적합한 환경을 갖춘 곳은 얼마나 될까? 1961년 전파천문학자 프랭크 드레이크Frank Drake는 우리 은하에 존재하는 기술 문명의 수를 추정하기 위해 '드레이크 방정식'을 제안했다.

$$N = R \cdot f_p \cdot n_e \cdot f_l \cdot f_i \cdot f_c \cdot L$$

여기에서 N은 의사소통이 가능한 문명의 수, R은 적절한 항성의 형성 속도, f_p은 행성을 거느린 항성의 비율, n_e는 태양계당 지구와 유사한 행성의 수, f_l은 생명이 존재하는 행성의 비율, f_i는 지적 생명체가 사는 행성의 비율, f_c는 의사소통 기술을 지닌 행성의 비율, L은 의사소통이 가능한 문명의 수명이다. 외계 지적 생명체를 연구하는 SETI의 문헌들은 방정식의 인자들과 관련해 10퍼센트라는 보수적인 값을 흔히 사용한다. 가령 한 은하에 1000억 개의 별이 있다고 한다면, 그 은하에는 지구와 비슷한 행성이 10억 개, 생명체가 거주하는 행성이 1억 개, 무선 기술이 가능한 지적 생명체가 존재하는 행성이 100만 개라고 추산한다. 결정 인자는 문명이 얼마나 지속되는지를 나타내는 *L*일 것이다.

2002년 8월호 《사이언티픽 아메리칸Scientific American》에 실린 ET가 연락을 하지 않았을 이유에 대한 칼럼에서 나는 *L*의 범위가 대략 5만~1000만 년이 될 거라고 추정했다. 이 경우, 우리은하에서만 외계 지적 생명체의 수는 4000~100만에 이르게 된다. 다음으로 나는 지구 역사에서 60개 문명의 지속 기간을 조사했다. 메소포타미아, 바빌로니아, 이집트 8왕조, 그리스 6개 문명, 로마 제국 등 60개 문명의 총 지속 기간은 2만 5234년으로 지구의 *L*은 420.5년이다.

이를 드레이크 방정식에 대입해보면 왜 외계 지적 생명체가 지구를 아직 찾아오지 않았는지 이유를 설명하는 데 많은 도움이 된다. 이 숫자를 대입해보면 우리은하의 *N*은 3.35개다. 다시 말해 우리은하에는 의사소통이 가능한 문명이 3.35개라는 말이다. 길이가 10만 광년, 너비가 5만 광년에 달하는 우리은하의 거대한 크기와 별들 사이의 어마어마한 거리를 감안하면, 이런 소수의 문명과 접촉할 확률은 천문학적으로 낮다. 지구에서 가장 멀리까지 날아간 우주선 보이저 1호의 속도는 시속 6만 2085킬로미터다. 만약 보이저 1호가 4.3광년 떨어진 우리 태양에서 가장 가까운 센타우루스자리 알파 항성계로 향한다면, 도착하기까지 7만 4912년이 걸린다.

외계 지적 생명체가 존재한다고 해도 그들이 지구 영공에 뻔질나게 출몰할 가능성은 말할 것도 없이 우리 지구를 단 한 번이라도 방문할 가능성은 턱없이 낮다. 따라서 UFO가 외계 지적 생명체라는 가설은 사실일 가능성이 극히 떨어진다.

특별한 주장엔 특별한 증거가 필요하다

지금까지 살펴본 세 가설의 가능성에 대해 어떻게 평가해야 할까? 18세기 스코틀랜드 철학자 데이비드 흄David Hume은 1748년에 발표한《인간 오성에 관한 탐구An Inquiry Concerning Human Under-standing》에서 다음과 같이 말했다. "현명한 사람의 믿음은 증거에 비례한다." 자, 흄의 증거 비례의 원칙에서 시작해보자. 이를 우리가 익숙한 표현으로 바꿔보면 다음과 같다. "특별한 주장은 특별한 증거를 요구한다." 칼 세이건Carl Sagan은 1980년에 방영한 TV 시리즈 〈코스모스Cosmos〉에서 외계인의 지구 방문 가능성을 다루면서 이 표현을 널리 알렸다. 확실히 외계 지적 생명체가 지구를 찾아왔다는 주장은 특별하다는 말이 부족할 정도로 특별하다.

UFO 신봉자들은 수만 건의 UFO 목격 사례가 특별한 증거라고 주장한다. 그러나 진지하게 외계 지적 생명체를 연구하는 과학자 세스 쇼스택Seth Shostak은 오히려 이 사실이 UFO가 외계 지적 생명체라는 주장을 반박한다고 지적한다. 어떻게 지금껏 수없이 많은 목격담 가운데 외계 지적 생명체의 방문을 지지하는 구체적인 증거가 제시되지 못했을까? 구체적 증거 없이 목격담만 많아질수록 신뢰도는 더 떨어진다. 우리 영공을 휘젓고 다니는 미확인 물체가 그토록 많다면 지금쯤 적어도 하나 정도는 증거를 잡지 않았을까? 항공기에서 승객들이 촬영했다는 고화질 사진과 동영상은 다

어디로 갔단 말인가? 앞서 언급한 해군 조종사 라이언 그레이브스는 〈60분〉 진행자 빌 휘터커에게 UFO를 "최소 2년간 매일" 보았다고 주장했다. 그의 주장이 사실이라면, 거의 모든 사람이 스마트폰을 가진 요즘 시대에는 UFO를 촬영한 고해상도 사진과 동영상이 쏟아져 나올 것이다. 하지만 현재까지 그런 증거들은 하나도 없다. 즉 증거의 부재는 지구에 외계 지적 생명체가 없다는 증거라는 말이다.

특별한 증거 원칙은 토머스 베이즈Thomas Bayes가 18세기에 고안한 베이즈 추론의 한 형태다. 대략적으로 설명해보면 베이즈 추론은 어떤 주장을 지지하는 증거를 나타내며, 증거를 기반으로 주장이 참일 확률이 얼마나 되는지 추정하는 것과 관련이 있다. 따라서 증거가 바뀌면 그에 따라 확률 추정치 역시 바뀌어야 한다. 특정 주장과 관련된 사전 지식을 바탕으로 한 확률 추정치를 '사전 확률' 혹은 초기 믿음 수준이라고 한다. 어떤 것이 참일 확률은 믿음의 '신념도credence', 즉 믿음의 신빙성이나 강도를 결정한다. 여기서 신념도는 어떤 것이 참일 확률을 백분율로 나타낸 것이라고 생각하면 된다. 예를 들어 동전 던지기를 할 때, 앞면이나 뒷면이 나올 확률이 50 대 50이라는 사전 확률을 통해 우리는 50퍼센트의 신념도로 앞면이 나올 거라고 믿을 수 있다.

이런 관점에서 UFO가 외계 지적 생명체라는 특별한 주장은 증거의 질이 무척 낮기 때문에 사전 확률이 낮다. 따라서 더 나은 증거가 나타나지 않는 한 이 가설의 신념도는 낮은 상태에 머무를 수밖에 없다. 이와 같은 추론은 UFO가 러시아나 중국의 자산이라는 주장에도 적용된다. 기술 혁신의 특성(점진성, 확산성, 협력 등)을 감안하면, 한 국가나 기업이 우리도 모르는 사이에 그런 비범한 드론이나 항공기를 만들 수 없을 것이다. 마찬가지로 이를 보여주는 구체적인 증거가 부족하다는 점에서 UFO가 비범한 지구의 비행체라는 가설에 대한 우리의 신념도는 낮을 수밖에 없다.

결국 우리에게는 평범한 설명만이 남는다. 평범한 설명은 여러분이 이에 대해 얼마나 회의적인지와는 무관하게 다른 두 설명보다 가능성이 훨씬 높다. 그렇다면 UFO 현상이 평범한 설명 이상의 것을 의미한다고 믿고 싶어 하는 사람이 그토록 많은 이유는 무엇일까? 나는 심리학, 종교, 우리가 혼자가 아니라고 믿고 싶은 열망으로 이 분석을 마무리하고자 한다.

우리가 혼자가 아니라는 위안

과학사학자 스티븐 딕Steven Dick은 1982년에 《세상의 다원성The Plurality of Worlds》에서 중세의 영적 세상을 뉴턴의 기계론적 우주가 대체하면서 생긴 공허감이 오늘날 외계 지적 생명체에 대한 열망으로 채워졌다고 주장했다. 1995년에 발표한 《우리는 혼자인가?Are We Alone?》에서 물리학자 폴 데이비스Paul Davies는 이런 의문을 품었다. "내가 걱정하는 부분은 오늘날 외계인 탐구의 밑바닥에 고대의 종교적 열망이 깔려 있을지 모른다는 점이다." 2006년에 《우주의 문명화된 생명체Civilized Life in the Universe》에서 비슷한 견해를 밝혔다. "우월한 천상의 존재라는 개념은 신선하지도, 과학적이지도 않다. 종교에서는 흔하고 오래된 믿음이다."

2017년 심리학자 클레이 루틀리지Clay Routledge와 동료들은 《동기와 정서Motivation and Emotion》에 발표한 논문에서 종교성과 외계 지적 생명체에 대한 믿음 사이의 관계를 탐구했다. 그들은 종교적 믿음이 크지 않아도 의미에 대한 열망이 크면 외계 지적 생명체를 믿는 경향이 강해진다는 사실을 발견했다. 실험에서 "인간의 삶은 결국 무의미하고 우주 전체에서 보면 하찮을 따름이다"라고 주장하는 에세이를 읽은 피험자는 '컴퓨터의 한계'에 대한 에세이를 읽은 사람들과 비교해 외계 지적 생명체를 믿을 확률이 유의미하게 더 높았다. 또한 자신을 무신론자나 불가지론자로 분류한 피험자는 종교(주로 그리스도교)가 있다고 보고한 사람들보다 외계 지적 생명체를 믿을 확률이 유의미하게 높았다. 이어 피험자들은 종교성, 인생의 의미, 웰빙, 외계 지적 생명체에 대한 믿음, 종교적 초자연적 믿음의 정도를 측정하는 설문을 수행했다. 연구자들은 "현재 인생의 의미를 찾지 못해 그에 대한 높은 열망을 가진 사람들과 외계 지적 생명체에 대한 믿음 사이에 상관관계가 있다"라고 보고했다. 반면 외계 지적 생명체에 대한 믿음은 초자연적 믿음이나 웰빙에 대한 믿음과는 아무런 상관관계가 없는 것으로 나타났다.

실험 결과를 종합해 연구자들은 다음과 같이 결론을 내린다. "외계 지적 생명체에 대한 믿음은 실존적 기능, 즉 인생의 의미를 증진하는 기능을 하는 것으로 보인다. 따라서 전통적인 종교를 거부하는 사람들에게 외계 지적 생명체에 대한 믿음은 종교와 유사한 효용을 주는 것으로 보인다." 이는 초자연적인 존재에 대해서도 마찬가지다. "세상에 대한 과학적 이해와 양립할 수 없는 초자연적 힘이나 존재를 믿어야만 외계 지적 생명체에 대한 믿음을 받아들일 수 있는 건 아니다." 신을 믿지 않지만 세상 밖에서 깊은 의미를 찾고자 한다면, 우주에 우리가 혼자가 아니라는 생각은 "인간이 더 크고 의미 있는 우주 드라마의 일부라는 느낌을 줄 수 있다."

신의 존재만큼이나 외계인의 존재에 대한 증거는 없다. 둘 중 하나라도 믿는 사람은 믿음을 바꿀 수 있을 정도의 증거가 나타날 때까지 그냥 맹목적으로 이를 믿거나 판단을 유보해야 한다. 외계 지적 생명체가 신으로 보일 만큼 진보된 것이 아니라면, 무엇이 외계 지적 생명체의 증거가 될지는 자명하다. 진짜 외계인 우주선 하나만 포착하면 될 일이다. 지난 한 세기에 걸쳐 신앙심이 쇠퇴하는 사이 미확인 비행체의 존재를 이해하려는 욕구 이면에는 이런 욕망이 있었던 건 아닐까? 번역 김효정

우주의 중심에 지구를 놓으려는 사람들

도널드 프로세로

태양중심설(또는 지동설)은 기원전 280년경 그리스 천문학자인 사모스의 아리스타르코스Aristarchos에 의해 처음 제안되었지만, 이 이론의 주창자로 더 자주 언급되는 사람은 폴란드의 천문학자 미콜라야 코페르니카Mikolaja Kopernika다. 우리에게는 라틴어 이름인 니콜라우스 코페르니쿠스Nicholaus Copernicus로 더 잘 알려져 있다. 코페르니쿠스는 진정한 천재였다. 라틴어와 독일어, 폴란드어를 유창하게 구사했으며 그리스어, 이탈리아어, 히브리어도 어느 정도 할 수 있어서 번역가로 일하곤 했다. 하지만 그는 천문학 관측을 통해 태양중심설을 제안하고 그 강력한 증거를 제시한 것으로 더 잘 알려져 있다.

코페르니쿠스는 1512~1515년 동안 별과 행성에 대한 관측을 집중적으로 수행했다. 이 과정에서 그는 고대 그리스 천문학자들이 '역행 운동'이라고 부른 기이한 현상을 설명하기 위해 고심해야 했다. 매일 밤 '고정되어 있는 별'을 배경으로 화성이나 목성과 같은 행성의 위치를 관측해보면 뭔가 이상한 현상을 관찰할 수 있다. 하늘에서 행성들은 마치 지구 주위를 선회하는 것처럼 매일 밤 전날보다 앞으로 더 멀리 나아간 것처럼 보인다. 그런데 이따금 행성들은 잠시 정지한 뒤 얼마간 뒷걸음을 치다가 다시 이전의 전진 운동을 재개하는 것처럼 보였다. 이러한 뒷걸음질 또는 역행 운동은 행성들이 단순히 지구 주위를 원 궤도(또는 타원 궤도)로 선회하고 있다면 전혀 설명할 수 없는 운동이었다.

이 수수께끼를 설명하기 위해 많은 가설이 제안되었다. 그중에서도 100~170년 무렵 초기 로마 제국 시절 알렉산드리아에서 살았던 그리스의 천문학자인 클라우디우스 프톨레마이오스Claudius Ptolemaius(오늘날 톨레미Ptolemy로 알려져 있다)의 이론이 가장 유명하다. 프톨레마이오스는 우주가 일련의 중첩된 구로 이루어져 있으며, 이 모든 구가 지구를 중심으로 회전하고 있다고 보았다. 각 행성은 이처럼 지구 주변을 선회하는 구 위에 위치하고 있으며, 이러한 구들 중 가장 바깥쪽 껍질은 '고정된 별'로 덮인 '천구'를 이룬다. 프톨레마이오스의 《알마게스트Almagest》는 별과 행성에 대해 당시까지 알려진 거의 모든 관측 결과를 집대성한 것으로, 이후 모든 천문학의 근간이 되었다. 프톨레마이오스는 기이한 역행 운동을 설명하기 위해 몇몇 행성이 지구를 중심으로 한 큰 원을 따라 돌며 각각의 주전원을 돈다고 가정했다. 다시 말해 프톨레마이오스는 이 행성들이 지구 주위를 도는 동안 때때로 주전원 궤도를 따르기 때문에 이들을 지구에서 관측하면 뒤로 움직이는 것처럼 보인다고 설명했다. 이는 역행 운동에 대한 가장 대중적인 설명이 되었다. 교회가 서구 사상을 주도하게 된 이후, 교부들은 프톨레마이오스 체계를 공식 우주론으로 채택했다. 이후 프톨레마이오스 체계는 1400년이 넘는 기간 동안 아무런 도전도 받지 않았다.

코페르니쿠스는 역행 운동에 대한 프톨레마이오스의 설명이 썩 만족스럽지 않았다. 그는 당시 지배적이던 교리에 반기를 들거나 교회에 저항하기 위해서가 아니라 그저 프톨레마이오스 체계의 주전원이 너무 복잡하고 우아하지 못하다고 생각했다. 주전원을 위해 천문학자들이 도입한 모든 덧댐과 임시방편 없이 더 간단한 설명을 찾고자 했다. 결국 코페르니쿠스는 계의 중심에 지구 대신 태양을 두는 것이 더 이치에 맞다는 결론에 이르렀다. 화성과 목성이 지구 궤도가 아니라 태양 주위의 궤도에 있다면 이들은 지구보다 훨씬 느린 속도로 훨씬 더 큰 원을 그리며 회전할 것이다.

예컨대 화성과 목성이 궤도상 지구보다 앞에 있다면 이들보다 훨씬 더 짧은 안쪽 궤도를 도는 지구는 곧 이 행성들을 쫓아가 지나칠 것이다. 지구의 관점에서 지구가 화성을 추월할 때 앞으로 나아가고 있던 화성은 후진하는 것처럼 보이게 된다. 그러다가 지구가 화성을 완전히 추월하게 되면, 화성은 다시 앞으로 나가는 것처럼 보인다. 이는 두 대의 경주용 자동차가 곡선 구간을 도는 상황과 비슷하다. 곡선 안쪽에서 도는 차량은 이동 거리가 더 짧기 때문에

역행 운동

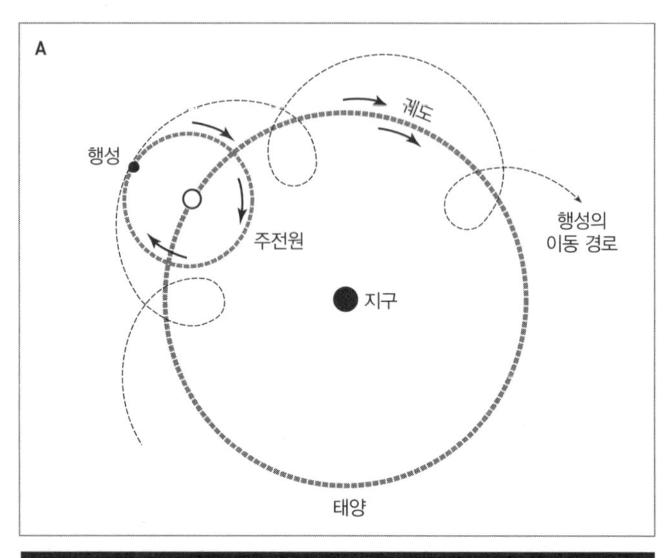

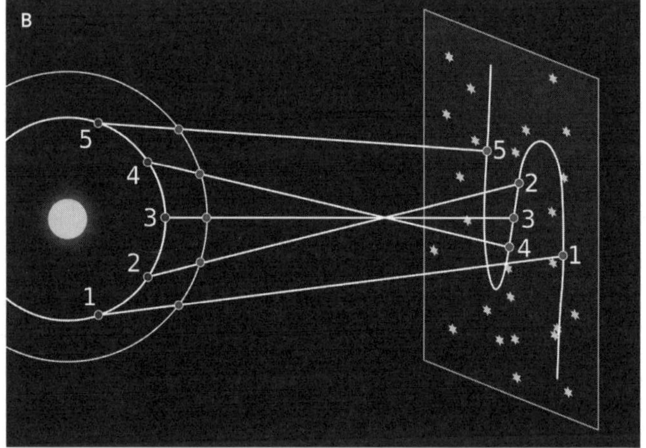

A 프톨레마이오스는 역행 운동을 설명하기 위해 행성들이 지구 주위 궤도의 한 지점을 중심으로 하는 주전원을 이루며 움직인다고 설명했다.

B 코페르니쿠스는 안쪽 궤도의 짧은 경로에서 빠른 속도로 이동하는 지구(1~5번)가 화성과 목성같이 천천히 이동하는 외행성(바깥쪽 궤도의 점들)을 따라잡고 이를 지나칠 때 겉보기 역행 운동이 일어난다고 설명한다. 외행성의 경로를 투사한 오른쪽 그림은 안쪽 궤도의 지구가 바깥쪽 행성을 지나칠 때 지구에서 보면 왜 이들 행성이 뒤로 가는 것처럼 보이는지를 설명한다.

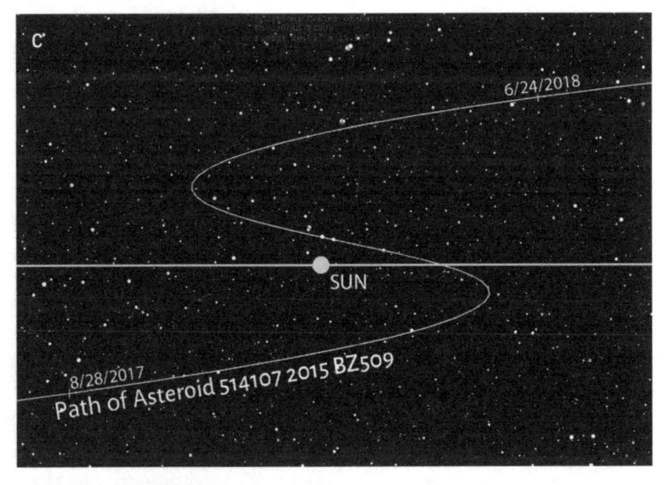

C 겉보기 역행 운동을 보여주는 또 다른 예. 소행성 514107 2015 BZ509를 매일 밤 관측해보면 고정된 별을 배경으로 뒤로 가는 것처럼 보인다.

바깥쪽을 도는 차량을 종종 추월한다. 이때 안쪽 곡선을 도는 운전자의 관점에서 바깥쪽 차량은 속도가 점점 느려지다 후진하는 것처럼 보인다. 물론 관중의 눈에는 모든 차가 앞으로 나아가는 것으로 보이지만 말이다. 다시 말해 지구라는 경주용 자동차를 타고 있는 우리 지구인은 화성이나 목성과 같은 외행성 안쪽의 더 짧은 곡선을 더 빠르게 움직인다. 이런 이유로 지구가 행성들을 지나칠 때마다 이 행성들이 잠시 뒤로 물러나는 것처럼 보인다.

코페르니쿠스는 이미 1515년 관측 직후 이 단순하고도 우아한 해법을 고안해냈지만, 이를 발표하길 주저하며 고쳐 쓰고 손보는 데 오랜 시간을 보냈다. 그의 제자들 중 몇몇이 코페르니쿠스의 생각을 간추린 소고를 발표했기 때문에 학자들은 물론 일부 기독교

관계자도 이에 대해 알게 되었다. 그러나 코페르니쿠스는 전혀 서두르지 않았고 삶의 말년에 이르러서야 마침내《천구의 회전에 관하여De Revolutionibus Orbium Coelestium》을 썼다. 그는 당대의 프톨레마이오스 천문학자, 특히 교회의 비판을 두려워했다. 심지어 종교 당국을 회유하고자 이 책을 교황 바오로 3세에게 헌정하기까지 했다. 이 책은 코페르니쿠스가 70세의 나이로 사망한 1543년에 이르러서야 비로소 출간되었다. 출간 이후 수십 년 동안 이 책은 사람들에게 잊혀졌다. 조르다노 브루노Giordano Bruno와 갈릴레오에 의해 복원되기 전까지 교회는 코페르니쿠스의 책을 위협적으로 보거나 금서로 간주하지 않았다.

갈릴레오는 틀렸고, 교회가 옳았다

그 후 467년이 흐른 2010년 11월 6일, 인디애나주 사우스벤드의 노트르담 대학에서는 "갈릴레오는 틀렸고, 교회가 옳았다"라는 제목의 세미나가 열렸다. 처음에 나는 이 제목이 일종의 풍자일 거라고 생각했지만, 웹사이트(현재는 폐쇄되었다)에 들어가 보니 이들은 분명 매우 진지했다. 이들은 대체 누구이며, 21세기에 어떻게 추종자를 모을 수 있었을까? 이곳에 참석한 한 사람이 세미나를 다음과 같이 묘사했다.

> '세미나'는 너무 관대한 표현일지 모르겠다. 이는 급진적 전통주의 기독교 변증론자들을 대상으로 장장 15시간 동안 진행된, 성경 문자주의에 반하는 모든 과학을 필사적으로 부정하고자 했

던 설교였다. 성경의 많은 구절이 지구는 정지해 있고 태양은 그 주위를 돈다고 묘사한다. 사우스벤드에 모인 약 90여 명의 기독교 신자, 호기심 많은 회의론자와 대학생이 코페르니쿠스, 갈릴레오, 아인슈타인, 호킹 등 모든 과학자가 천체물리학에 대해 잘못 알고 있다고 선언하는 일방적인 독백을 견뎌야 했다. 수학에 친숙하지 않은 사람이 이해하긴 상당히 어려웠으나 발표자의 요지는 충분히 명확했다. 바로 지구가 움직인다는 것을 정말로 증명할 수 있냐는 것이었다. 이는 보기보다 훨씬 어려운 문제다. 천제물리학자들은 우주 안의 모든 물체가 움직이고 있다고 말하지만, 다른 모든 것을 배경으로 놓고 보면 나는 언제나 한자리에 우뚝 서 있는 것처럼 보인다. "만일 지구가 우주의 중심이라고 선포한다면 지구는 움직이지 않습니다. 이는 곧 위대하신 누군가가 그것을 거기에 두셨음을 의미합니다." 이는 국제 기독교 변증론 학회의 설립자이자 이 모임의 기조 강연자였던 로버트 선제니스 Robert Sungenis의 말이다.

세미나는 또한 현대 지구중심론 운동의 주요 특징을 잘 보여주고 있다. 극단주의 기독교인으로 구성된 이 작은 단체는 1992년 교황이 갈릴레오에게 사과하고 현대 과학을 수용할 뜻을 내비친 것을 포함해 지난 수십 년 동안 교회 내부에서 일어난 대부분의 변화를 거부했다.

이 단체의 수장인 로버트 선제니스는 조지워싱턴 대학에서 종교학으로 학사 학위를 받은 후 웨스트민스터 신학교에서 신학으로 석사 학위를 받았다. 그는 자신을 선제니스 '박사'라고 칭하는데, 바누아투 공화국에 법인을 두고 있는 '칼라무스 국제 대학'이라는 미심쩍은 온라인 학위 공장에서 '박사' 학위를 받았기 때문이다. 그는 기독교인 집안에서 태어나 젊은 시절에 개신교로 개종한 후, 말년에는 이 극단적 형태의 기독교로 되돌아갔다. 선제니스는 2002년 창조론자인 게라르두스 보우Gerardus Bouw의 《지구중심성Geocentricity》을 읽은 후 지구중심설을 믿게 되었다고 한다(역설적이게도 성서 문자주의를 주장하는 현대 창조론자 대부분은 지구중심설을 부정한다). 지구중심설의 주요 옹호자가 된 그는 2006년에 세 권으로 이뤄진 책 《갈릴레오는 틀렸다Galileo Was Wrong》를 자비 출판하고 같은 이름의 웹사이트 www.galileowaswrong.com을 운영했다. 이 웹사이트는 궤변과 자신들의 주장만으로 가득 차 있다. 한 동영상에서는 과감하게도 지구중심설이 "다음 과학혁명을 이끌 것"이라고 주장한다.

이 단체는 추종자들의 마음을 사고 나머지 사람들을 비웃기 위해 기묘한 짓도 서슴지 않았는데, 2006년에 누구든 지구가 태양을 돌고 있음을 증명할 수 있다면 상금 1000달러를 주겠다고 선포했다. 다른 유사 과학 단체의 방식과 마찬가지로 상금을 받을 수 있는 조건은 극히 제한적이었고 태양중심론을 성공적으로 입증한 경우에도 이런저런 이유로 상금을 주지 않았다.

일류 과학자들이 천동설을 의심한다고?

이들이 벌인 가장 터무니없는 행동은 2014년 〈원리The Principle〉

라는 선동용 영화를 제작한 일이다. 선제니스와 제작 책임자인 릭 델러노Rick DeLano는 본인들의 목적을 숨긴 채 로렌스 크라우스Lawrence Krauss, 미치오 가쿠Michio Kaku, 맥스 테그마크Max Tegmark, 줄리언 바버Julian Barbour, 조지 F. R. 엘리스George F. R. Ellis 등 저명한 과학자들과 인터뷰를 진행했고, 〈스타트렉: 보이저Star Trak: Voyager〉의 출연자로 유명한 케이트 멀그루Kate Mulgrew를 섭외해 나레이션을 맡겼다. 이들은 이 영화가 그저 과학 다큐멘터리라고 생각했던 과학자들에게 그럴듯한 질문으로 경계심을 풀도록 유도하고는 많은 인터뷰 장면을 입수했다. 그 후 영상을 편집해 저명한 과학자들이 과학의 불확실성을 강조하는 것처럼 만들었다. 예컨대 암흑물질이나 다중우주같이 논쟁 중인 주제에 대해 질문을 한 뒤, 부분적으로 편집해 과학자들이 지구중심설을 지지하는 것처럼 보이도록 만들었다. 과학 잡지《파퓰러 사이언스Popular Science》에 실린 콜린 레처Colin Lecher의 기사에 따르면 당시 기습 공격을 당한 과학자들은 이 영화에 명확한 반대 의사를 표명했다고 한다.

> 크라우스에 따르면 이 영화에 등장한 주류 과학자 중 최소 두 명은 불쾌감을 드러냈다. 델러노는 한 라디오 쇼에서 MIT의 뛰어난 우주학자인 맥스 테그마크를 극찬한 적이 있었다. 그에게 영화에 출현하게 된 경위를 묻자 그는 다음과 같이 답했다. "그들은 자신들이 마치 평범한 우주론 다큐멘터리를 제작하는 영화 제작자인 척 교묘하게 우리를 모두 속였습니다. 전혀 선제니스 같은 인물이 관련되어 있는 줄 몰랐고 숨겨진 의제에 대해서는 일언반

구도 없었어요." 수학자이자 우주학자로 스티븐 호킹과 《시공간의 거시적 구조The Large Scale Structure of Space-Time》를 함께 쓴 조지 엘리스도 마찬가지였다. "인터뷰를 하긴 했지만, 그들은 이 말도 안 되는 의제에 대해 어떤 언급도 없었습니다. 그들에게 응대할 가치가 있을지 모르겠군요. 그래봐야 이 영화를 더 유명하게 만드는 것 말고 뭐가 있겠어요? 무시하는 게 최선의 방책입니다. 분명히 나는 이 터무니없는 의제를 철저히 거부합니다."

이러한 교묘한 책략과 게릴라 인터뷰는 2008년 영화 〈추방: 지성의 개입을 거부하다Expelled: No Intelligence Allowed〉를 제작한 지적 설계 창조론자들의 방식을 그대로 따른 것이다. 영화의 진행을 맡은 배우 벤 스타인Ben Stein은 수많은 저명한 과학자와 회의론자에게 당시로선 다소 이상하게 들리는 질문을 퍼부었다. 그 후 그 답변은 마치 공론장에 지적 설계를 억압하는 거대한 음모론이 존재하는 것처럼 편집되었다. 〈추방〉은 악평과 함께 수익을 거의 두지 못했지만 제작사가 파산하기 전까지 수많은 분란을 일으켰다. 바로 이것이 그들이 바라는 바였다.

〈원리〉 역시 마찬가지였다. 이 영화는 2014년 10월 24일에 개봉해 2015년까지 몇몇 영화관에서 상영되었지만, 순수익은 제작비에 훨씬 미치지 못했다. 손해는 이미 예견된 바였고, 이 영화의 목적은 다른 곳에 있었다. 콜린 레처는 다음과 같이 설명한다.

그들의 불합리함에도 불구하고 델러노와 선제니스 그리고 그 동료들이 자금을 지원받아 유명 물리학들을 섭외해 사기나 다름없는 이런 영화를 만들 수 있었다는 사실 그 자체가 지구중심론자들의 세력을 보여준다. 이는 이러한 생각을 믿는 사람들이 실제로 존재할 뿐만 아니라 영화를 만들 만큼의 자금력도 있다는 말이다. 영화 제작은 결코 간단하지 않다. 지구에서 가장 과학적인 마음을 가진 사람들이 나오는 영화는 두말할 필요도 없다. 델러노는 분명 (최소한 한때는) 성실한 영화 제작자이며 과학에도 상당히 친숙한 것으로 보인다. 비록 과학에 대한 그의 해석은 (관대하게 표현하자면) 소수 견해에 불과하지만 말이다. 설령 내용이 터무니없다 해도(실제로 분명 그렇다), 이 영화는 명민한 사람들이 치밀한 숙고를 통해 만든 창작물이다.

창작자들은 여기 등장한 훌륭한 과학자들이 반대할 것을 알고 있었으면서도 왜 수고스럽게 이 영화를 만들고자 했을까? 이들이 비난에 대해 예상하지 못했을 수도 있지만, 그럴 가능성은 거의 없어 보인다. 델러노가 나에게 꼭 나누고 싶은 이야기가 있다고 만남을 청했던 정황을 볼 때, 이런 수법은 처음부터 그들의 계획이었던 것으로 보인다. 〈원리〉는 수많은 언론 보도에서 다뤄지면서 사람들의 이목을 끌었다. 그저 호기심에 사람들이 이 영화를 잠깐 검색했을 뿐이라도 말이다. 잠깐 동안 반짝하고 사라진다고 해도 우주의 중심이 된다면 그만한 특전이 따른다.

마케팅의 관점에서 해로운 관심이란 건 없다. 이 영화로 인해 사람들의 믿음이 바뀌거나 지구중심설에 대한 관심이 커지고 있다는 조짐은 보이지 않는다(특히 이 영화를 본 사람 자체가 극히 드물다). 예컨대 지구평면설 연례 학회나 창조론자의 궐기 대회는 여전히 정기적으로 열리지만, 지구중심설 컨퍼런스는 2010년 이후 다시는 열리지 않았다.

그렇다면 이 사람들은 4세기 전에 이미 결론이 난 문제에 대해 왜 이토록 고집을 피우는 것일까? 그들이 많은 글과 인터뷰에서 밝힌 것처럼, 그 답은 종교 때문이다. 그들은 인간이 우주의 중심이 아닐 때 하찮은 존재로 전락한다고 여긴다. 더 이상 신의 창조물 가운데 중심이 되지 못하는 것이다. 실제로 초기 교부들은 주로 이러한 이유로 태양중심설을 거부했다. 교회는 성서를 문자 그대로 해석하는 데 집착할 뿐만 아니라, 인간이 '주님의 눈동자'로 신의 창조물 한가운데가 아니라면 어디서도 살아갈 수 없다고 여긴다. 선제니스는 다음과 같이 말했다.

> 지구가 우주의 중심이 된 것은 뜻밖의 사건이 아니다. (중략) 강력한 적인 악마는 이 전쟁에서 이기기 위해 [태양 중심의 태양계 모형과 같은] 모종의 수법을 사용할 것이다. [과학자들이] 지구가 우주의 중심이라는 것을 인정하면 이제 그 힘은 어디로 옮겨가는가? 그 힘은 교회로 되돌아온다.

지구 자전의 과학적 증거들

태양과 달, 그리고 다른 행성들이 우리 주위를 도는 것처럼 보인다는 것, 따라서 지구는 우주의 중심이란 것은 선사 시대부터 인류가 가지고 있던 상식적인 직관이었다. 이러한 행성계를 다른 방식으로 시각화해 우리가 태양 주위를 돌고 있다고 생각하기 위해서는 우리의 감각과 직관에 반하는 교육이 필요하다. 과학에서는 많은 이론이 상식과 일치하지 않고 반직관적이다. 이런 이론을 받아들이고 이해하기 위해서는 상상력은 물론 고도의 훈련이 필요하다. 코페르니쿠스에서 시작해 지금까지의 모든 증거는 태양중심설을 입증한다. 우리는 다음과 같은 방법으로 지구가 자전하면서 태양 주위를 회전하고 있음을 알 수 있다.

우주에서의 관측 우주 공간에 떠 있는 우주선에서 지구의 움직임을 실시간으로 반복 촬영한 자료는 분명히 태양중심설의 가장 직접적인 증거다. 예를 들어 인터넷에서 "지구 회전 갈릴레오earth rotation Galileo"라고 검색해보면, 갈릴레오 목성 탐사선에서 관측한 지구 이동 궤도에 대한 수많은 자료를 찾아볼 수 있다. 그러나 현대의 지구중심론자는 지구평면론자와 마찬가지로 NASA나 기타 국제 우주 기관에서 나온 모든 증거를 전 세계 모든 천문학자와 우주학자가 공모한 전 지구적 음모의 일환으로 여긴다. 따라서 이 증거로는 그들을 납득시키지 못할 것이다. 이들은 또한 허블 우주 망원경이나 가이아 우주 망원경과 같이 지구가 아닌 태양 주위 궤도를 돌고 있어 우리의 기준틀 밖에서 지구의 움직임을 관측할 수 있는 외계 우주 망원경의 증거들도 믿지 않는다.

푸코의 진자 과학 박물관이나 천문대에 가보면 천장에 매달려

푸코의 진자

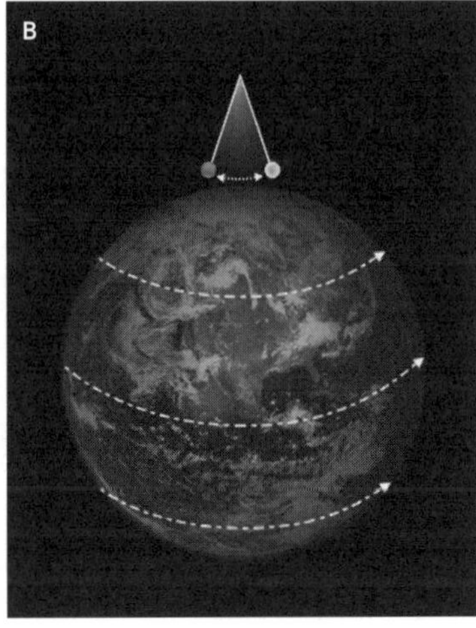

A 푸코의 진자

B 푸코의 진자는 북극에서 한 평면 위를 왕복하는 것으로 보이지만 다른 위도에서는 원을 그리며 움직이는 것으로 보인다.

있는 긴 진자를 만나볼 수 있다. 바닥에는 거대한 원형 플랫폼이 설치되어 있고 그 가장자리에는 일련의 막대 또는 기타 표식이 세워져 있다(인터넷에서 "푸코의 진자"를 검색해보면 훌륭한 동영상 설명 자료를 많이 찾아볼 수 있다). 잠깐 멈춰 서서 추의 움직임을 살펴보자. 추는 천천히 움직이며 바닥의 막대기를 차례로 하나씩 쓰러뜨린다. 기다리기 지겨우면 일단 막대가 어디까지 넘어져 있는지 확인한 후 다른 전시관을 둘러보고 와라. 그러면 다른 막대가 넘어져 있는 것을 확인할 수 있을 것이다. 이 실험은 '푸코의 진자'로 알려져 있으며, 1851년 프랑스의 물리학자 레옹 푸코Léon Foucault에 의해 처음 시연되었다. 만약 지구가 움직이지 않는다면, 진자의 속도가 차츰 줄어 결국 멈추는 것을 막아줄 만큼 충분한 에너지를 공급하는 한 진자는 단면상에서 계속해서 앞뒤로 왕복 운동을 할 것이다. 그러나 진자 아래의 지구는 회전하고 있으므로 진자가 움직이기 시작하면 그 아래의 지구는 매시간 일정한 각도로 조금씩 움직인다. 이로 인해 진자가 원을 그리며 운동하는 것처럼 보인다. 하지만 진자는 같은 평면을 계속해서 움직이고 있고, 실제 각도를 바꾸며 움직이는 건 진자 아래의 지구다. 오늘날 지구중심론자들은 이 현상에 대해 절대 기준틀에서 어떤 대상을 기술하기 어렵다고 지적하는 마하의 원리Mach's principle를 무턱대고 들이밀 뿐 제대로 된 설명을 하지 못하고 있다.

코리올리 효과 코리올리 효과Coriolis effect는 지구의 자전으로 발생하는 더 큰 규모의 현상이다. 나는 학교에서 해양학이나 기상학, 기후 변화를 가르칠 때 수업 초반에 코리올리 효과를 다룬다. 해양과 대기의 흐름에 영향을 미치는 가장 근본적인 현상이기 때문이다. 이 현상은 놀이터의 회전목마를 이용해서 설명할 수 있다(그림 3). 회전 중인 회전목마의 한쪽 끝에 앉아 다른 쪽 끝에 앉아 있는 친구를 향해 공을 던진다고 해보자. 그러면 공은 곡선을 그리며 빗나가게 된다(목마가 반시계 방향으로 회전한다면 공은 오른쪽으로 휘어지고, 시계 방향을 회전하면 왼쪽으로 휘어진다). 이 현상은 친구가 움직이는 표적이기 때문에 나타나는 현상이다. 즉 친구에게 공을 던진 바로 그 순간, 친구는 내가 겨냥한 지점에서 멀어지게 되고, 그

코리올리 효과

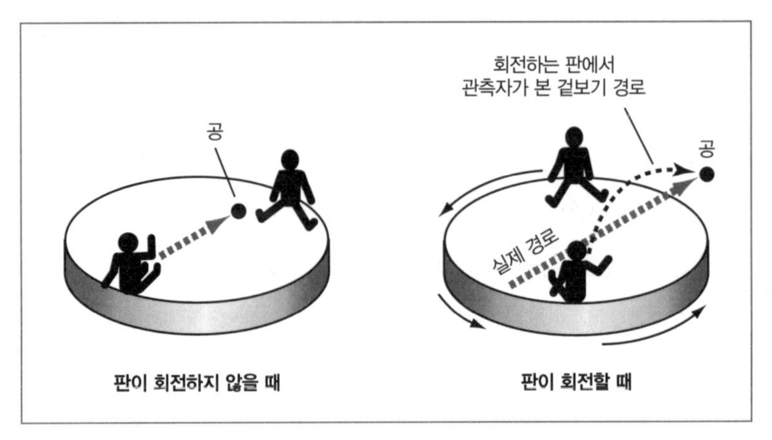

회전목마에서 바닥이 돌아가는 동안 반대편에 있는 상대를 향해 공을 던지면 공은 상대를 빗나갈 것이다. 상대가 공을 겨냥할 당시에 있었던 곳에서 멀어지고 있기 때문이다.

결과 공은 친구를 빗나가게 된다. 회전하고 있는 나의 관점에서 공은 곡선을 그리며 나가는 것처럼 보이지만, 실제 공은 직선 경로를 따라 움직인다. 실제 회전 운동을 하고 있는 건 당신과 당신의 친구다(인터넷에서 "코리올리"를 검색해보면 이를 설명하는 근사한 동영상을 많이 찾아볼 수 있다).

지구의 해류와 대기의 이동에도 동일한 원리가 적용된다. 만약 지구가 자전하지 않는다면, 열대 지방에서 상승한 기류(태양열이 과잉된 이 지역에서는 데워진 지면이 공기를 가열해 상승 기류와 저기압이 지속적으로 만들어진다)는 적도에서 극지방으로 이동 후 극지방의 영구적인 고기압 지대에서 하강할 것이다. 그러나 코리올리 효과 덕분에 북반구의 대기가 지구의 자전에 따라 오른쪽으로 휘어지며,

이에 따라 서로 다른 위도에서 대순환대(극 순환, 페렐 순환, 해들리 순환)가 형성되고 서쪽 방향의 아열대 무역풍 또는 동쪽 방향의 편서풍과 같은 항구적인 특징이 나타난다. 이들 바람은 대양에서 표층 해류를 일으켜 열대 지방 및 아열대 지방에서 '환류'라고 알려진 대순환류를 형성한다. 환류는 북반구에서는 반시계 방향으로 거대한 고리 모양으로 순환하고 남반구에서는 시계 방향으로 순환한다. 또한 허리케인과 폭풍 같은 대형 저기압성 폭풍은 북반구에서는 항상 반시계 방향으로 회전하고 남반구에서는 시계 방향으로 회전한다. 이 모든 것이 코리올리 효과 때문이다. 코리올리 효과는 초장거리 대포와 같은 더 작은 규모의 운동에도 작용한다. 북반구 중위도에서 1킬로미터 떨어진 곳을 향해 대포를 발사하면, 탄환의 궤적은 오른쪽으로 7센티미터 휘어진다. 현대 지구중심론자는 전 세계에서 확인되는 이런 현상을 설명하지 못한다.

챈들러 요동 지구의 자전은 완전히 매끄럽고 균일하지 않다. 지구의 자전축은 긴 시간에 걸쳐 미세하게 흔들리는데, 이러한 현상을 챈들러 요동Chandler wobble이라고 부른다. 하늘에서 볼 수 있는 별과 은하를 수천 년에 걸쳐 관찰한 결과를 보면, 이 천체들이 원래의 위치에서 조금씩 이동한 것처럼 보이는데, 이 또한 챈들러 요동 때문이다. 현대 지구중심론자들이 옳다면 이 모든 별과 은하가 같은 방향으로 정확히 같은 정도로 진동하는 현상을 어떻게 설명할 것인가? 예컨대 상대적으로 지구와 가까운 별(거리 5광년)과 멀리 떨어진 별(거리 10광년)이 있다고 해보자. 그런데 서로 다른 시점에 출발해 지구에서 관측된 두 별빛이 정확히 같은 정도로 진동하려면 두 별 빛 사이에 물리 법칙을 위반하는 엄청난 조정과 동기화가 필요하다.

다른 행성의 운동 우리 태양계의 모든 행성은 자신의 축을 중심으로 자전한다. 이런 행성들의 자전은 우리가 가진 목성의 표면 구름을 투사할 수 있을 정도의 해상도를 가진 천체망원경으로 쉽게 관측 가능하다. 태양계의 모든 행성이 자전하고 있는데, 지구만이 자전하지 않을 이유가 있을까?

지구 공전의 과학적 증거

공전은 너무 거시적인 규모의 움직임이므로 지구 위에 있는 우리 눈에는 잘 보이지 않는다. 그럼에도 불구하고 여러 성공적인 예측을 통해 지구의 공전을 관측하고 검증할 수있다.

우주에서의 관측 허블 망원경과 가이아 우주 망원경은 태양 주위 궤도의 여러 다른 부분에서 지구의 이미지를 반복적으로 촬영한 바가 있다. 앞서 말했듯 지구중심론자와 지구평면론자는 이런 영상이 국제 우주 기관이 꾸민 거대한 속임수일 뿐이라며 거부한다. 하지만 최근 화성 탐사선이 화성 표면에서 촬영한 일출 사진은 인상적인 결과를 전한다. 만약 화성이 지구 주변 궤도를 돌고 태양은 그 안쪽 궤도에서 회전하고 있었다면, 화성에서 바라본 일출은 상당히 다른 모습이었을 것이다.

금성의 위상 변화 1610년 갈릴레오가 처음 관측하고 발표했듯이, 금성 또한 지구의 달처럼 여러 위상(보름-금성, 반-금성, 상현-금성)을 가진다. 금성과 태양이 모두 지구 주위를 회전하고 있다면 이런 일은 일어나지 않을 것이다. 오직 금성이 태양 주위를 도는 경우에만 금성은 차고 기울 수 있다. 이 문제를 해결하기 위해 현대 지구중심론자들은 티코 브라헤Tycho Brahe가 제안한 기이한 혼성계를 도입한다. 이는 지구중심설과 태양중심설을 절충한 것으로, 태양은 지구 주위를 돌지만 나머지 행성들이 태양 주위를 돈다.

역행 운동 코페르니쿠스가 지적했듯이, 지구중심계에서 역행 운동을 설명하려면 프톨레마이오스의 주전원과 같이 실제로 일어날 법하지 않은 극도로 복잡한 회전 운동이 일어나야 한다. 하지만 태양중심론에서는 역행 운동을 훨씬 쉽게 설명할 수 있다. 이번에도 현대 지구중심론자들은 브라헤의 혼성계를 빌려와 이를 설명하려 한다.

별의 연주 시차 초기 천문학자들은 뚜렷한 연주 시차가 관측되지 않았기 때문에 오랫동안 지구가 태양 주위를 돈다는 생각을 거부했다. 만일 지구가 반경 30만 킬로미터의 거대한 타원을 그리며 태양 주위를 돌고 있다면, 지구와 매우 가까운 별은 우리 궤도의 한 면에서 봤을 때와 6개월 후 반대쪽 면에서 봤을 때 아주 멀리 떨어져 있는 별과 비교해 그 위치가 조금은 달라질 것이다. 초기 천문학자들은 하늘의 여러 별들에서 이런 차이를 발견해지 못했기 때

금성의 위상 변화

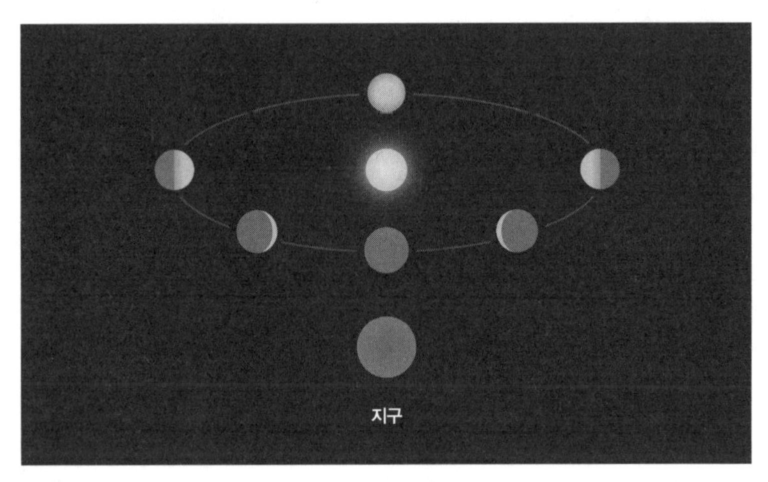

태양이 금성과 지구 궤도 중심에 있을 때만 이 현상을 설명할 수 있다.

문에 태양중심설을 기각했다. 하지만 실제로 연주 시차는 분명 존재한다. 단지 별들이 지구에서 너무 멀리 떨어져 있어 초기 천문학자들의 기술로는 이러한 현상을 관찰하기 어려웠을 뿐이다. 그러다 마침내 1838년, 천문학자 프리드리히 빌헬름 베셀Friedrich Wilhelm Bessel이 별의 연주 시차를 입증하는 데 성공했다. 대부분의 별은 지구에서 너무나 멀리 떨어져 있어 연주 시차가 매우 작다. 이를 탐지하기 위해서는 극도로 섬세한 측정이 필요했던 것이다.

별빛의 광행차 가만히 서 있는 당신의 머리 위로 비가 내리고 있다고 상상해보자. 이때 당신은 우산을 수직으로 똑바로 들고 있으면 비를 막을 수 있다. 반면 호우를 뚫고 걸어가면서 비를 막으려면 우산을 앞으로 기울여야 한다. 비가 수직으로 내리는 경우라도 말이다. 빨리 걸을수록 당신은 비를 막기 위해 우산을 앞으로 더 많이 기울여야 한다. 이와 마찬가지로 지구가 태양 주위를 회전하지 않는다면, 별빛은 지구에 똑바로 내려올 것이다. 반면 지구가 움직인다면, 별빛은 명백히 기울어진 각도로 내리는 '기울임' 효과가 나타날 것이다. 이러한 별빛의 기울임 현상인 광행차aberration of starlight는 영국의 천문학자 제임스 브래들리James Bradley가 1825년 별의 연주 시차를 측정하는 과정에서 처음으로 밝혀냈다(연주 시차 측정은 실패했다).

해왕성의 속도 해왕성은 지구에서 상당히 멀리 떨어진 행성으로(약 45억 킬로미터, 빛이 4시간에 걸쳐 이동해야 하는 거리) 매우 긴 궤도를 따라 공전한다. 따라서 지구중심론자들의 주장처럼 해왕성이 지구 주위를 24시간 내에 회전하려면 빛보다 빠른 속도로 움직여야 한다. 이는 물리적으로 불가능하다. 그러나 지구중심론자들은 아인슈타인의 상대성이론을 아무렇게나 적용함으로써 이 문제를 회피하고자 한다. 이 문제는 해왕성이 태양 주위를 천천히 공전하고 있다고 하면 완전히 해결된다. 그리고 이것이 실제로 일어나는 일이다.

문제를 더 복잡하게 만들 이유는 전혀 없다. 편견 없이 본다면 지구가 태양 주위를 돈다는 증거는 압도적으로 많다. 오직 현대 지구중심론자들의 극단주의만이 400년도 더 전에 폐기된 가설을 보

존하고자 과학적 자료를 비틀어 도저히 풀기 어려울 만큼 엉킨 매듭을 만들고 있다. 번역 박선진

지구가 평평하다고 믿는 사람들

대니얼 록스턴

2018년의 몇몇 조사 결과에 놀란 팟캐스트 〈회의주의자의 우주 가이드Skeptics Guide to the Universe〉의 진행자 스티븐 노벨라Steven Novella는 "평범하게 보이는 사람 중에도 세계가 실제로 평평하다고 확고하게 믿는 사람이 오늘날에도 있다는 사실에 충격을 받았다"라고 말했다. 이런 놀라운 사실들에는 설명이 필요해 보인다. 그는 다음과 같이 물었다. "지구평면설 신봉자Flat-Earther들을 추동하는 원동력은 무엇일까?"

이 질문은 흥미롭지만 상당히 복잡하게 얽혀 있다. 나는 지구평면설의 역사와 여러 저작을 검토하는 데 꽤 많은 시간을 쏟았다. 무엇이든 관련 문헌들을 검토하는 일은 좋은 출발점이다. 어떤 주장에 맞서려면 그 주장이 무엇이고 시간에 따라 어떻게 발전해왔는지를 파악하는 일이 도움이 된다. 하지만 이런 분석이 항상 '왜'라는 질문에 답을 주는 것은 아니다. 한 독자는 나에게 다음과 같이 항의했다.

> 나는 평평한 지구 학회를 창설할 정도로 열성적인 사람들이 존재하는 이유를 알고 싶었습니다. (중략) 무슨 일이 일어나고 있는 것 같습니다. 그게 무엇인지 밝혀주기를 바랐으나 당신은 그렇게 하지 않았습니다.

나는 그의 지적을 받아들였다.

> 그렇습니다. 사람들이 무엇을 말했는지 설명하고 이를 평가하는 것은 쉬운 일입니다. 반면 실제로 무슨 일이 벌어지고 있는지 알아내는 일은 더 어렵습니다.

이 글은 직접적인 설명과 평가가 대부분을 차지한다. 그러나 나는 어려운 질문에 강한 흥미를 느끼며 이상한 믿음을 이해하기를 원한다. 나는 이 점을 염두에 두고 노벨라의 생각을 확장해보고자 한다. 이들을 더 깊이 파헤칠수록 초자연적 주장, 유사과학적 주장, 비주류적 주장이 기인하는 근본적인 시스템을 밝히는 데 도움을 줄 것이다.

지구평면설 신봉자들은 누구인가?

2018년 2월 유고브YouGov의 조사에 따르면 "세계가 둥글다고 믿습니까, 아니면 평평하다고 믿습니까?"라는 질문에 미국의 성인 8215명 중 84퍼센트가 "세계가 둥글다"라고 확신한다고 답했다. 나머지 사람들 중 5퍼센트는 이 질문에 확신이 없었고 2퍼센트는 지구가 평평하다고 단언했으며 7퍼센트는 잘 모르겠다고 했다(유고브 조사를 참고할 때는 주의가 필요한데, 《사이언티픽 아메리칸》의 블로그에 기고하고 있는 크레이그 A. 포스터Craig A. Foster와 글렌 브랜치Glenn Branch는 보고된 결과와 조사원이 제공한 데이터 사이에 차이가 있었는데 이를 설명할 수 없었다고 한다). 이 조사 외의 다른 조사 결과들도 1~2퍼센트의 미국인 및 영국인이 지구가 평평하다고 믿는다는 사실을 뒷받침한다.

이는 수백만 명의 미국인이 지구가 평평하다고 믿고 있다는 말이다. 거기에 더해 어느 쪽이 맞는지 확신하지 못하는 사람도 수천만 명에 달한다. 유튜브와 소셜미디어 덕분에 지구평면설이 새롭게 인기를 얻고 있다는 사실은 널리 알려져 있다. 20세기까지 지구가 평평하다는 생각은 약간의 관심이라도 끌어보려고 고군분투했던 외로운 사람들의 주장이었다. 하지만 오늘날에는 성장하고 번영 중인 평평한 지구 공동체가 존재한다.

《뉴요커The New Yorker》의 앨런 버딕Alan Burdick이 경험한 바로는 "그들 모두가 한결같이 진지하고 친근한 사람들이다." 나는 이 공동체의 인간적인 면모를 살펴보기를 원한다면 2018년에 제작된 다큐멘터리 영화 〈비하인드 더 커브Behind the Curve〉를 추천한다. 이 영화

지구평면설의 개념

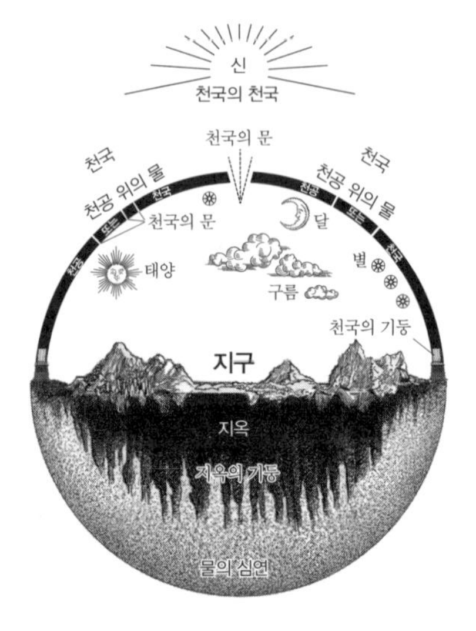

지구에 대한 고대 히브리인의 개념으로 지구평면설에 영향을 줬다.

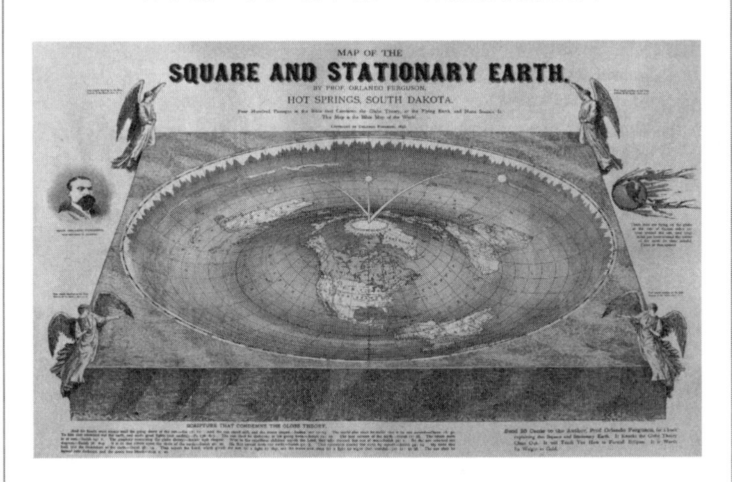

올랜도 퍼거슨Orlando Ferguson의 1893년 평평한 지구 모형은 룰렛 휠과 비슷하다. 그는 지도의 여백에 성경 구절과 지구가 움직인다는 생각에 대한 비판을 적어놓았다.

출처: 미국 국회도서관

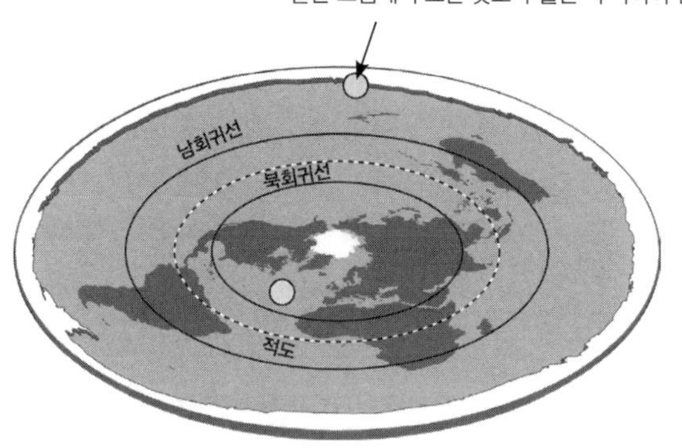

오늘날의 평평한 지구 협회는 대양을 제자리에 위치시키고 빙벽으로 둘러싸인 평평한 원반을 상상한다. 작은 스포트라이트 같은 태양이 북회귀선과 남회귀선 사이를 왕복하면서 계절을 만들어낸다. 출처: 평평한 지구 협회 웹사이트(https://bit.ly/2kLlbKG).

는 지구평면설 신봉자가 대체로 밝고 재밌고 괴짜스러우며 회의주의자와 마찬가지로 도덕적 동기를 가진 사람들이라고 말한다. 또한 그들이 공유하는 신념은 공동체, 우정, 공통 관심사, 지적 참여 같은 다양한 보상을 제공한다. 지구평면설 신봉자들은 자신의 공동체를 묘사하면서 흔히 소속감을 주는 가족이나 집을 발견한 것처럼 말한다. 그리고 그들은 도덕적 목표(진실을 찾는 일)를 함께 추구하면서 강력한 정서적 보상을 얻는다. 그들은 더 나은 세계를 위한 변화를 바라며 공통의 열망으로 뭉친다. 평평한 지구를 주장하는 퍼트리샤 스티어Patricia Steere는 팟캐스트 공동 진행자에게 다음과 같이 말했다. "우리 둘은 대의를 공유해요. 그것은 일종의 사랑이죠."

이런 보상들은 모두가 자체로 목적이 된다. 우리는 평평한 지구 공동체가 다른 공동체와 마찬가지로, 즉 그들의 믿음이 무엇인지와 무관하게 안락함(서로를 위장 요원이라고 비난하는 것과 같은 전형적인 역기능과 함께)을 제공한다는 점을 알 수 있다.

지구평면설과 음모론의 관계

"지구가 평평하다는 믿음과 음모론적 사고 사이에는 밀접한 관계가 있다"라는 노벨라의 말은 정확한 지적이다. 지구평면설 신봉자들은 흔히 켐트레일, 백신, 진화, 9/11에 관한 다양한 음모론을 받아들인다. 그들 중 다수는 지구가 평평하다는 주장을 접하기 전부터 음모론자였다. 아마도 이런 성향이 숨겨진 또 다른 진실(혹은 궁극적 진실)로 지구평면설을 받아들이도록 만들었을지 모른다.

하지만 지구가 평평하다는 사고가 음모론적 사고와 단순한 상관관계를 갖는 것은 아니다. 오늘날의 지구평면설 신봉자들은 우주에서 촬영한 지구의 사진이나 영상 같은 증거들을 묵살하기 위해 음모론자가 될 수밖에 없다.

물론 항상 그래왔던 것은 아니다. 지구평면설의 음모론적 요소는 과학 지식이 진보함에 따라 그에 대응해 발전해왔다. 19세기 당시 평평한 지구를 옹호하는 단체인 '탐구 천문학Zetetic Astronomy'의 멤버들은 지구가 둥글다고 믿는 사람들이 실로 오류를 범하고 있다고 여기며 이들을 너그럽게 바라볼 수 있었다. 그들은 주류 천문학자들이 이론적 도그마에 지나치게 의존함으로써 오류를 범하고 있다고 주장했으며, 일반 대중은 물론 천문학자들도 선입견을 버리고 경험적 증거를 그대로 직시할 수 있다면 지구가 평평하다는 사실을 즉시 받아들일 것이라고 믿었다.

하지만 우주 시대의 개벽과 함께 이런 입장은 살아남을 수 없었다. 지구평면설 신봉자들은 최초로 우주에서 촬영된 지구의 사진에 뒤통수를 맞았다. 국제 평평한 지구 학회의 창립자인 새뮤얼 션턴Samuel Shenton은 1966년에 "그것이 끔찍한 충격이었다"라고 인정했다. 둘 중 하나만이 진실일 수밖에 없었다. 지구평면설 신봉자들이 오류를 범했거나 NASA를 비롯한 우주 연구 기관들이 조작된 증거를 이용하여 우주의 실체를 감추고 있음이 분명했다. 신봉자들은 후자가 진실이라고 굳게 믿었다. 그들은 우주에서 촬영된 지구의 모든 사진이 조작된 가짜라고 주장했다. 우주 비행사, 위성, 로켓 발사 등 우주 탐사의 모든 요소가 정교한 속임수의 일부분이라는 것이다.

지구평면설 뒤에 숨은 종교의 그림자

종교는 또 하나의 중요한 요소다. 유고브 조사에서 지구가 평평하다고 답한 사람 중 스스로를 "신앙심이 깊다"라고 평가한 사람이 절반을 넘겼지만, 지구가 둥글다고 답한 사람 중 그와 같이 답한 사람의 비율은 20퍼센트에 불과했다. 지구평면설의 역사와 그 내용에 근거할 때 이와 같은 지구평면설 신봉자들의 종교적 성향을 쉽게 예측할 수 있다. 19세기와 20세기 지구평면설의 원동력은 '성서 문자주의'가 거의 독점하고 있었다. 지구평면설 신봉자들은 다른 창조론자들이 비주류로 여기는 이른바 '과학적 창조론자' 공동체에 속해 있었지만, 그들의 믿음은 문자주의 접근과 일치했다. 지구평면설을 전문적으로 비판한 로버트 셰이드월드Robert Shadewald은 1987년에 "성서는 평평한 지구를 가르친다"라고 주장했다. 명시적으로 기록되지는 않았지만 수많은 성서 구절이 지구가 평평하고 움직일 수 없다거나 돔(하늘이나 천국의 천장)으로 둘러싸여 있음을 암시한다.

오늘날 지구평면설은 소셜미디어를 통해 점점 더 많은 세속인에게 전파되고 있지만 여전히 종교가 중심에 있다고 생각되는 이유들이 있다. 먼저 지구평면설 신봉자들 스스로가 종교와 관련된 말들을 하고 평평한 지구 학회에서는 창조론을 단골 주제로 다룬다. 캐나다 앨버타주 에드먼턴에서 열린 '2018 캐나다 평평한 지구 학술대회'에서 성서 패널의 사회자 로비 데이비드슨Robbie Davidson은 청중 속에 무신론자가 있으면 손을 들어보라고 했다. 한 사람이 손을 들었다. 그러자 데이비드슨은 감탄하며 말했다. "완벽히 무신론자인 멤버를 정말 오래 기다렸습니다!"

다수의 지구평면설 신봉자에게 창조론은 핵심적인 믿음이다. 이들에게 평평한 지구는 자연적 과정을 통해 형성될 수 없고 따라서 이러한 존재는 지적 설계를 함축한다. 진보한 외계인을 상상하는 버전도 있지만 '무한한 평면'과 같은 버전의 지구평면설은 초자연적인 창조자를 필요로 한다. 작년에 뉴욕에서 진행된 학회의 한 연설자는 다음과 같이 말했다. "당신은 창조된 인간이다. 이곳은 창조된 장소다."

이러한 암시는 지구평면설이 갖는 호소력의 주요한 부분이다. 지구평면설을 주장하는 유명 유튜버 마크 사전트Mark Sargent는 우리의 세계를 영화 〈트루먼 쇼The Truman Show〉에 나오는 밀폐된 무대에 비유해 '테라리엄terrarium'으로 묘사한다. 이어 사전트는 다음과 같이 말한다. "당신은 혼자가 아니다. 실제로 당신은 우주의 중심이다. 당신은 쇼의 스타다."

보통 지구평면설을 세속적인 믿음 체계로 다루는 회의주의자나 주류 미디어는 근본적으로 오류를 범하고 있다. 근대 평평한 지구 운동의 창시자 새뮤얼 로보섬Samuel Rowbotham은 지구평면설의 전략으로 지적 설계 스타일의 쐐기 전략을 차용했다. 1865년에 로보섬은 "기독교인이 순수한 과학의 장에서 무신론자를 만났을 때 성서가 설명하는 자연 현상이 글자 그대로 진실임을 인정하도록 이끌 수 있다"라고 말했다. 이러한 깨달음을 통해 불신자가 성서를 "진정한 신의 말씀"으로 받아들일 수 있을 것이라고 기대했다.

종교는 뒤에 나올 지구평면설 행동주의를 조명하는 데 도움이 된다. 이에 대해서는 후에 살펴볼 것이다. 그에 앞서 우선 지구가 평평하다는 믿음의 원천에 대해 생각해보자.

지구에 대한 아이들의 직관

신봉자 대부분은 어느 시점에선가 전에는 믿지 않았던 지구가 평평하다는 믿음을 받아들였다. 비디오, 팟캐스트 등에서 접한 지구가 평평하다는 주장들이 그들을 설득한 것이다. 어떻게 이런 일이 일어나는지를 이해하고 어떤 사람들이 이런 주장에 더 취약한

지 밝히려면 먼저 젊은이들이 우주를 어떻게 이해하는지 생각해볼 필요가 있다.

유고브 조사 결사 중 헤드라인을 뽑으라면 나는 “밀레니얼 세대 중 66퍼센트만이 지구가 둥글다고 확신했다”라는 결과를 선택하겠다. 또한 18~24세의 응답자 중 지구가 평평하다고 단언한 비율이 전체 평균의 두 배였다(유고브 테이터에 대한 포스터와 브랜치의 비판적인 분석도 “젊은 세대가 지구의 형태에 관하여 확신하지 못하거나 양면적인 생각을 가질 가능성이 더 크다”는 결과와 대체로 일치했다). 이런 결과가 젊은 세대의 과학적 소양이 쇠퇴했음을 나타내는 것일까? 꼭 그렇지는 않다. 미디어, 특히 유튜브 소비량과 같은 요소로 인해 세대 차가 나타났을 수 있다. 하지만 나는 시대를 불문하고 젊은이들이 이 주제에 관해 더 큰 혼란을 겪었을 것이라고 생각한다.

왜 그런지 이해하려면 “둥근 지구 아니면 평평한 지구”라는 이분법에서 벗어나야 한다. 사람들이 생각하는 우주의 구조는 그보다 훨씬 더 기묘하다. 둥근 지구와 평평한 지구는 상호 배타적이지 않을 수 있다.

1970년대 이래로 취학 아동의 지구와 우주에 관한 개념을 연구해온 연구자들은 이 문제를 상세히 탐구했다. 지구가 평평하다는 개념과 그와 관련된 혼란은 범문화적으로 어린 시기에 공통적으로 나타나며 아이들이 과학 지식을 습득함에 따라 감소하는 것으로 밝혀졌다. 이런 사실들이 그렇게 특별해 보이지 않지만 세부 내용을 자세히 들여다보면 흥미로운 시사점들이 있다.

나는 지구에 대한 인간 인식의 기본 설정이 “잘 모르겠지만 지구는 평평하지 않을까?"라는 반응으로 되어 있다고 생각한다. 물론 아이들이 평평한 지구에 대한 세부적인 정신 모형을 갖고 있다는 말은 아니다. 여기서 '평평함'이란 그저 어린이들의 검증되지 않은 일상적 경험을 반영할 뿐이다. 우리는 '위'와 '아래'를 경험한다. 주변을 둘러보면 세계는 대체로 모든 방향으로 뻗어 있는 수평면처럼 보인다. 아이작 아시모프Isaac Asimov는 다음과 같이 말했다. "마일당 지구의 곡률은 거의 0이다. 지구평면설은 틀렸지만 이런 이유로 거의 옳은 것처럼 보인다." 평평함이란 대부분 일상의 목적을 위해 사용하는 근사치다. 아이들은 이런 생각들이 하나의 가정일 뿐이라고 의심하고 시험해보거나 이에 근거해 어떤 예측을 내놓을 필요도 없다.

하지만 아이들은 결국 지구가 둥글다는 이야기를 듣게 된다. 아이들은 어른이 하는 말을 믿고 지구가 둥글다는 것을 사실로 받아들인다. 질문을 받을 때면 아이들은 그와 같은 사실을 되풀이해서 말할 것이다. 그러나 이는 검증되지 않은 평평한 지구에 대한 생각을 그 즉시 공처럼 생긴 지구라는 새로운 과학적 개념으로 완전하게 대체했다는 의미가 아닐 수 있다. 즉 이쪽 아니면 저쪽 식의 문제가 아닐 수 있는 것이다.

우리는 학습 과정을 통해 지구와 우주에서 우리의 위치를 점차 이해하게 된다. 우리는 환경과 동기에 따라 일생을 통해 과학적 관점을 확장하고 개선해나간다(물론 그렇지 않을 수도 있다). 이 과정에서 아이들은 갈피를 잡지 못하고 평평함과 둥긂 개념이 섞인 기이한 개념을 표현한다.

평평한 지구의 가장자리

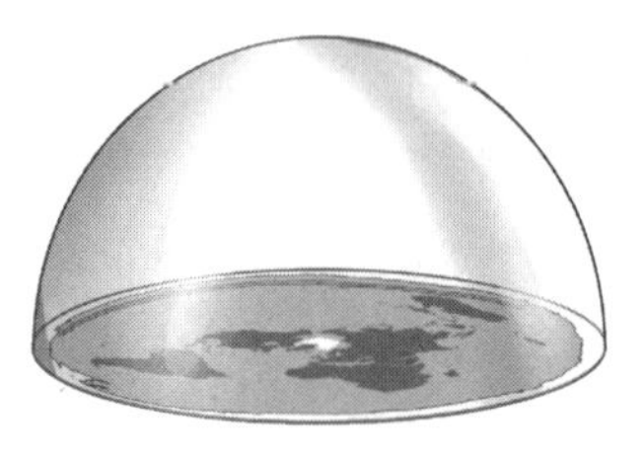

지구평면설 신봉자들의 견해는 다양하다. 정확한 형태는 다르지만 대부분 지구에 돔이 있다고 생각한다. 돔 안에 태양, 달, 별들이 포함된다. 여기에서 남극은 대륙이 아니고 지구의 가장자리를 둘러싸고 있는 대양을 유지하는 빙벽이다. 지구 아래의 지역을 히브리 모형의 지옥과 비슷하게 상상하는 사람들도 있다.

다수의 지구평면설 신봉자는 지구의 가장자리에 있는 빙벽과 돔에 접근할 수 없다고 믿는다. 1959년에 남극 조약에 최초로 가입한 12개국의 해군으로 구성된 국제 해군이 지키고 있다는 이유다. (남극 조약은 남극을 과학 보존 지역으로 규정했으며 아이러니하게도 군사적 활동을 금지했다.)

계절, 낮과 밤의 설명

과학적 설명의 대안이라면 모든 것을 더 잘 설명해야 한다. 지구평면설 모형 중에는 북쪽이 여름일 때는 태양이 북회귀선에 있다가 겨울에는 남회귀선으로 옮겨가는 모형도 있다. 북쪽과 남쪽에서 계절이 지속되는 시간은 동일하다. 그러나 우리는 태양이 더 긴 남회귀선 궤도를 돌기

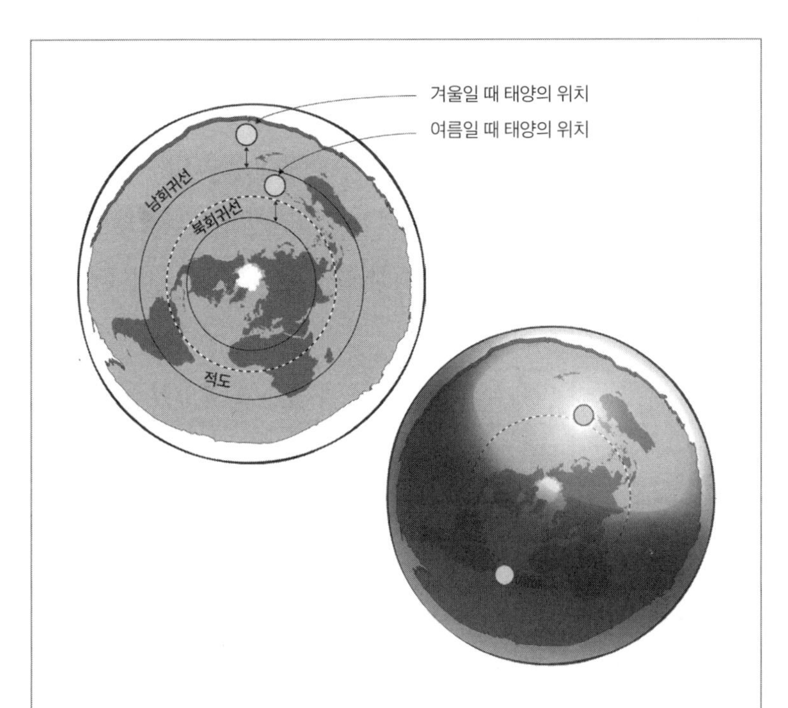

위하여 속도를 높이는 현상을 볼 수 없다. 두 회귀선 사이를 왕복하면서 가까워지는 태양의 크기도 우리가 보기에 변하지 않는다.
항상 지구의 정확히 절반은 밝고 절반은 어둡다. 둥근 지구는 이러한 현상을 쉽게 설명한다. 평평한 지구는 스포트라이트 같은 태양 모델이 어떻게 이런 일을 하는지 설명할 필요가 있다. 지구평면설 신봉자들은 또한 남반구의 여름 동안에 남극 지역(완전한 원을 이루는 빙벽)이 어떻게 24시간 내내 햇빛을 받는지도 설명해야 한다.

예를 들어 아이들은 일반적으로 지구가 둥글다는 점을 인정하더라도 우리가 지구의 위쪽에서 살고 있다고 생각한다. 왜냐하면 지구의 아래쪽에 위치하고 있는 사람은 아래로 떨어질 것이기 때문이다(아이들이 오스트레일리아 사람들이 "저 아래쪽"에 산다는 것을 알고 놀라던 모습을 기억하는 독자가 있을 것이다). 심지어 두 세계, 우리가 사는 평평한 세계와 우주에서 사진을 찍은 둥근 우주가 각각 존재한다는 믿음을 표현한 아이들도 있다.

최근 지구에 대한 아이들의 순진한 오해가 일관성이 있는 대안적 정신 모형인지, 아니면 단편적이고 혼란스럽고 불완전한 생각인지에 대해 많은 논쟁이 있었다. 최신 연구들은 후자를 암시한다. 우리에게 중요한 점은 아이들이 우주 공간에 있는 구체 위에서 산다는 것이 무엇인지 이해하기 위해 과학에 근거한 통합적 모형을 개발하는 데 시간과 노력이 필요하다는 사실이다. 그 모형이 불완전하다면 언제든 모호하거나 모순된 생각을 할 수 있다.

구체 위에서 살아가기

이제 성인들을 생각해보자. 회의주의자들은 인지 부조화를 언급하길 좋아한다. 하지만 흥미롭게도 우리가 실제로 인지 부조화를 경험하는 일은 매우 드물다. 모순되는 생각들은 그 교착점이 강조되기 전까지 검증되지 않고 조화롭게 공존할 수 있다. 모순을 포착하는 데는 정신적인 노력이 필요하며 이를 해결하는 데는 더 큰 노력이 요구된다. 이는 시작부터 우리의 생각이 모호하고 불완전할 때 특히 그렇다. 안개가 낀 정신 속에 있는 조각들은 좀처럼 차이가 드러나지 않는다.

노벨라는 지구의 형태에 관해 확신이 없다고 말한 토크쇼 진행자를 언급하며 "자신이 살아가는 세계의 모습과 같이 크게 중요하지 않은 사실로 마음을 어지럽히려 하지 않는 셰리 셰퍼드Sherri Shepherd 같은 사람들"이라고 했다. 이는 살펴볼 가치가 있는 중요한 논점이다.

카메라 앞에서 인터뷰 중 지구가 평평한지 묻자 셰퍼드는 "그런 문제를 생각해본 적이 없어 모른다"라고 답했다. 나는 대부분의 사람도 이와 비슷하다고 생각한다. 구체에서 살아간다는 개념은 좀처럼 세부적으로 생각해볼 기회가 없는 복잡한 아이디어다.

《1984》의 저자 조지 오웰George Orwell은 "지구가 둥글다고 생각하는 자신의 근거가 다소 불확실하다"라고 반성한 적이 있다. 오웰은 다음과 같이 말했다. "신문을 읽는 대부분의 보통 사람들에게 지구가 둥글다는 근거가 무엇이냐고 물으면 '그건 누구나 아는 사실'이라고 말할 것이고 더 추궁하면 화를 낼 것이다."

오웰은 첫 우주 비행이 이뤄지기 10년 전에 이 문제에 대해 고민했다. 오늘날 사람들은 대부분 제일 먼저 NASA가 촬영한 사진을 그 근거로 들 것이다. 하지만 오늘날 대다수의 성인 역시 자신의 기본적인 천문학 지식 대부분을 "추론이나 실험에 기초하지 않고 권위에 따라 맹목적으로" 받아들였음을 인정한 오웰과 크게 다르지 않다.

회의주의자, 여론 조사원, 평론가 들은 흔히 지구에 대한 생각을 지구가 평평하다는 비합리적인 믿음과 지구가 둥글다는 과학적 이해라는 두 가지 범주로 단순화한다. 이런 단순화는 오해의 소지가 있고 도움도 되지 않는다. 사람들의 이해는 폭넓게 연속적으로 분포해 있다는 것이 더 정확한 생각이다('연속성'도 불충분한 비유일 수 있다. 고려할 사항이 여러 개이기 때문이다).

아시모프가 말한 대로 지구가 구체라고 생각하는 사람은 지구가 평평하다고 생각하는 사람보다 덜 오류를 범하고 있지만 엄밀히 말해 여전히 옳지 않다. 회전으로 인해 적도 지역이 불룩하기 때문에 회전 타원체가 더 정확한 표현일 것이다. 하지만 아시모프는 "지구가 회전 타원체라는 개념도 엄밀히 말해 틀린 것"이라고 말했다. 그는 이에 대해 "적도 남쪽의 불룩함이 적도 북쪽보다 약간 더 크고 남극의 해수면이 북극의 해수면보다 지구 중심에 조금 더 가까운 것으로 밝혀졌기" 때문이라고 설명했다.

오웰은 지구의 형태에 관한 지식을 세부적으로 정당화한 "수천 명의 천문학자, 지리학자 등등"이 있다고 말했다. 우리는 다양한 분야의 전문가들을 이 목록에 추가할 수 있다. 그다음으로는 전문성이 다소 떨어지나 직업적 이유 또는 개인적 관심 때문에 여전히 높은 수준의 이해를 갖추고 있는 과학 애호가, SF소설 애독자, 비행기 조종사 같은 사람들을 들 수 있다. 사람마다 지구에 관한 생각을 개선하는 (또는 개선하지 않은) 나름의 이유가 있으며 이를 지능, 속기 쉬운 성향, 비판적 사고 능력과 관련 지을 필요는 없다. 여행사 직원, 화물 수송기 승무원, 외국에 친척이 있거나 외국과 관련된 비즈니스가 있는 사람은 자국에서만 활동하는 의사, 시인, 컴퓨터 과학 전문가보다 지구에 관한 자신의 모형을 개선할 필요가 있을 것이다.

왜 똑똑한 사람들이 오류를 범할까?

우리 대부분은 성인이 될 때까지 특권적 권위를 갖는 부모, 교사, 과학책 등을 통해 기본적인 천문학 정보를 반복적으로 접한다.

이런 이유로 아주 기초적인 문제에 대해서는 사람들이 과학 지식이라는 스펙트럼 말단에 모이게 된다. 2018년 유고브 조사에서 중 "지구가 둥글다"라고 단언한 응답자는 전체 응답자 중 84퍼센트로 2008년 《영국 심리학 저널British Journal of Psychology》에서 실시한 연구와 거의 비슷했다(지구평면설 신봉자의 비율도 거의 같다).

지구가 평평하다고 확고하게 믿는 사람은 비교적 드물다. 그러나 상당히 많은 사람이 틀린 개념을 갖고 있거나 부족한 지식을 드러낸다. 유고브 조사에서 세계가 평평하다고 믿는 사람은 2퍼센트에 불과했지만 지구의 형태에 관한 불확실성을 표한 응답자는 14퍼센트였다. "확실하지 않음"이라는 응답은 지구가 둥글다는 믿음 다음으로 많이 나온 응답이었다.

지구가 둥글다고 답한 사람 중에도 내용을 불완전하게 알고 있거나 잘못된 지식을 가진 사람들이 있을 수 있다. 둥근 지구를 믿는 사람들이 지구와 우주에 관한 어떤 모형을 가졌는지 시험해보면 그 스펙트럼이 드러날 것이다.

나는 이를 확인해보고자 간단한 테스트를 시도해봤다. 나는 조지프 누스바움Joseph Nussbaum과 조지프 노백Joseph Novak이 1976년에 《과학 교육Science Education》에 발표한 〈구조화된 인터뷰를 이용한 아동의 지구 개념 평가An Assessment of Children's Concepts of the Earth Utilizing Structured Interviews〉의 시나리오를 이용해 친구와 친척을 비공식적으로 시험해봤다. 누스바움과 노백은 아이들에게 다음과 같은 그림을 보여주며 지구 속 깊숙이 파 내려간 두 갈래로 갈라지는 터널을 상상하라고 했다. 터널 입구에서 바위가 떨어졌다고 해보자. 바위는

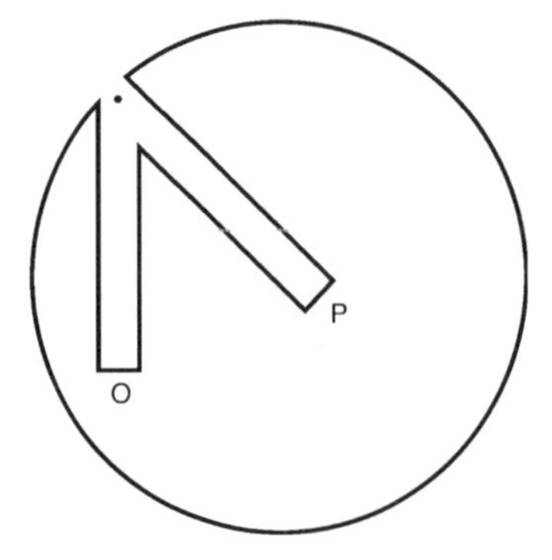

아이들의 지구에 관한 개념을 평가하기 위해 누스바움과 노백이 1976년 연구에서 사용한 그림.

어느 터널을 따라 떨어질까? P일까, O일까?

나는 페이스북을 이용해 친구들에게 같은 질문을 설문했고 그림을 출력해 어린이, 십대, 성인을 대상으로도 조사했다.

나는 모두가 지구가 둥글다는 테스트의 가정을 받아들일 것이고, 대부분 정확하게 답할 것이지만 일부 틀리는 사람이 있을 것으로 예상했다. 마지막으로 어린이와 십대에서 틀린 답을 하는 빈도가 더 높을 것으로 추측했다. 결과는 나의 예측과 정확히 일치했다. (여담으로 나는 다음과 같이 말한 꼬마에게 보너스 점수를 줬다. "글쎄, 바위가 멀리 가지는 못할 거예요. 동굴에 용암이 가득 찰 테니까요.")

용암을 무시한다면 이 문제의 정답은 P다. 중력은 물체를 지구의 질량 중심을 향하여 끌어당기기 때문이다. P는 지구 중심을 향하는 수직 방향으로 똑바로 내려가는 반면, O는 P와 비스듬히 내려간다. 그림을 돌려보면 이를 더 잘 이해할 수 있을 것이다. (실제로 O를 따라 진행하면 중력이 끌어당기는 각도가 변한다. 터널은 입구에서 산비탈처럼 경사졌다가 진행하면서 평평해지는 것으로 느껴질 것이다.)

그럼 어떤 일이 일어났을까? 질문을 받은 사람들 모두 우리가 구체 위에서 산다는 점을 이해했다. 그들 모두 똑똑한 사람이다. 그렇다면 어째서 지적이고 교육을 받은 사람들이 틀린 답을 할까?

우선 그림에 약간의 속임수가 있다. 이 그림은 우리가 구체 위에 살고 있다는 지식과 '위'와 '아래'에 대한 우리의 경험 사이에 긴장을 일으키도록 디자인되었다. 똑똑한 십대 한 명에게 O라고 답한 이유를 묻자 그녀는 어깨를 으쓱하며 다음과 같이 말했다. "그저 더 아래쪽 같아서요."

이러한 오해는 보편적인 위아래가 있는 평평한 지구의 우주관 속에 어떻게든 둥근 지구의 개념을 받아들이는 혼합된 우주관을 드러낸 것이라고 해석할 수 있다. 하지만 나는 이것이 단지 다른 사람보다 정신 모형을 개발하는 데 더 주의를 기울이는 사람이 있음을 말해준다고 생각한다. 질문을 받은 사람들 대부분은 이미 한눈에 답을 알 정도로 지식의 통합을 이룬 상태였다. 그들에게 이 문제는 자명해 보였다. 하지만 이 문제는 자명하지 않다. 그들과는 다른 사람들의 모형은 덜 완전했다. 이들은 문제가 주어졌을 때 빠르게 정확한 판단을 내리기 위해 사실적 지식을 활용하는 능력이 부족했다. 불완전한 모형에는 불완전한 설명력과 예측력이 따른다. 하지만 설명이나 판단을 요구받기 전까지 우리는 이런 점에 주목할 이유가 없다.

나는 특히 지인 중 가장 세련된 사색가가 어느 터널을 고를지 결정하지 못했다는 점이 반가웠다. 그녀는 내 분석의 가장 완벽한 예였다. 그녀는 상당히 똑똑하고 학식 있는 사람으로 날카로운 비판적 사고 능력을 갖추고 있다. 또한 그녀는 나의 질문에 답하기 전까지는 자신의 지구 모형을 개선할 필요가 없었던 수많은 사람 중 하나였다.

사람들의 지구 모형이 가진 한계를 빠르게 드러내는 퍼즐은 얼마든지 어렵지 않게 제시할 수 있다. 적도와 북극 중 어디에서 몸무게가 더 나갈까? 국제우주정거장이 우주 공간에 떠 있다면 지구와 멀어지지 않는 이유는 무엇일까? 우주정거장이 지구 중력권 안에 있다면 어떻게 우주비행사들이 그 안에서 둥둥 떠다닐 수 있을까?

이 문제를 해결하는 일은 상당 부분 주의를 집중해야 한다. 이 때문에 이 문제를 푸는 능력은 다른 것 못지않게 얼마나 많은 시간 동안 고민을 했느냐에 따라 달라진다. 주목하고 시험하고 이해를 개선할 기회가 많을수록 우리의 이해가 개발될 가능성이 크다.

젊은 사람들이 지구평면설에 더 개방적인 이유

지구에 관하여 모호하거나 불완전한 아이디어를 갖는 것과 세부적으로 짜여진 지구 모형을 채택하는 것 사이에는 큰 차이가 있다. 하지만 나는 양자 사이에 연관성이 있다고 생각한다.

지구평면설에 대한 회의적인 논의에는 확증편향에 관한 이야기가 가득하다. 우리는 일단 확고한 믿음을 가지면 무의식적으로 그 믿음을 뒷받침하는 새로운 정보를 추리게 된다. 이미 생각했던 바를 확인해주는 증거는 수용하고 그렇지 않은 증거는 일축하는 성향이 있다. 이런 이유로 우리는 믿음을 바꾸는 데 저항하게 된다.

이 문제는 나중에 다시 살펴볼 것이다. 하지만 먼저 짚고 넘어가야 할 것이 있는데, 그것은 그 반대 역시 사실이라는 점이다. 우리의 아이디어는 모호하고 불완전할 때 더 가소성이 크다. 한 가지 아이디어를 확신하기 전에 쉽사리 다른 아이디어 쪽으로 기울 수 있는 것이다.

나는 지구평면설을 쉽게 채택하는 사람들이 둥근 지구에 대한 가장 불완전한 개념을 갖고 있는 사람이 아닐까 생각한다. 이는 부분적으로 시간의 함수이므로 나이가 젊은 사람이 지구가 평평하다는 생각에 더 열려 있을 것이라고 예상할 수 있다.

유고브 조사도 이런 사실을 뒷받침하는 것으로 보인다. 조사에서 지구 형태에 대한 불확실성과 지구가 평평하다는 믿음이 젊은 층에서 가장 높게 나타났다. 또한 연령대가 올라가면서 불확실성은 감소하고 둥근 지구에 대한 믿음이 증가했다. 18~24세의 응답자 중 무려 30퍼센트가 세계의 형태에 관해 불확실성을 표했다. 반면 55세 이상의 응답자 중 불확실성을 표한 사람은 4퍼센트에 불과했다!

여기서 나는 확증편향의 효과도 확인할 수 있었다. 사람들은 나이가 들수록 "세계가 둥글다고 항상 믿어왔다"라고 단언할 가능성이 컸다. 55세 이상의 응답자 중 94퍼센트가 이런 태도를 보였다. 하지만 이런 확신의 증가 패턴을 고려할 때 둥근 지구를 믿는 나이 많은 사람 중 상당수가 그들의 기억과는 달리 젊은 시절에 둥근 지구에 대하여 덜 확실한 태도를 취했을 가능성이 높다. 해당 연령의 인구 중 25퍼센트 이상의 사람이 24세를 넘긴 어느 시점에서야 둥근 지구를 확신하게 되었을 것이다.

일화에서 확고한 믿음으로

회의주의자들은 종종 초자연적인 믿음의 형성에 있어 개인적인 경험의 위력을 실감해왔다. 초자연적 믿음의 옹호자들은 다음과 같은 좌절스러운 상투어를 반복한다. "나는 내가 무엇을 보았는지 안다." 이 경우 역시 초기에 가소성이 큰 믿음이 고정된 이후 찾아오는 확증편향의 문제를 다시 제기한다.

사람들은 이상한 경험을 할 때 일어난 일에 대하여 즉각적으로 확고부동한 믿음을 갖는 것은 아니다. 그들은 우선 사실에 비추어 가능한 설명을 고려해보는 매우 합리적인 과정을 거친다. 이 과정 중에 그들은 아직 어떤 특정한 설명도 전적으로 수용하지 않는다(이전의 믿음에 근거하여 특정한 방향을 선호하는 성향을 띨 수는 있다).

수면 마비(신체의 통제력이 깨어나기 전에 주변 환경에 대한 의식을 되찾는 혼란스러운 수면 상태)를 처음 경험하는 사람을 생각해보자. 이런 무서운 사건에는 환각, 고통스러운 신체적 감각, 공황이 포함될 수 있다. 수면 마비를 경험한 사람들은 이에 대한 설명을 강렬히 원한다. 그런데 여기에 문제가 있다.

심리학자 수전 클랜시Susan Clancy는 2005년에 출간한 수면 마비에 관한 책에서 다음과 같이 말한다. "사람들이 이례적인 경험을 설명하고자 할 때 그들의 탐색 범위는 실제로 들어본 적이 있는 설명들의 집합으로 제한된다."

수면 마비를 경험한 사람들은 문화적으로 가용한 설명을 두루

찾게 되고 몇 가지 설명을 찾아낸다. 유령의 공격을 받은 것일까? 또는 악마? 아니면 외계인 납치? 수면 마비에 대한 과학적 설명은 대중의 인식에서 쉽게 접근할 수 없는 것이 보통이었다(이런 상황은 변하고 있다).

제시된 설명을 자신의 경험에 비추어보고 얼마나 잘 맞는지를 판단하는 것은 합리적인 행동이다. 일반적으로 우리는 가용한 모형 중에 사실과 가장 잘 맞아 보이는 모형을 받아들인다. 거기서부터 확증편향이 서서히 작용해 선택된 설명을 절대적 믿음으로 굳히게 된다.

우리는 초자연적 현상에 관한 문헌에서 항상 이런 사례를 본다. 수면 마비를 생생하게 경험한 사람들은 흔히 자신이 초자연적 사건을 겪었다고 믿게 된다. 일단 확신이 서면 개인의 '초자연적 경험'이라는 주관적 증거가 압도적인 위력을 발휘한다. "나는 거기에 있었다. 내가 뭘 봤는지 안다." 하지만 그들이 외계인이나 악마의 공격이라고 확신하기 전에 수면 마비의 원인에 관한 모형을 충분히 접하고 탐구했다면 과학적 설명을 수용했을 수도 있다. 원래 그들의 믿음은 유연하기 때문이다.

수면 마비와 같은 사건은 반드시 설명이 필요하다고 생각될 정도로 놀랍게 느껴지는 사건이다. 평평한 지구를 주장하는 비디오 같은 것을 마주하기 전까지 사람들은 위나 아래 같은 평범하고 친숙한 일상에 설명이 필요하다고 생각하지 않는다. 또한 사람들은 도전을 받기 전까지 지구가 둥글다는 개념의 세부 사항들을 생각해보지 않는다(지구가 그렇게 빨리 회전한다면 왜 우리 모두 우주 공간으로 튕겨나가지 않을까?). 하지만 반쯤 형성된 둥근 지구 개념이 지구평면설에 도전을 받을 때 사람들은 즉시 자신의 경험과 일치하는 것으로 보이는 문화적으로 가용한 설명을 찾는다. 그것은 바로 세계가 보이고 느껴지는 것처럼 평평하다는 것이다.

반박하기 쉽지 않은 지구평면설

연구자들이 2017년과 2018년의 평평한 지구 학회 참석자 30명을 인터뷰했다. 그 결과에 따르면 한 사람을 제외한 모두가 유튜브를 보고 확신을 갖게 되었다고 말했다. 유튜브는 큰 의심 없이 다른 주제에 대한 정보를 찾는 사람들에게 지구평면설을 주장하는 비디오를 추천한다. 추가적인 연구에 따르면 유튜브 시청자 중에 과학적 소양이 부족하고 음모론에 관심이 많은 사람들이 더 쉽게 지구평면설을 받아들이는 것으로 보인다. 하지만 어떻게 이런 주장들이 옳다고 확신을 가질 수 있을까?

나는 회의주의자와 과학자의 경멸과 광범위한 조롱이 사람들을 지구가 평평하다는 믿음으로 몰아넣는 데 어느 정도 역할을 했다고 본다. 전형적으로 지구평면설 신봉자에게는 조금 모자란 괴짜라는 낙인이 찍힌다. 널리 퍼진 비웃음은 늑대가 양의 탈을 쓰도록 만드는 역효과를 낳는다. 오해의 소지가 있는 기대는 대중을 실패로 이끈다.

지구평면설 신봉자들은 판에 박은 듯이 자신이 처음에는 회의적이었고 지구가 평평하다는 주장을 일축했다고 말한다. 그들은 지구평면설이 자명하게 터무니없을 것이라고 기대했다. 왜냐하면 주류 문화가 그렇게 생각하도록 가르쳤기 때문이다. 즉 지구평면설은 누구든 자신의 지식을 바탕으로 쉽사리 반박할 수 있는 것으로 여겨진다.

하지만 실상은 그렇지 않다. 사람들은 수사적으로 정교한 주장들을 마주하게 된다. 이 주장들은 논쟁에서 이기고 비판자들을 좌절시키기 위하여 한 세기가 훨씬 넘는 세월 동안 잘 연마되었다. 완벽히 형성되지 못한 둥근 지구에 대한 개념으로 그토록 상세한 주장과 신념 체계에 맞서기 쉽지 않다. 지구평면설 신봉자는 일반인이 제기할 수 있는 반론이나 반증에 대해서도 설득력 있게 들리는 답변을 준비하고 있다. 지구평면설의 중요한 오류를 포착하는 데는 과학적 소양과 지구평면설에 관한 지식이 요구된다. 지구평면설과 마주했을 때 그 주장들을 철저하게 평가할 도구를 갖춘 사람은 많지 않다.

이 점은 강조할 만하다. 과학적 지식이나 비판적 사고 능력을 갖추는 것만으로는 (분명히 도움은 되겠지만) 충분치 않다. 비주류 주장에 적절히 대처하려면 그 주장에 대한 구체적인 지식이 필요하다.

주류적 견해에 반대하여 발전하는 것이 비주류 운동의 특성이다. 이는 비주류가 이미 숙제를 마쳤다는 뜻이다. 비주류 주장을 옹호하는 사람들은 시간을 들여서 주류의 주장을 검토하고 거부했다. 그들에게는 이미 반론이 있다. 논쟁을 위한 준비가 되어 있는 것이다. 주류에 속하는 사람들이 마침내 비주류의 주장을 알아채고 그들과 맞서려 할 때는 보통 도움닫기 없이 출발을 한다. 일반 유튜브 시청자가 이에 해당되며 심지어 과학자도 마찬가지다.

과학자들은 1980년대에 창조론자들과 논쟁을 시도하면서 이러한 교훈을 어렵게 배웠다. 생물학자는 생물학에 관한 논의를 준비했지만, 실제 논쟁은 창조론자의 주장에 대한 것임을 뒤늦게 발견했다. 결국 창조론자가 논쟁의 우위를 점한 전문가가 되었다. 과학자들은 계속해서 이런 토론에서 패배했다.

사람들 대부분은 준비된 상대에게 즉흥적인 대응을 하게 되면 평정심을 잃고 불리한 상황에 놓이기 마련이다. 이는 잘 준비된 로펌에 맞서서 자신을 변호하려고 법정에 들어선 사람과 비슷하다. 그런 상황에서 진실은 별로 중요하지 않다. 논쟁이 전부다. 지구가 평평하다는 매끄러운 주장은 종종 상대방을 속수무책으로 격분하게 한다(이는 확신하는 사람뿐만 아니라 일반인에게도 평평한 지구 주장을 매력적으로 만드는 요인이 된다).

일부 유튜브 시청자들은 지구평면설의 만남에서 더 큰 충격을 받는다. 지구평면설이 틀렸음을 밝힐 능력이 없다는 사실과 그 허구를 쉽게 폭로할 수 있을 것이라는 기대의 좌절은 이들을 불안하게 만든다. 이는 일종의 지적 현기증을 촉발하는데 놀라움과 함께 지구평면설의 주장에도 일리가 있는 것은 아닐까 생각하게 된다. 지구평면설 신봉자들은 종종 자신이 지구평면설의 주장을 반박하는 데 실패한 뒤 흔들리다 결국 이를 믿게 되었다고 말한다.

토끼 굴 속으로

유튜브 시청자 중 일부는 지구평면설과의 논쟁을 시간 낭비라며 곧 일축한다. 반면 짜증 섞인 호기심으로 더 많은 비디오를 찾고 점차 빠져들어 결국 입장을 바꾸는 사람도 있다. 일부 사람들이 끝내 평평한 지구 모형을 받아들인다는 사실은 그다지 놀랍지 않다. 다시 말하지만 이들은 지구에 대한 그들의 개념이 불확실하고 가변적일 때 지구평면설을 만나게 된 것이다.

평평한 지구와 둥근 지구 모형을 비교할 때 사람들은 음모론, 신의 창조, 성서의 무오류성에 관한 믿음과 평평한 세계가 더 잘 맞는다고 생각할지 모른다. 예를 들어 창조론자이며 평평한 지구를 옹호하는 롭 스키바Rob Skiba는 둥근 지구라는 가정과 성서가 평평한 지구를 긍정한다는 자신의 해석 사이에서 매우 고통스러운 '긴장'을 겪었다고 토로했다. 그는 둥근 지구를 거부하고 평평한 지구 주장을 수용함으로써 이러한 인지 부조화를 해결했다.

일부 사람들은 평평한 지구 모형이 경험적 증거와 더 잘 맞는다는 결론을 내리기도 한다. 이 점은 매우 중요하다. 지구가 평평하다는 생각을 지배하는 주제는 음모, 종교 그리고 경험론이다.

평평한 지구 운동은 한 세기 반이 넘도록 감각을 통한 증거를 우선시해왔다. 그 옹호자들은 그저 밖으로 나가서 주위를 살펴보라고 말한다. 지구평면설 신봉자들은 오직 개인의 관측만을 신뢰하려고 한다(둥근 지구에 관한 가짜 증거의 음모를 가정하는 것 외에 어떤 다른 방안이 있겠는가?).

예컨대 선도적인 지구평면설 신봉자들은 우리의 감각이 지구가 자전한다는 주장, 지구가 태양 주위를 공전한다는 주장, 지구가 우주 공간을 움직이고 있다는 주장을 반박한다고 주장한다. 과학이 밝혀낸 바에 따르면 지구 표면은 적도에서 대략 시속 1600킬로미터로 회전한다. 또한 지구 자체는 약 시속 10만 5600킬로미터의 속도로 태양 주위를 돈다. 그리고 태양계는 은하계 중심부를 시속 수십만 킬로미터의 엄청난 속도로 공전하고 있다! 심지어 우리 은하계도 움직인다.

지구평면설 신봉자들은 묻는다. 이런 주장이 사실이라면 우리가 느낄 수 있어야 하지 않을까? 그런데 우리는 어떤 것도 느끼지 못한다. 우리의 몸은 우리가 완전히 정지해 있다고 말한다. 그리고 우리 눈에는 대부분 우리가 평면 위에 서 있는 것으로 보인다.

이런 감언이설에는 과학적 답변이 있다. (우리 몸은 운동이 아니라 가속도를 감지한다. 평탄한 신설 고속도로에서 일정한 속도로 주행하는 상황을 생각해보라. 지구가 한순간 갑작스럽게 정지한다면 우리는 틀림없이 그것을 느낄 수 있을 것이다.) 하지만 상세한 과학적 모형 없이는 지구평면설의 주장에 대처하기가 어렵다. 표면적 수준에서 평평한 지구는 우리의 감각 경험과 일관적인 것처럼 보이는 반면, 둥근 지구는 반직관적이고 기묘한 개념을 제시한다.

사람들을 평평한 지구의 믿음으로 이끄는 것은 어리석음이 아니라 호기심, 추론 그리고 이해와 의미를 좇는 매우 인간적인 욕구다. 이는 비판적 사고가 부족해서 생기는 문제가 아니다. 이는 사실에 기초한 증거라는 과학적 틀에 매여 있지 않은 추론, 즉 야생의 비판적 사고로 인해 나타나는 문제다.

고착된 믿음

일단 세계가 평평하다는 믿음을 수용하고 나면 확증편향과 동기가 부여된 추론이 작동하게 된다. 이제 이런 믿음들은 효과적으로 굳어진다. 정상적이고 잘 이해된 심리 효과가 반론에 대한 편향을 초래하고 '그럴듯한 것'에 대한 감각이 다시 재정립된다. 평평한 지구가 명백한 상식이 되고 둥근 지구는 새롭고 터무니없는 아이디어로 보인다.

누구든지 무언가를 믿는 사람에게 그와 다른 것을 설득하기는 어렵기 마련이다. 하지만 지구평면설 신봉자들이 특히 비판에 저항하는 데는 몇 가지 이유가 있다.

그들은 자신의 믿음이 낙인의 대상이 될 수 있음을 안다. 그러한 믿음을 수용하면서 높은 사회적 비용을 치렀을지도 모른다(그들은 이를 종종 '커밍아웃'이라고 표현한다). 가족에게 외면당할 수 있고 지구평면설을 믿는 동료가 아닌 사람들이 공공연하게 어리석다거나 미쳤다고 그들을 조롱할지 모른다.

이는 지구가 평평하다는 믿음을 수용하는 일에 이례적으로 큰 정서적 투자가 요구됨을 뜻한다. 우리가 무언가에 값비싼 대가를 치렀을 때 포기하기가 더 어렵다. 치른 대가에 그만한 가치가 있기를 원하는 것이다. 그런 가치가 도전받을 때 우리는 더욱 완강해진다. 그리고 더 많은 투자를 한다.

사회적 낙인은 또한 지구평면설 신봉자들을 반향실 안으로 몰아넣어 고립시키는 결과를 낳는다. 자신을 존중하고 자신의 말을 듣고 자신의 견해를 이해하는 사람의 말을 경청하는 것은 인간의 본성이다. 우리는 그렇지 않은 사람을 무시한다. 그렇다면 지구평면설 신봉자들이 왜 경멸적인 비평가들(자신이 비판하고 있는 아이디어에 대하여 굳이 배우려는 수고조차 하지 않는 것이 보통인 사람들)의 말에 귀 기울이겠는가? 그래야 할 이유가 무엇인가? 그들은 우정, 정보에 입각한 견해, 정서적 지지를 위하여 생각이 같은 사람들에게 의지한다. 그들의 공동체는 다른 공동체와 마찬가지로 사회적 힘을 가지고 있다. 지구평면설 신봉자들의 공동체에는 존경받는 인물과 사회적 규범이 있다. 규범화된 믿음은 찬양되고 강화되며 의심을 확신으로 만든다. 공동체가 공유하는 견해에서 너무 멀리 벗어난 사람은 동료의 반감을 살 위험이 있다.

지구평면설 공동체는 조롱을 예상하며 구축되었다. 조롱을 받을 때 그들은 그런 예상을 확인할 뿐이다. 조롱은 그들의 지적 정확성과 도덕적 용기에 대한 욕구를 강화한다. 그리고 신봉자들의 유대를 강화한다. 소외된 집단은 다른 사람들이 강탈한 부정한 지위와 품위를 회복하고자 외부인의 역할을 수용할 수도 있다. 지구평면설 신봉자들은 엘리트가 되기 위하여 비주류를 재정의한다.

회의주의자의 금기

지구평면설에 관심을 돌리는 회의주의자, 과학자, 비평가는 흔히 조금씩 늦고 뭔가 부족하다. 우리 역시 평평한 지구의 평판에 현혹된다. 여러 세대에 걸쳐 과학적 회의주의자들은 지구가 평평하다는 생각을 비판할 가치도 없을 정도로 완벽하고 명백하며 근본적으로 어리석다고 여겨왔다. 이 주제는 너무도 무가치한 나머지 금기시된다. 조롱의 대상으로 삼는 것 외에는 논쟁하거나 심지어 인정하는 것조차 부끄러운 일이다.

평소에 과학을 설명하고 대중의 오해를 바로잡는 데 너그러운 과학 해설가들은 지구평면설 신봉자에 대한 경멸 때문에 어려움을 겪는다. 영국의 천문학자로서 과학의 대중화에 힘썼던 리처드 앤서니 프록터Richard Anthony Proctor는 1884년에 다음과 같이 선언했다. "평평한 지구라는 헛소리는 … 예나 지금이나 굳이 반박할 가치도 없다(이 말조차 마지못해서 했음이 분명하다)." 또한《지구인들은 모르는 우주 이야기Bad Astronomy》의 저자 필 플레이트Phil Plait는 2008년에 다음과 같이 말했다. "이런 어리석음의 정체를 폭로하는 결정적인 글을 써볼 생각도 있었지만 차라리 발톱을 깎는 편이 낫겠다고 생각했다." 이런 태도들을 이해할 수 없는 것은 아니다. 하지만 이는 포기에 해당한다. 경멸은 지구평면설 신봉자들을 과학적으로 이해해야 한다는 태도를 포기하도록 만든다. 호기심으로 가득 찬 수백만의 마음(대부분 젊은 사람들의 마음)을 포기하는 것이다. 프록터는 분개하며 말했다. "이 주제는 무시함이 마땅하다."

이런 태도는 회의주의자에게도 똑같이 찾아볼 수 있다. 우리는 이런 낙인이 찍힌 주제를 연구하거나 관련을 맺기 주저하며 그런 일을 하는 다른 회의주의자를 말린다(내가 평평한 지구에 관한 글을 썼을 때 회의적인 독자들은 애당초 그런 주제를 거론한다는 것에 혐오감을 나타냈다). 결과적으로 우리는 이 주제를 무시해왔다. 물론 지구평면설 신봉자들을 조롱할 수도 있겠지만, 이는 동류 집단(회의주의 집단) 내에서 신호를 보내는 목적 외에 별 쓸모없는 일이다. 고작 우리는 자신이 상세하게 이해하지 못한 뿌리 깊은 신념 체계에 맞서려고 가끔 즉흥적인 주장을 제시할 뿐이다.

이는 우리의 잘못이다. 그것은 평평한 지구 운동에게는 선물과도 같다. 그들도 그것을 알고 있다. 지구평면설 유튜버 마크 사전트는 의기양양하게 말했다. "과학은 말 그대로 첫 달에 우리를 쓸어버렸어야 했다. 실상은 그와 정반대다. 우리는 단지 승리뿐만 아니라 그들을 박살내고 있다! 그들은 이 문제를 어떻게 다뤄야 할지 모르기 때문이다."

비판의 시도들

눈을 치켜뜨면 명확히 보기 어렵다. 과학 대중화에 힘쓰는 몇몇 사람이 지구평면설을 다루기 위해 몇 가지 예비적인 노력을 기울였다. 예를 들어 2018년에 천체물리학자 닐 디그래스 타이슨Neil deGrasse Tyson은 지구의 형태에 관한 유튜브 대화에서 자신이 기여한 바를 제시했다.

그것은 훌륭한 시도였다. 하지만 창조론자와 논쟁하는 과학자와 마찬가지로 타이슨의 전문성은 과학에 관한 것이다. 그의 주장은 지구평면설 신봉자들이 흔히 부정하는 우주의 스케일, 구형 행성의 존재, 궤도의 개념, 태양중심주의와 같이 과학자들이 공유하고 있는 기본적인 과학적 사실들을 가정한다.

예를 들어 타이슨은 월식이 일어날 때 달에 비치는 지구의 그림자는 항상 둥글다고 설명했다. 이는 지구가 반드시 구체라는 점을 함축한다. 타이슨은 다음과 같이 주장한다. "지구가 평평하다면 때로는 평평한 그림자를 보게 될 것이다. 물론 우리는 평평한 그림자를 본 적이 없다!" 그는 이것이 평평한 지구 모형의 예측이 부당함을 증명했다고 생각할 것이다.

하지만 그렇지 않다. 분명 달에 비치는 지구의 둥근 그림자는 구체 표준 모형의 타당성을 완벽하게 확인하는 증거다. 이는 아리스토텔레스 시대부터 알려진 사실이다. 그러나 지구평면설 신봉자들은 월식이 지구의 그림자 때문에 생긴다고 생각하지 않는다. 지구평면설의 우주론은 태양과 달을 항상 지구 위에 머무는 작은 물체(식탁 위 천장에 매달린 등처럼)라고 가정한다.

타이슨은 표준 모형이 증거에 기초해 수천 년을 이어왔다고 시청자들을 안심시킨다. 그의 말은 정확했다. 하지만 지구평면설 신봉자들에게 그의 주장은 전혀 설득력이 없다. 왜냐하면 타이슨은 지구평면설 신봉자들이 제안하지 않은 주장의 오류를 폭로했기 때문이다. 지구평면설 신봉자들은 한 세기도 더 전에 월식으로 자신들의 이론을 검증하는 것을 거부했다. 1865년에 새뮤얼 벌리 로보덤Samuel Birley Rowbotham은 다음과 같이 비웃었다. "지구의 그림자 때문에 월식이 일어난다는 것은 입증된 바 없다."

그들은 다른 방법으로 월식을 설명하기 위하여 다양한 시도를 해왔다. 로보덤처럼 달이 태양의 빛을 받는다는 것을 부정하거나 심지어 고체가 아니라고 부정한 사람도 있었다. 월식에 대한 지구평면설의 가장 흔한 설명은 때로는 달과 지구 위에 있는 관측자 사이를 지나거나 태양과 달 사이를 지나는 반투명의 보이지 않는 미지의 그림자 물체를 가정한다.

'그림자 물체' 가설은 전혀 근거가 없지만 지구평면설의 모형 대다수가 완전히 다른 대안 우주를 제안하고 있다는 점을 우리에게

평평한 지구 대 둥근 지구

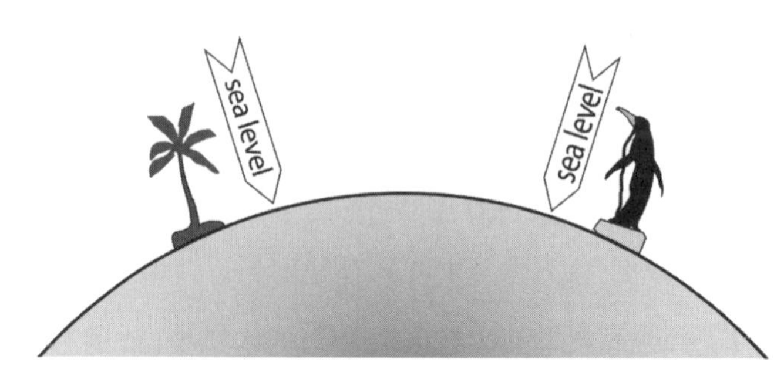

중력이 아래쪽으로 끌어당기는 힘을 믿지 않는 사람들에게는 수평, 고도, 해수면, 평평함의 개념이 다르다. 관측자의 신장에 따라 약간씩 다르긴 하지만 넓은 바다에서 수평선은 불과 5킬로미터 정도밖에 떨어져 있지 않다. 선박의 선체가 보이기 전에 수평선 위로 돛대가 먼저 나타난다는 것은 1000년 전부터 알려진 사실이다. 배의 갑판에서 볼 때도 건물이나 언덕의 꼭대기가 먼저 보인다. 그러나 지구평면설 신봉자들은 이런 사실을 대기의 왜곡, 관점, 다른 광학적 특성 탓으로 돌리면서 일축한다.

일부 지구평면설 신봉자들은 멀리 떨어진 바다의 항구에 있는 해변의 고도를 구글 지도에서 비교했고 그들의 해발고도가 모두 같다는 점을 발견했다. 지구평면설 신봉자들은 이것이 지구가 평평하다는 증거라고 생각한다.

우리는 왜 지구의 움직임을 느끼지 못할까?

지구평면설 신봉자들은 모든 운동이 상대적이라는 생각을 거부한다. 우리는 가속과 감속을 느낄 수 있지만 일정한 운동은 느끼지 못한다. 다른 식으로 표현하자면 절대 운동이란 존재하지 않는다. 우리는 일정한 속도로 비행하는 비행기 안에서 마치 비행기가 정지 상태인 것처럼 쉽게 통로를 오갈 수 있지만 비행기가 가속 또는 감속할 때는 그럴 수 없다.
움직이는 트램펄린 영상이 상대 운동을 증명하는 데 즐겨 사용된다. 공중에 높이 뛰어오른 곡예사는 밑에서 움직이는 차량 뒤에 떨어지지 않고 함께 움직인다. 곡예사와 트램펄린이 동일한 관성계이기 때문이다. 출처: http://bit.ly/2Cqay56

지구평면설 신봉자들은 회전하는 테니스공 주위로 흩날리는 물을 보여주면서 묻는다. "왜 바닷물은 회전하는 지구 주위로 흩날리지 않는가?" 첫째 원심력은 바닷물을 제자리에 잡아두는 힘인 중력보다 훨씬 약하다. 이는 테니스공처럼 작은 물체와 지구의 엄청난 크기를 비교할 때 특히 그렇다. 둘째 분당 500~2000번 회전하는 물체와 하루에 1번 회전하는 물체의 회전율을 비교하는 것은 타당성이 없다.

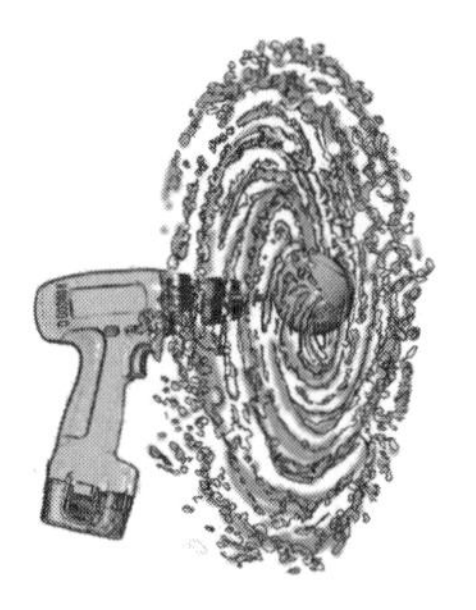

지구평면설에 대한 더욱 상세한 반박은 유튜브에서 Bob the Science Guy, SclManDan, BlueMarbleScience를 참고하라.

일깨워준다. 그들에게 지구는 행성이 아니며 태양은 별이 아니고 아마 직경 51킬로미터 정도 되는 독특한 '불'일 것이다. 여러 평평한 지구 모형에 따르면 과학자들이 알고 있는 별과 은하도 존재하지 않는다. 천문학자들은 단지 거대한 플라네타륨에 투사된 것과 같이 하늘을 감싸고 있는 단단한 돔에 나타나는 불빛 점들에 현혹된 것이다. 지구평면설 신봉자 중에는 중력을 부인하는 사람도 있다.

지구평면설 검증하기

이들 주장은 대단히 곤혹스럽다. 프록터는 한 세기도 더 전에 다음과 같이 말했다.

> 실제로 과학을 공부하는 학생에게 지구가 평평하지 않다는 것을 증명해달라는 요구만큼 당혹스러운 일도 없을 것이다. (중략) 이런 질문이 제기되는 상황 자체가 요구받은 증명을 위해 필요한 기본적인 사실들을 철저히 무시하고 있음을 함축한다. 처음부터 희망이 없는 논증을 하도록 만드는 것이다. (중략) 내가 도달한 결론은 모래로 밧줄을 만드는 편이 역설적인 머리에 단순한 과학적 사실을 주입하려는 시도보다 더 쉽다는 것이다.

결국 지구평면설을 열렬히 지지하는 사람의 마음을 바꿀 수 없을지 모른다(곧 추가적인 몇 가지 이유를 논의하려 한다). 그러나 그들과는 다른 수천만 명의 사람이 기본적인 천문학적 사실들에 대한 입장에 확신이 없는 상태다. 우리는 그들에게 손을 내밀 수 있다.

지구가 둥글다고? 그들은 기꺼이 더 배우기를 원한다. 지구가 평평하다는 주장은 틀린 것일까, 아니면 그저 '모두'가 한 번쯤은 말하는 이야기일까? 수많은 사람이 자신의 질문을 무시하기보다는 답을 듣기를 원할 것이다.

지구평면설은 기괴하지만 그 기괴함 때문에 검증할 수 없는 것은 아니다. 나름대로 주장하는 바를 진지하게 검토해보면 이들 모형이 제안하는 예측들이 있다. 예를 들어 우리는 그 어떤 지구의 회전도 탐지할 수 없어야 한다. 바다나 넓은 호수의 물은 먼 거리까지 관측할 수 있어야 하고 곡률이 없이 완벽하게 평평해야 한다. 그리고 지구평면설 신봉자들은 손을 내저으며 부인하지만, 나는 그들의 모형에 따르면 해와 달이 절대로 뜨고 지지 않아야 한다는 점을 덧붙이려 한다.

이들 주장은 되풀이하여 검증되었으며 그때마다 검증을 통과하지 못했다. 지구평면설이 틀렸음을 밝힌 것은 회의주의자만이 아니었다. 스스로 검증을 통해 자신이 했던 주장을 반증한 지구평면설 신봉자도 있었다.

예를 들어 자연선택의 공동 발견자 앨프리드 러셀 월리스Alfred Russel Wallace는 1870년에 지구평면설 신봉자 존 햄든John Hampden이 제안한 내기에 응했다. 월리스는 영국 운하에서 망원경으로 일정한 높이의 표적들을 관측해 수면의 구부러짐을 입증하는 데 성공했다. 지구가 평평하다면 표적들이 일정한 높이에 위치하는 것으로 보일 것이다. 지구가 둥글다면 수면의 구부러짐 때문에 특정 표적이 더 높게 보일 것이다. 실제 결과는 후자였다. 햄든은 파렴치하게도 망원경을 들여다보기를 거부하고 자신의 승리를 선언했으며, 불법적으로 수년 동안 월리스를 괴롭히는 강박적인 캠페인을 시작했다.

그 이후로 이와 유사한 수많은 입증이 이루어졌다. 지구평면설 신봉자들은 그때마다 결과를 거부하거나 묵살했다. 예컨대 2018년에는 독립조사단Independent Investigations Group 회원들이 캘리포니아에 있는 호수에서 수면의 구부러짐을 관측하기 위해 표적을 실은 배를 띄웠다. 실험을 지켜보려고 참석한 지구평면설 신봉자들도 있었다. 수면의 곡면이 분명히 관측되었지만 지구평면설 신봉자들은 굴절에 기인한 환각이라고 주장하면서 결과를 거부했다. 최근에도 다큐멘터리 영화 〈비하인드 더 커브〉에서 지구평면설 신봉자들이 월리스의 운하 실험을 조금 다른 방법으로 수행했는데 의도와는 다르게 수면의 구부러짐을 다시 한번 입증한 일도 있었다(영화에 나온 지구평면설 신봉자는 그 이후에도 실험 결과가 결정적인 것은 아니었다고 주장한다).

1850년대 이후 대형 진자(푸코의 진자)나 자이로스코프를 이용하여 지구의 회전을 입증할 수 있음이 알려졌다. 회전하는 지구의 '정확한 북극점' 위에서 흔들리는 진자를 상상해보자. 북극에 있는 진자는 24시간 동안에 지구 표면에 대하여 완전히 한 바퀴 회전한다.* 이는 고정된 진자의 진동면에 대하여 지구가 한 바퀴 회전한다고 말할 수도 있다. 진자 실험은 여러 차례 반복하여 수행되었다. 예를 들면 최근에도 글로브버스터스Globebusters라는 지구평면설 단

* 진자는 위도에 따라 서로 다른 회전 주기를 갖는다.

체가 정밀한 링 레이저 자이로스코프를 이용해 비슷한 실험을 수행했다. "지구의 회전 같은 것은 없음"을 최종적으로 입증하기를 기대했던 이 단체는 자신들의 실험 장치가 표준 구체 모형이 예측하는 회전량을 정확하게 기록한 것을 보고 경악했다. 하지만 그들에게는 "그런 결과를 기꺼이 수용할 의사가 없었다." 그들은 자이로스코프가 지구의 회전을 기록한 것이 아니고 지구 위 천공에서 생성된 알려지지 않은 에너지를 기록한 것이라고 독단적으로 결정했다.

지구가 평평하다는 주장의 예측은 여러 차례 반복적으로 검증에 실패했다. 이는 지구평면설의 모형이 틀렸기 때문이다. 하지만 지구평면설 신봉자들은 새로운 증거에 대응하여 (심지어 그런 증거를 스스로 얻었음에도 불구하고) 입장을 바꿀 마음이 전혀 없는 것처럼 보인다.

평평한 지구 운동 설명하기

그토록 극단적으로 증거를 부정하는 태도를 어떻게 설명할 수 있을까? 그리고 지구평면설 신봉자들이 그러한 믿음을 대변하는 운동가가 되는 동기는 무엇일까?

우선 지구평면설 신봉자들은 잃을 것이 많다. 그들에게 우리가 사는 세계의 형태는 중립적인 과학적 문제가 아니다. 그들의 정체성과 공동체는 지구가 평평하다는 믿음으로 정의된다. 우정과 심지어 로맨틱한 동반자 관계까지 그러한 신념에 의존한다. 유명한 지구평면설 신봉자는 특유의 사회적 지위도 누릴 수 있다(마크 사전트는 인터뷰를 하면서 '나는 마트 사전트다I AM MARK SARGENT'라는 문구가 새겨진 티셔츠를 입을 정도로 유명세를 즐기는 듯하다).

사회적 보상 외에도 지구가 평평하다는 주장은 심도 깊은 정치적·도덕적·영적 의미를 담고 있다고 여겨진다. 여기에는 전 세계를 기만하는 음모 같은 깜짝 놀랄 만한 내용도 있다. 그러나 지구평면설 신봉자들은 음모론을 두려워하거나 그에 의기소침하지 않고 오히려 우쭐댄다. 왜냐하면 그들은 그 음모가 지구가 건축가를 필요로 한다는 증거를 숨기고 있다고 생각하기 때문이다. 이런 신학적 시사점은 지구가 평평하다는 믿음에 엄청난 활력을 부여한다.

다큐멘터리 프로그램 〈내셔널 지오그래픽 익스플로러National Geographic Explorer〉가 인터뷰한 열정적인 지구평면설 신봉자는 다음과 같이 말했다. "이것은 나에게 중요한 문제다. 평평한 지구는 당신이 실수가 아니라 창조의 결과임을 보여준다. 따라서 당신은 의미 있는 중요한 존재다. … 우리는 우연히 공 위에서 생겨나 우주 공간을 떠다니는 원숭이가 아니다."

종교적인 목적을 가진 다수의 지구평면설 신봉자가 걸어놓은 판돈은 크다. 그들의 모형은 신념을 뒷받침하는 과학적 근거를 약속한다. 반대로 둥근 지구에 관한 증거는 영적 확신과 인간의 의미에 관한 주요 원천을 위태롭게 한다. 그래서 다수의 지구평면설 신봉자에게는 자신의 믿음을 고취하고 확인할 방법을 찾고 도전을 반박해야 할 강력한 동기가 있다. 그들이 추구하는 바는 신의 존재를 증명하려는 것이나 다름없다.

이렇듯 이른바 창조의 증거를 포기하는 것은 정서적으로 어려운 일이겠지만 신학자 대다수는 둥근 지구를 수용하면서도 자신의 믿음을 유지한다. 지구평면설 신봉자 중에도 분명히 그렇게 할 수 있는 사람들이 있다. 그러나 나머지 사람들에게 판돈은 여전히 크다. 그들에게 둥근 지구는 실존적 위협이다.

여기서 나는 종교학자 조지프 레이콕Joseph Laycock이 1980년대의 악마적 공포를 조장한 사람들을 다룬《위험한 게임들: 롤플레잉 게임의 도덕적 공포가 놀이, 종교, 그리고 상상된 세계에 관하여 말해주는 것Dangerous Games: What the Moral Panic over Role-Playing Games Says about Play, Religion, and Imagined Worlds》에서 제시한 논지를 기반으로 논의를 계속하고자 한다. 레이콕은 "자신의 생각처럼 세상이 움직이지 않을 수 있다는 가능성에 대한 두려움과 반항이 믿음이 강한 일부 운동가들의 동기"라고 주장했다.

성서 문자주의에는 명백한 약점이 있다. 그 약점은 오류를 인정해서는 안 된다는 것이다. 그들은 모든 논쟁에서 이겨야 한다. 그렇지 않으면 즉시 완벽한 패자가 된다. 이는 그들이 성서 전체의 사실과 증거에 대하여 '참 아니면 거짓'의 모더니즘적 이분법을 적용했을 때 사실이 되었다. 성서의 기록이 단지 도덕적 또는 영적 의미에서 진실인 것으로는 충분치 않다. 객관적으로 오류가 없음을 입증할 수 있어야 한다. 성서가 정확한 사실만을 진술하기 때문에 신의 영감을 받아 기록되었다는 주장은 모 아니면 도의 도박이다. 이는 사실에 관한 부정확한 기록 하나가 성서 전체의 신뢰를 손상시킨다는 점을 함축한다.

따라서 지구평면설 신봉자 중 문자주의 집단은 둥근 지구를 성서에 대한 중대한 위협으로 인식한다. "근대 천문학의 신조나 도그마를 하나라도 믿으면서 성서가 신의 계시임을 인정할 수 있는 사람은 아무도 없다." 앞서 만난 존 햄든의 주장이다. 그리고 20세기 초에 선도적으로 지구평면설을 옹호했던 레이디 블런트Lady Blount는 다음과 같이 주장했다. "성서가 신의 말씀이라면 절대적 진실이다. 우리는 성서 전체를 받아들이거나 아니면 아무것도 받아들이지 말아야 한다. 성서가 가르치는 종교와 과학을 분리할 수는 없다." 1980년대의 미국 평평한 지구 국제연구협회 회장 찰스 존슨Charles Johnson은 "코페르니쿠스 지동설의 요점은 위와 아래가 존재하지 않는다고 말함으로써 예수를 제거하는 것이었다"라고 선언했다. 또한 그는 다음과 같이 말했다. "회전하는 공 같은 소리를 하면 성서 전체가 거대한 농담이 된다."

그들은 자신을 존재론적 진퇴양난으로 몰아넣었다. 지구가 글자 그대로 평평하지 않다면 우주 전체가 그 어떤 의미, 선, 구원의 가능성이 없는 허무주의적 악몽이 된다. 공동체 외부에서는 이렇게 절박한 처지를 충분히 이해하기 어렵다. 세속적인 사람은 창조주가 우주의 모든 의미에 대한 독점적 원천이 되어야 하는 이유를 쉽게 상상할 수 없다. 반면에 근본주의자는 다른 어떤 것도 상상할 수 없다. 그들에게는 신이 선과 존재의 기반이다. 신이 없는 도덕은 엉터리다. 살인과 친절함의 도덕적 의미가 임의적이 된다. 신이 없는 우주에는 존재의 이유가 없다. 모든 생각, 말, 행위도 마찬가지로 무의미하다. 둥근 지구는 그들이 사랑했던 모든 사람과 그들의 모든 행위의 소멸을 의미한다.

끔찍한 일이다. 그렇기에 지구평면설 신봉자가 그런 가능성을 부정하는 데 그토록 많은 에너지를 쏟는 것이다. 지구가 둥글다는 주장은 끊임없이 저지해야 하는 위협인 것이다.

지구평면설 신봉자가 자신의 의심을 억누를 때 직면하는 도전을 생각해보자. 다른 종교 신자들은 스스로 증명할 수 없는 믿음을 유지한다. 지구평면설 신봉자는 잘못임이 입증될 수 있는 믿음을 지켜야 한다. 매일같이 그들의 믿음이 확실히 틀렸다는 말을 듣고 지구가 둥글다는 증거로 폭격을 받는다. 다른 창조론자들조차 그들의 주장을 반박한다. 그들의 세계관은 끊임없는 포위 공격을 받는다.

우리는 위협을 느낄 때 맞서 싸우기를 원한다. 평평한 지구 운동은 의심의 압박에 대응하는 예측할 수 있는 반응이다. 일부 지구평면설 신봉자는 다른 대안을 상상할 수 없다고 생각하기 때문에 '진실'에 더욱 몰두한다.

회의주의자에게 주어진 과제

나는 지구가 평평하다는 믿음이 과학적 회의주의자에게 자신의 확신을 시험할 수 있는 귀중한 기회를 제공한다고 생각한다. 지적 겸손에 대해 진지한 태도를 취하고 있는가? 비주류 주장을 잘 이해하고 있는가? 대안을 믿거나 결정을 내리지 못한 사람들을 교육하는 데 진정으로 관심이 있는가?

지구평면설 신봉자가 우리보다 더 잘 이해하는 것들이 있다. 지구평면설은 어리석고 둥근 지구가 완벽히 합리적이라는 우리의 직감 대부분은 확증편향에 근거한다. 일단 지구가 둥글다는 것을 (대부분 사소한 이유로) 믿게 되면 우리는 그 믿음이 자명하다고 느낀다. 하지만 그렇지 않다. 평평한 지구가 광활한 우주 안에서 회전하고 있는 구체의 지구보다 더 터무니없다고 생각할 선험적인 이유는 없다. 솔직히 말하자면 둘 모두 기이한 생각이다. 단지 (이상하게도) 둥근 지구는 압도적인 증거로 뒷받침되는 반면, 평평한 지구는 모든 검증을 통과하지 못했을 뿐이다. 지구가 평평하다는 주장은 어리석어서 틀린 것이 아니다. 틀렸기 때문에 틀린 것이다.

그러나 여전히 미국인 여섯 명 중 한 사람은 우리가 살아가는 행성의 형태에 관하여 혼란스러워하는 것으로 보인다. 그들 중 지구가 평평하다고 확신하는 사람은 극히 일부지만 그 수만 따지면 수백만에 달한다. 조사 결과는 미국인 중에 모르몬교도, 유대인, 이슬람교도보다 많은 지구평면설 신봉자가 있다고 말한다. 그들의 수는 의사, 군인, 교사보다 많다. 사회학적으로나 심리학적 관점에서 흥미로운 사실이다. 추가적인 연구가 필요한 것으로 보인다. 또한 이는 교육적 관점에서도 도전 과제다. 효과적인 활동을 위해서는 이해가 필요하다.

천문학자 칼 세이건은 다음과 같이 말했다. "사람들은 어리석지 않다. 그들이 무언가를 믿는 데는 이유가 있다. 유사과학이나 심지어 미신까지도 무시하고 경멸하지 말자." 둥근 지구에 대해 반신반의하는 사람들을 멸시한다면 이제 막 우주에서의 자신의 위치를 배우고 있는 아이들, 십대 그리고 수많은 사람에게 경멸을 퍼붓는 일이다.

조롱은 누구에게도 도움이 되지 않는다. 소통의 부족으로 이해를 가로막는 장벽을 세울 뿐이며 더 많은 해로움을 초래할 수 있다.

대체의학을 비웃기만 한다면 이는 환자들을 위험에 빠뜨리는 꼴이다. 백신 접종을 거부하는 부모를 수치스럽게 여기기만 한다면 이는 아이들을 위험에 방치하는 일이다. 우리는 지구가 평평하다는 믿음이 조롱받아 마땅하다고 생각할 수 있지만 이러한 감정적 유혹에 빠진다면 사람들을 음모론자의 품으로 밀어 넣는 결과를 낳을 뿐이다.

교육의 관점에서 이전에 받아들였던 평평한 지구 주장에 대하여 점점 더 회의적으로 생각한다고 응답한 사람들이 있다는 것은 유고브 조사 중에 가장 흥미로운 결과 중 하나다. 이들은 평평한 지구 주장을 진지하게 수용하면서도 무언가 잘못된 점이 있을 수 있다고 의심한다. 이런 사람들에게 손을 내미는 데 관심을 두고 그들이 어떤 이야기를 하는지 알기 원한다면 우리도 같은 일을 할 필요가 있다.

궁극적으로 우리는 서로 간의 갈등이 거의 인식되지 않지만 양립할 수 없는 두 가지 역할 중 하나를 선택해야 한다. 우리의 역할은 대중의 이해를 증진시키는 것일까? 아니면 사람들이 아직 알지 못하는 사실 때문에 그들에게 창피를 줄 것인가? 번역 장영재

텅 빈 지구 속으로의 환상 여행

대니얼 록스턴

지구가 북처럼 속이 비어 있고, 그 안에 숨겨진 비밀의 세계가 있다고? 누군가는 어느 미지의 문명이 지하 깊숙한 곳에 숨겨진 왕국을 지배하고 있다고 한다. 또한 우리 발아래 깊숙한 곳에서 선사시대의 괴수들이 정글을 휘젓고 다닌다고 한다. 이것이 과연 가능한 일일까? 이 이론은 오랫동안 모험 소설과 SF 소설 작가들에게 영감을 주었다. 예를 들면 2009년에 상영된 〈아이스 에이지3: 공룡시대〉가 대표적이다. 하지만 누군가에게는 '지구공동설Hollow Earth'이 가상의 이야기 그 이상이기도 하다. 그들은 어떻게 이런 기상천외한 이론을 믿게 되었을까? 자, 이제부터 함께 알아보자!

터무니없는 얘기가 아닌가?

가끔 사람들은 세계의 모습에 대해 과장된 엉뚱한 이야기를 믿곤 한다. 그 대표적인 이야기 중 하나가 지구가 평평하게 생겼다는 이론이다. 옛날 사람들은 우주가 세 층으로 나뉘어 있다고 믿었다. 제일 위층에는 신의 세계, 가장 아래층에는 그림자 같은 지하 세계, 그리고 그 사이에는 인간 세계가 샌드위치 속의 납작한 볼로냐소시지처럼 끼어 있다고 생각했다.

지구가 평평하다는 생각은 오래 가지 않았다. 지구가 공 모양이라는 증거는 누가 봐도 명백했다. 예를 들어 월식이 진행될 때 달에 비치는 지구의 그림자는 둥글다. 이 증거 때문에 평평한 지구론은 고대 그리스 철학자 아리스토텔레스 시대 이후 고등 교육을 받은 사람에게는 비논리적이고 설득력이 없는 것으로 여겨졌다.

평평한 지구 이론이 엉터리라는 게 명백하다면, 지구가 속이 빈 공처럼 생겼고 그 안에서 문명이 번성하고 있다는 이론은 어떻게 생각하는가? 지구가 평평하다는 주장만큼이나 터무니없는 얘기다. 그런데 정말로 그럴까? 너무 빨리 결론 내리지는 마시길.

이 주장 역시 지금은 멍청한 소리로 들리지만, 예전에는 좀 다르게 생각되었다. 지구공동설의 역사를 조사한 지리학자 듀에인 그리핀은 “지구의 속이 비어 있다는 주장은 오랜 역사를 가지고 있으며 그 내력이 완전히 엉터리인 것만은 아니”라고 말했다. 사실 몇몇 과학자는 지구공동설을 진지하게 연구했고, 심지어 미국 의회에서 논쟁의 주제가 되기도 했다!

풀리지 않는 수수께끼

놀랍게도 지구공동설에 대한 기이한 믿음은 별나지만 진지한 과학적 추론에 근거하고 있다. 하지만 지구공동설은 100년, 200년, 아니 어쩌면 300년 전에 그것이 처음 제기됐을 때조차도 별 설득력은 없었다. 그런데도 지구 내부에 대한 터무니없는 추측은 평평한 지구 이론이 폐기된 뒤에도 오랫동안 그럴싸하다고 여겨졌다. 왜 그랬을까?

행성 내부 구조를 연구하는 일은 표면의 모습을 조사하는 것보다 훨씬 더 어렵다. 표면은 눈으로 볼 수 있지만 세계의 나머지 부분은 우리 시야에서 벗어나 있기 때문이다. 현대에도 가장 깊은 광산의 깊이는 겨우 4킬로미터 정도밖에 되지 않는다. 지구 표면을 살짝 긁은 정도 밖에 안 되지만 실제로는 정말 깊은 터널이다. 불가능한 일이지만 지구의 핵을 곧장 통과하는 직선 터널을 뚫어서 지구 반대편에 닿는다고 상상해보자. 그 터널은 길이만 1만 2875킬로미터에 이를 것이다.

키르허의 상상 속 지하 세계

오래전 과학적 사상가들(그때는 '자연철학자'라고 불렀다)은 지하 세계에 대한 수수께끼에 도전했다가 거대한 벽에 부딪쳤다. 그때까지는 누구도 저 아래에 뭔가가 있으리라고 생각하지 않았다. 혹은 거의 아무것도 없을 것이라고 생각했다. 자연철학자들은 어두운 지하 세계에 망자의 세계가 있다는 고대 신화를 비웃으며, 관찰과 조사라는 수단을 통해 자연이 움직이는 방식을 추론하고자 했다. 그들은 지구의 비밀을 풀기 위한 단서를 찾기 시작했다.

가톨릭 사제이며 학자인 아타나시우스 키르허Athanasius Kircher(1602~1680)는 그런 증거를 모아서 퍼즐을 맞추려고 시도했고, 그 결과가 350년 전 펴낸 그의 저서《지하 세계》다. 키르허는 "지구 안이 마치 커다란 벌집과 같이 아치처럼 구부러진 복잡한 굴과 지하실, 어마어마한 크기의 연결통로, 절대 빠져나올 수 없는 심연 등 광대한 공간이 얽혀 있다"라고 결론 내렸다. 지구 속에는 뜨거운 온천과 연기, 혹은 불타는 용암이 솟아나는 곳만 있을 것 같았지만 예상과 달리 지구 곳곳에서 차갑고 신비로운 동굴들도 발견되었다.

지하 세계는 불의 통로(물론 여기에는 물과 공기, 그외 다른 것들도 있다), 광대한 심연, 깊이를 알 수 없는 구덩이, 지구의 내장으로 가득 차 있다. 불을 뿜는 산이나 거대한 화산을 고려할 때, 냉철한 철학자라면 이를 부정할 수 없을 것이다.

키르허는 화산을 직접 조사했다. "지하 세계의 자연이 보여주는 기적을 이해하고픈 … 순수한 열정으로" 키르허는 활화산 내부로 직접 들어가기까지 했다! 거기서 "영원히 밖을 향해 끓어오르는, 연기와 불꽃으로 가득한" 산의 심장을 보았다. 아주 무서운 광경이었을 것이다.

키르허는 동굴에서 발견된 거인의 뼈나 드래곤에 대한 목격담에도 관심을 가졌다. 정말로 지구 아래에는 이상한 괴물이 살고 있을까?

핼리의 지구

지구가 단단한 공 형태이며 그 안에는 불의 방이 벌집처럼 연결되어 있다는 키르허의 생각은 자연철학자들이 발견한 몇몇 증거와 들어맞았다. 하지만 계속되는 실험과 관찰을 통해 키르허의 지구 구조가 설명할 수 없는 다른 퍼즐 조각도 나타났다.

27년 뒤 영국의 천문학자인 에드먼드 핼리(1656~1742)에 의해 훨씬 더 급진적인 이론이 제시되었다. 핼리는 지구의 속이 비어 있고 그 안에 또 다른, 속이 빈 구체들이 들어 있다고 주장했다. 존경받는 학자가 이토록 괴이한 이론을 세우게 된 이유는 무엇일까?

오늘날 핼리는 혜성이 되돌아오는 주기를 정확하게 예언한 천문학자로 유명하다. 핼리는 우주의 천체를 지배하는 힘에 대해 깊은 관심을 가졌다. 그는 아이작 뉴턴이 발표한 운동과 중력의 새로운 법칙에 대한 책의 출판을 지원하기도 했다. 핼리는 지구 자기장의 작용 원리를 직접 연구했다. 나침반 바늘이 북극(지구 자전축이 통과하는 꼭대기 부근) 근처를 가리킨다는 점은 널리 알려져 있었다. 하지만 자극이 지구 위의 한 점에 고정되지 않고 시간에 따라 이리저리 움직인다는 점이 핼리를 고민에 빠지게 만들었다. 심지어 나침반 바늘은 관찰자의 위치에 따라 비틀린 방향을 가리키기도 했다. 왜 그럴까? 핼리는 다음과 같이 고백했다. "이 난제는 나를 절망에 빠뜨렸다. 문제를 해결할 수 있다는 희망이 거의 없었기 때문에 나는 오랫동안 이 연구를 하지 않았다." 하지만 바로 "모든 기대를 버렸던 그 순간, 갑자기 해결책이 떠올랐다."

하지만 이 이론은 정말 기이했다. 핼리는 자신의 주장이 터무니

지구공동설의 지구 모형

없거나 몽상적으로 보이더라도 열린 마음으로 들어주기를 부탁했다. 핼리는 지구의 속이 비어 있고 그 안에 또 다른 구가 들어있다면 어떻게 될지 생각했다. 만약 지구 안쪽에 더 작은 세계가 들어있고 그 세계가 천천히 회전하고 있다면 자기장의 변화를 설명할 수 있을 것이다! 그렇다면 혹시 지구 속 세계에도 빛과 생명체가 존재할 수 있지 않을까?

핼리는 자신의 대담한 이론에 거센 반론이 제기되리라는 것을 알고 있었다. 자신의 이론이 자연에 존재할 가능성이 없다는 점을 알았기 때문에 "이 이론이 부정되리란 것을 알고는 있었다."라고 인정했다. 반대론자들은 바닷물이 지구 속 세계로 흘러들어간다는 점을 지적할 것이다. 또 안에서 돌고 있는 구는 인접해서 회전하는 다른 구와 부딪히지 않을까? 꼭 그렇지만은 않다고 핼리는 말했다.

토성의 고리를 관찰해보라. 토성의 고리는 자연에 존재하는 원 안의 원 구조로 '주목할 만한 예시'였다. 고리들은 서로 충돌하는 일 없이 토성 주위를 회전한다. 바닷물이 쏟아져 들어갈 것이라는 주장은 좋은 지적이라고 핼리도 인정했다. 하지만 그는 종교인이었다. 핼리는 창조자가 원한다면 방수가 되도록 창조할 수 있으리라 확신했다. 지구 속 세계의 생명체 역시 '신의 의지'에 따라 창조될 수 있지 않을까? 도시의 건물도 수많은 층으로 이루어져 있는데, 하물며 지구가 그러지 말란 법은 없지 않은가? 지구 속 세계의 환경은 꽤 이질적일 수 있다. 하지만 무슨 상관인가? 물고기가 물속에 살고 있다는 사실을 "일상의 경험으로 알고 있지 않다면" 우리는 깊은 바다 아래에 생명체가 산다고 믿지 않을 것이다. 핼리의 지하 세계 이론에서 필요한 단 한 가지는 빛이었다. 어쩌면 "지하 세계에는 우리가 상상도 못할 기이한 빛의 원천"이 있을지도 모를 일이다.

신기한 이야기들

이렇듯 역사상 최고로 기괴한 사이비 과학의 주장 중 하나인 지구공동설은 사실은 대단히 뛰어난 과학자의 진지한 이론에 뿌리를 둔 것이다. 하지만 지구공동설이 신화로서 오래 살아남기 위해서는 과학적 타당성 이상의 무엇이 있어야 했다. 바로 스토리텔링의 힘이 필요했는데, 이 신화는 소설 덕분에 그 힘을 얻었다.

지금처럼 그때도 SF 소설가들은 오래된 신화에서 영감을 얻었다. 1721년 프랑스 모험 소설인 《지구 중심을 통과해 북극에서 남극으로 여행한 이야기》에서는 배를 탄 주인공이 전설적인 거대 소용돌이를 통해 지구 한편에서 반대편으로 단숨에 이동한다. 남극 대륙 근처에 도착한 선원들은 신비한 섬과 괴상한 짐승을 발견한다.

1741년에는 루드비그 홀베르Ludvig Holberg(1684~1754)가 라틴어로 쓴 소설《닐스 클림의 지하 세계 여행기》가 출판되었다. 주인공은 핼리가 우리 세계와 지구 속 세계 사이에 존재한다고 가정했던 거대한 입구로 떨어진다. 클림은 지구 속 세계에 안전하게 도착해서 "지구 속이 비어 있으며 지구 껍질 안에는 또 다른 작은 세계가 태양과 행성, 별 등과 함께 존재하고 있음"을 발견한다. 클림은 말하는 나무를 발견하고 낯선 문명을 탐험하며 그 세계의 왕이 된 후, 지구 밖 세계로 나온다.

대담한 도전

1818년 봄, 전 세계의 신문사와 정부, 대학, 과학자에게 편지 500부가 배달되었다. 편지에는 크고 굵은 글씨로 다음과 같이 쓰여 있었다.

전 세계에 고함!

이 편지에서 존 클리브스 시머스John Cleves Symmes는 "나는 지구의 속이 비어 있고 그 안에서 사람이 거주할 수 있다고 선언하며, 지구 속에는 몇 개의 단단한 동심구가 존재하고 각각의 극 부분은 열려 있다"라고 주장했다. "나는 이 진실을 입증하기 위해 일생을 바치려 한다. 나는 곧 지구 속 세계를 탐험하러 떠날 것이며 이 탐험을 도와줄 후원자를 찾는다." 시머스의 계획은 대담하고도 단순했다. "잘 정비된 썰매를 가진 용감한 동료 백 명을 모집"해서 시베리아에서 얼어붙은 바다를 건너 아무도 가지 못한 북극까지 썰매로 이동할 계획이었다. 거기서 탐험대는 지구 속 세계로 들어가는 거대한 입구를 발견할 것이다. "채소와 동물, 혹은 사람으로 가득한, 따뜻하고 풍족한 땅"이 있는 새로운 세계를 찾아 정복하고 탐험할 것이다.

이 특별한 편지는 에드먼드 핼리 등이 한 세기 전에 주장했던 이론을 닮았지만, 전과는 다른 새로운 일이 시작되고 있음을 알리는 신호였다. 이제 지구공동설은 얻기 위해서 투쟁해야 하는 동기로 바뀌었다.

존 클리브스 시머스의 생애

얼어붙은 북극을 통해 지구 속 세계로 원정대를 이끌겠다고 주장한 이 남자는 누구일까? 존 클리브스 시머스 대위는 38세의 퇴역한 미 육군 장교였다. 그는 조용한 성격에 수수하고 평범한 남자로 흥미로운 삶을 살았다. 뉴저지의 부유한 농가에서 태어나 쟁기를 갈던 시머스는 21세 혹은 22세에 군에 입대했다. 그는 호기심이 많고 배움을 즐기는 사람이었지만(그의 아버지는 시머스를 '책벌레'라고 불렀다) 고등교육을 받지는 않았다.

그는 군 생활을 하는 13년 동안 많은 것을 배웠다. 그가 배운 교훈 중 하나로 단연 권총으로 하는 결투의 위험성을 들 수 있다. 시머스는 동료 군인들 중에서 개인적으로 적대적 관계가 된 사람과 결투를 했다. 병사들이 시머스를 싫어하게 된 이유는 알 수 없다. 어쩌면 시머스의 산만한 성격, 책에 파묻힌 샌님 같은 태도, '살짝 비음 섞인' 목소리가 못마땅했을 수도 있다. 결국 시머스는 거구의 남자가 자신을 모욕하자 결투를 신청한다.

두 사람은 다음 날 아침 동이 트자 권총으로 결투를 했다. 스무 걸음 떨어진 곳에서 옆으로 서서 서로 마주 보았다. 시머스의 말에 따르면 신호가 떨어지자마자 "우리는 정해진 위치에 서서 신중하게 팔을 들어올렸다." 그리고 서로에게 총을 발사했다.

두 사람 모두 이 미친 결투에서 살아남았다. 시머스는 손목에 총상을 입었는데 당시 시머스는 살짝 긁힌 정도로 생각했다. 상대편은 다리에 맞았다. 당연히 상대편은 결투를 포기했다. 시머스는 의사가 그를 치료하도록 하고 자신의 상처는 손수건으로 감싼 뒤 집에 와서 푸짐한 아침 식사를 했다. 하지만 모든 것이 잘 해결된 건 아니었다. 당시에는 항생제가 없어서 '긁힌 상처'로도 쉽게 죽을 수 있었다. 시머스의 손목은 심하게 감염돼서 낫는 데 두 달이나 걸렸다. 처음 두 주 동안은 손목에 위험한 수준까지 염증이 생기면서 뼈가 어긋났으며 열이 나고 오랫동안 후유증이 남았다. 시머스의 손목은 그 이후로도 정상 상태로 회복되지 못했다(하지만 두 사람의 관계는 좋아져서 결국 친구가 되었다).

시머스의 장애도 그를 멈추지는 못했다. 그는 대위로 진급했고 자신이 흠모해오던 마리앤과 결혼했다. 마리앤은 다른 군인과 한 번 결혼했지만 남편이 일찍 죽었으며, 성격이 온화하고 프랑스어를 구사할 수 있었다(시머스도 프랑스어를 유창하게 구사했다). 한쪽 손이 불구나 다름없었지만 1812년 전쟁에서 시머스는 용감하게 싸웠다(1812년 전쟁은 미국과 영국이 벌인 두 번째 전쟁이다). 시머스는 미군 장교로서 부대를 지휘해 캐나다 남부 지역에서 전투를 벌였다. 지금까지 알려진 바로는 시머스의 삶 전체를 통틀어서 가장 북쪽 끝까지 가본 곳이 바로 이곳이었다. 시머스는 최소한 두 번의 전투를 치렀다. 그중 한 전투에서 시머스는 부하들을 이끌고 영국 방어선을 돌파해 영국군을 포로로 잡고 포병 부대를 섬멸했다.

전쟁이 끝나자 시머스는 군에서 은퇴하고 미주리주의 세인트루이스로 옮겨가 미시시피강 상류의 아메리카 원주민을 상대로 교역 사업을 벌였다. 하지만 이 사업으로는 수지타산을 맞추기가 어려웠다. 시머스에게는 딸린 식구가 많았다. 아내가 첫 번째 결혼에서 얻은 자녀 여섯 명에다가 두 사람 사이에서 낳은 아이가 네 명이나 더 있었다!

시머스는 왜 이런 주장을 했을까?

존 클리브스 시머스는 2년 남짓 무역업을 하다가 다시 이사했다. 이 어려운 시기에 시머스는 지구 안의 구체 이론을 발전시켰고 저 유명한 '전 세계에 고함'이라는 편지를 보낸 것이다. 하지만 시머스는 대체 어디서 이런 아이디어를 얻었을까? 그리고 하필 왜 그때 세계에 도전장을 내밀었을까?

저널리스트 데이비드 스탠디시는 자신의 뛰어난 저서 《지구공동설: 지구 표면의 아래에 있을지 모를 미지의 땅과 환상적인 생물,

진보된 문명, 놀라운 기계에 대한 상상의 흥미로운 역사》에서 같은 질문을 던졌다. 그에 대한 답은? "누구도 시머스가 이 아이디어를 어디서 얻었는지 모른다"라고 스탠디시는 말했다.

시머스가 《기독교 철학자》라는 옛날 책에서 코튼 매더가 열정적으로 기술한 핼리의 지구공동설을 접했을 수도 있다(매더는 청교도 목사이자 유명한 작가로 오늘날에는 악명 높은 세일럼 마녀 재판에 관여한 사람으로 기억되고 있다).

하지만 듀에인 그리핀은 다음과 같이 기록했다.

> 그러나 시머스는 자신이 직접 세운 이론 외의 다른 지구공동설은 모른다고 주장했다. 시머스의 이론이 과학에 대한 불완전한 이해와 담대하고 풍부한 상상력, 그리고 그 상상력에 대한 굳건한 믿음이 아닌 다른 것에서 나왔다고 증명할 증거가 없었다.

시머스의 담대한 상상력의 근원 역시 토성의 고리였다. 시머스는 자신의 이론을 설명한 초창기 문헌에서 토성의 고리가 모든 행성의 속이 비어 있다는 추론으로 자신을 이끌었다고 언급했다. 여기가 아주 중요한 부분이다. 지구만 속이 비어 있는 것이 아니다! 시머스는 속이 비어 있고 꼭대기에 구멍이 있는 형태가 자연에서 반복적으로 나타나는 기본 형태라고 믿었다. 지구, 화성, 태양, 달, 혜성, 이 모두가 속이 비어 있고 극지방에는 구멍이 있다. 그리핀에 따르면 이 급진적인 아이디어는 미국인이 주장한 최초의 지리학설로 인정할 만한 이론이다. 하지만 왜 그때여야만 했을까? 스탠디시는 이에 대해 다음과 같은 의문을 제기했다.

> 혹시 중년의 위기 같은, 심오하고도 단순한 이유가 아닐까? 책벌레에다가 몽상가인 시머스는 어느 날 문득, 아이들에게 파묻혀서 시골구석에서 돌아다니며 물건을 사고파는 의미 없는 일을 반복하는 자신을 발견했던 것이 아닐까? 무엇을 위해? 형편없는 벌이를 위해서? 그것조차도 아니라면?

결국 막다른 골목에 내몰린 지루한 삶에서 벗어나기 위해 또 다른 세계를 정복한다는 꿈보다 더 나은 탈출구가 어디 있을까?

시머스가 어떻게 느꼈건 간에 그의 믿음은 굳건했다. 시머스는 지구의 속이 비어 있다고 생각했고 그곳에 가고 싶었다. 시머스의 집착은 남은 그의 삶을 모두 소진시킨다.

시머스가 그 괴상한 편지를 보냈을 때 대부분은 시머스를 비웃었다. 그의 근거 없는 발견은 "미친 상상력의 산물이자 어리석은 백일몽이라고 비웃음 당했다." 하지만 세상 모두가 시머스를 비웃은 것은 아니었다. 괴상하긴 했지만 극지방의 구멍에 대한 시머스의 주장은 북극에 가야 할 중요한 이유를 제시하기는 했다. 바로 북극이나 남극에 가본 사람이 없어서 그 누구도 그곳에 무엇이 있는지 모른다는 점이었다. 당시 지구의 극지방은 오늘날의 화성보다도 더 미지의 세계였다. 그때는 국가들끼리 세계 지도의 거대한 빈 공간을 서로 먼저 차지하려는 경쟁이 불붙은 상태였다. 시머스는 일종의 '우주 전쟁'이 시작되는 초창기에 자신의 이론을 주장한 것이다.

얼음으로 뒤덮인 남극 대륙의 해안은 1820년에 처음으로 발견되었다. 같은 해 소설《심조니아: 신세계를 향한 항해Symzonia: Voyage of Discovery》가 출판되어 남극 구멍을 통해 지구 속 세계로 들어가는 모험에 대한 상상에 불을 지폈다. 소설에서는 바다를 항해해서 지구 내부로 들어간 용감한 선장과 선원들이 지혜로우며 건강하고 평화를 사랑하는 사람들이 사는 따뜻한 세계를 발견한다. 우리 세계보다 더 살기 좋은 상상 속의 사회를 '유토피아'('어디에도 없다'는 뜻이다)라고 한다. 듀에인 그리핀의 말에 따르면 이 소설은 "미국인이 쓴 최초의 유토피아 소설"이다. SF 소설과 판타지 소설의 역사에서 이 소설이 중요한 위치를 차지하는 이유다.

이 소설은 누가 썼을까? 작가는 '애덤 시본Adam Seaborn'으로 명기되어 있지만 모두들 진짜 작가는 시머스라고 생각한다. 그렇게 생각할 만한 근거는 충분하다.《심조니아》가 시머스의 아이디어를 토대로 쓰였을 뿐만 아니라 소설 속에는 '위대한 철학자 존 클리브스 시머스'라는 구절과 '(시머스의) 심오한 이론'이라는 구절이 반복해서 등장한다! 게다가 시머스와 그의 가족은 '심조니아'라는 단어를 사용하곤 했다. 하지만 그 이상의 증거를 찾지 못하는 한 이 소설을 쓴 작가의 정체는 영원히 수수께끼로 남을 것이다.

모여드는 지지자들

그해 시머스는 지구 속 세계에 대한 강연을 시작했다. 강연을 들은 사람들 말에 따르면 강연은 엉망이었다.

시머스는 자신의 이론을 진심으로 믿었지만 그는 최악의 강연자였다. 그는 머뭇거리면서 힘들게 말했다. 시머스의 지지자조차도 시머스는 충분한 교육을 받지 못했기 때문에 강연자로는 적합하지 않았다고 인정했다. 시머스의 주장은 명확하지 않고 혼란스러웠으며 강연 방식도 어딘지 허술하고 우아하지 못했다.

그래도 시머스는 강연을 계속했다. 그는 지질학자들에게 자신의 이론을 무시하지 말고 "자신의 새 이론에 찬성하는지 반대하는지를 공개적으로 밝히라"라고 요구하면서 논쟁을 벌였다. 또한 시머스는 극지방의 거대한 구멍을 찾는 탐험을 후원해달라고 신문사와 정치가에게 편지를 썼다. 대부분은 비웃고 말았지만 믿는 사람도 생겨났다. 서서히 시머스는 지지 세력을 구축했다.

이내 지지 세력이 자라나 지구공동설을 의회에 소개하기에 이른다. 1822년과 1823년, 미국 하원과 상원에 청원서가 제출됐다. 미국 정부에게 존 클리브스 시머스를 대장으로 해서 현재 지식의 한계를 넘어설, 극지방을 통과하는 탐험대를 조직해달라는 내용이었다. 이 탐험대는 극지방에 가서 구멍이 정말로 있는지 확인하고 시머스의 지구에 관한 새로운 이론을 증명할 것이다. 만약 시머스의 이론이 틀렸다고 해도 오지 탐험은 새로운 세계에 대한 지식을 확장시켜 국가적 명예와 공공의 흥미를 모두 충족시키고 무역과 상업의 새로운 재원이 될 것이었다.

슬픔, 집착, 죽음, 그리고 사랑

여러 면에서 이 이야기의 결말은 슬프다. 시머스가 의회에 넣은 청원은 소용없었다. 러시아 탐험대에 합류해도 좋다는 허가를 받았지만 이것도 재정상의 문제로 무산되었다. 결국 시머스는 자신의 이론이 틀렸다는 것을 깨달을 기회조차 얻지 못했다. 시머스는 1829년에 49세의 나이로 죽었다. 탐험대가 마침내 북극에 도달하기 불과 수십 년 전이었다.

좋든 싫든 시머스는 살면서 자신의 이론이 다른 이에게 영감을 주는 것을 보았다. 시머스에게는 앞으로 우리가 만나볼 제자들도 있었다. 시머스가 죽을 때까지 그들은 현실 세계와 상상의 세계 양쪽 모두의 탐험에 영향을 미쳤다.

존 클리브스 시머스가 자신의 이론에 너무 몰두한 나머지 가족의 생계는 어려웠고 항상 빚에 쪼들려 살았다. 하지만 시머스의 아내와 아이들은 시머스를 한결같이 사랑했다. 그의 아들인 아메리쿠스 시머스는 시머스의 집착을 물려받았다. 두 사람은 서로 닮은 점이 많았다. 여기 1824년에 존 클리브스 시머스를 만나 시머스의 이론이 '명백하게 어리석다'는 점을 지적했던 지질학자가 그를 묘사한 글이 있다.

> 이 남자의 부분적 광기는 눈에 띄는 특징이다. (중략) 그는 모든 종류의 여행 기술에 정통한 것 같다. 그가 자신의 이론에 대한 지지를 이끌어낼 수 있는 상당한 지성을 갖췄으면서도 제대로 발휘하지 못한다는 것은 사실이 아니다. 다른 주제에 대해서는 제대로 교육받은 사람답게 합리적으로 말한다.

아래는 《뉴욕타임스》가 60년 뒤에 시머스의 아들을 묘사한 글

이다. 이 글에 따르면 아메리쿠스 시머스는 '정직하고 친절하며 비상한 사람'이지만,

> 아버지의 이론에 관해서만은 광기를 드러낸다. (중략) 이것만 제외하면 그는 분별 있고 쾌활하며 재치 있고 밝은 사람으로 누구나 좋아할 만한 사람이다. 하지만 그와의 모든 대화는 결국 지구 속 세계와 북극 탐험대의 이야기로 흘러간다.

헌신적인 아들은 아버지를 기리는 기념비까지 세웠다. 기념비 꼭대기에 무엇이 있을지 상상이 가는가? 양극지방에 구멍이 뚫린, 속이 빈 지구다. 감동적이게도 이 기념비는 지금까지도 우뚝 서있다.

1909년《뉴욕타임스》는 다음과 같이 선언했다. "이 동상은 사람이 아니라 망상을, 훌륭한 군인이 아니라 잘못된 추론에 매달리는 사이비 과학자를 상징한다." 그럴지도 모른다. 하지만 동시에 아름답고 선한 것을 나타내기도 한다. 즉 아버지를 향한 아들의 사랑을 보여주는 기념비이기도 한 것이다.

지구공동설에 대한 논쟁

존 클리브스 시머스는 전쟁터에서는 용감했지만 스스로를 천성적으로 소심한 성격이라고 말했고 일하는 속도도 엄청나게 느렸다. 시머스의 친구들은 그에게 지구공동설을 책으로 내라고 권했다. 하지만 시머스는 "내 연구는 서둘러서 될 게 아니다"라며 거절했다. 그는 죽는 날까지 자신의 이론을 계속해서 가다듬고 발전시켰다.

시머스는 발표하지 않은 논문을 여러 편 썼고 속이 빈 행성에 대한 이론을 연기에서 비누거품(속이 빈 구체임은 틀림없다)까지 온갖 것에 적용시켰다. 시머스의 이론은 시간이 흐르면서 점점 진화했다. 처음에는 지구가 속이 빈 껍질이고 안에 더 작고 속이 빈 구체가 4개 들어 있다고 주장했다. 10년 뒤 시머스는 강연에서 지구는 속이 빈 껍질 하나만 있다고 주장했다.

만약 시머스가 책을 출판했다면 가족에게 돈이 필요했어도 책을 공기처럼 공짜로 나눠주길 원했을 것이다. 시머스는 다음과 같이 말했다. "나는 내 제자들이 (중략) 내 이론을 더 발전시키기를 바란다" 그리고 일은 정확히 그의 바람대로 흘러갔다.

시머스 대위의 동맹군

시머스의 이론을 지지한 첫 번째 중요한 동맹군은 부유한 상인이며 학자인 제임스 맥브라이드였다. 1826년 맥브라이드는《동심구에 관한 시머스 이론》이라는 책을 출판했다. 그는 관대하게도 시머스에게 모든 수익을 넘겼다. 맥브라이드는 시머스가 100퍼센트 옳다고 확신하지는 않았지만 시머스가 내미는 증거가 꽤 설득력 있다고 생각했다. 또한 시머스를 조롱하는 사람들에게 "이 이론이 (중략) 흥분한 두뇌에서 나온 망상 이상은 아니라고 누가 확신을 가지고 주장할 수 있는가?"라며 광대한 지구 표면에는 "토성의 표면처럼 아직 발견되지 않은 곳이 더 많다"라는 점을 지적하기도 했다.

맥브라이드는 고리를 가진 토성이 단 하나의 사례이긴 하지만 동심구 혹은 속이 빈 행성의 법칙이 태양계에 실재하는 사례라는 점에서 시머스(그리고 그 이전에 살았던 핼리)의 주장에 동의했다. 맥브라이드는 이 이론이 앞뒤가 완벽하게 맞다고 주장했다. 중력은 물질을 행성의 중심으로 당기지만, 회전목마처럼 행성이 자전하면 반대 효과도 나타난다. 두 힘은 균형을 이루어서 두 세계의 껍질을 만들어낼 것이다. 또한 맥브라이드는 태양과 목성의 극지방에 구멍이 있을 것이라는 추측이 "한 치 의심의 여지가 없는 사실이다"라고 썼다. 아마 달도 마찬가지일 것이다. 특히 지구는 극지방에 열린 구멍이 있고 그 안에는 거주민도 있을 것이다. 이는 얼음으로 뒤덮인 북극에서 따뜻한 기후를 암시했던 탐험가들의 보고서와도 일치한다. 예를 들어 만약 북극 동물이 겨울에 북쪽으로 이동한다면 동물들은 지구 속 세계의 열대지역으로 들어가게 될 것이다.

맥브라이드는 밀의 줄기에서 새의 깃털까지, 속이 빈 구와 원기둥을 만드는 경향이 '자연의 일반경제학'이라고 믿었다. 그는 "속이 빈 형태를 만들어내는 자연 법칙은 무엇일까?"라는 의문을 던졌다. 이 자연 법칙이 행성에 적용되지 말란 법도 없지 않은가? 맥브라이드는 속이 빈 세계가 물질을 최대한 절약하는 형태라는 점을 강조하는 명대사도 남겼다.

회의주의자의 반격

밀과 깃털에 대한 맥브라이드의 질문에 자연선택에 의한 진화론이 답을 하려면 30년을 더 기다려야 했다. 생명체는 시행착오라는 적응 과정을 통해 형태를 갖추지만 행성 같은 무생물에게는 이 법칙이 적용되지 않는다.

그동안 회의주의자들은 천체, 지리학, 일반 상식을 이용해서 맥브라이드와 시머스의 '철학적 상상'에 대해 비판했다. 먼저 두 사람은 '증거'를 책에서만 찾았으며 그에 대한 잘못된 해석을 내렸다. 두 사람 중 누구도 극지방에 가본 적이 없었다. 극지방에 가본 사람 중에서 그들의 이론을 지지할 만한 사실을 확인해줄 탐험가는 모두 두 사람과 반대 입장을 취했다.

천문학은 더 강력한 증거를 제시했다. 한 비평가는 다음과 같이 비판했다. "우리는 밝게 빛나는 태양 전체를 볼 수 있지만 극 부분에 구멍 같은 것은 보이지 않는다." 달의 양극 지방도 지구에서 볼 수 있으나, 달의 양극 부분에 구멍이 없다는 사실은 명백했다. 설상가상으로 월식이 일어나는 동안 달에 드리워지는 지구의 그림자는 항상 둥근 형태임이 명확하게 보였고 지구의 양극에는 시머스가 주장했던 거대한 구멍이 없다는 사실을 보여주었다.

중력과 원심력 때문에 두 개의 껍질로 분리된 세계가 만들어진다는 주장은 난센스였다. 토성의 고리는 지구공동설과는 관련이 없었다. 토성의 고리는 그저 달처럼 토성 주위의 궤도를 도는 것뿐이다. 이와 달리 지구의 자전은 중력에 맞설 만큼 속도가 빠르지 않았다. 바로 그렇기 때문에 우리 발밑에서 지구가 돌고 있어도 우리가 지구 표면에 흔들림 없이 서 있을 수 있는 것이다. 만약 지구 안쪽 세계의 사람들이 편안하게 걸을 수 있을 만큼 빠르게 자전한다면 지구 바깥쪽 세계에 있는 우리들은 저 멀리 우주로 튕겨져 나갈 것이다. 또 이 상황에서는 아래로 잡아당기는 중력 때문에 지구 속 세계 주민들은 '불안정한 상태'일 수밖에 없다. 지구 속 주민들은 껍질에서 떨어져 지구의 중심을 향해 낙하할 것이다. 지구의 껍질 자체도 스스로의 무게 때문에 붕괴될 것이다.

마지막으로 명쾌한 실험을 통해 지구의 밀도가 계산되었다. 실험자는 먼저 산에 있는 단단한 암석 덩어리 하나에 작용하는 중력을 측정했다. 이 정보를 통해서 실험자는 어느 정도의 질량이 지구라는 구 속에 들어차 있는지 계산할 수 있었다. 계산 결과는 지구의 밀도가 산보다 조금 더 높았다. 지구가 속이 비어 있다면 이 결과를 어떻게 받아들여야 할까?

새로운 동맹, 혹은 배신자?

회의주의자들이 맥브라이드의 책을 공격하자 제러마이아 레이놀즈Jeremiah Reynolds라는 청년이 맥브라이드를 옹호하고 나섰다. 그는 1827년 한 회의주의자의 기사에 반박하는 내용의 책을 출판하고 "당신의 반론은 재치 없고 세련되지도 않으며 무의미하고, 당신의 추론 역시 철학적이지 않다"라고 조롱했다.

2년 전 레이놀즈는 존 클리브스 시머스와 협력 관계를 맺었다. 두 사람은 지구공동설을 알리기 위해 동부 해안을 따라 강연 여행을 떠났다. 당시 레이놀즈는 이십 대 중반으로 야심만만하고 활발했지만 시머스는 이미 나이가 꽤 들었다. 레이놀즈는 강연도 더 잘했다. 시머스가 말하면 코웃음만 나던 주장도 레이놀즈가 말하면 그럴듯하게 들렸다. 시머스의 강연이 유창하지 못하다면 레이놀즈는 "명확하고 열정적이며 논리적이었다"라고 뉴잉글랜드 지역 신문들은 평가했다. 《뉴욕 미러》는 다음과 같이 평했다. "시머스 대위가 레이놀즈에게 연구의 전권을 넘기는 편이 아마도 나을 듯싶다. (중략) 강연은 두말할 필요도 없다." 레이놀즈 본인 역시 이에 동의했다. 레이놀즈는 시머스가 아플 때면 대신 강연에 나섰다. 1826년 3월 말쯤 되자 두 사람은 서로 경쟁하며 강연을 펼쳤고 신문들은 두 사람의 동맹이 무너졌다며 조롱거리로 삼았다. 시머스는 아내에게 보낸 편지에 다음과 같이 썼다. "타인을 너무 쉽게 믿은 내 실수요. 하지만 너무 늦게 깨달은 듯싶소."

진짜 문제는 두 사람이 추구하는 바가 달랐다는 점이다. 시머스는 자신의 이론을 더 발전시키고 사람들에게 이 이론이 진실임을 알리려 했다. 반면 레이놀즈는 극지방 탐험대를 조직하려 했다. 결국 레이놀즈는 지구공동설을 그저 "우리가 사는 지구가 어쩌면 속이 빈 구일 수도 있고 극지방에 거대한 구멍이 있을 수도 있다는 (중략) 재미있는 추측"이라고 여기게 되었다. 레이놀즈는 자금을 모으고 정치적 지지를 얻을 수만 있다면 새로운 오지를 발견하고, 국가의 명예를 드높이는 등등 무엇이든 탐험의 이유로 들이댔다.

레이놀즈는 큰 그림을 그리고 있었다. 그는 1828년에 존 퀸시 애덤스 대통령을 만났고 미 의회에 탐험을 위한 재정을 책정해달라고 청원했다. 거의 마지막 순간에, 몇몇 정치인이 연방 정부는 과학 탐사 사업에 관여하지 말아야 한다고 생각을 바꿨다. 새 대통령이 당선되자 탐험 계획은 취소됐다. 레이놀즈는 개인적으로 기금을 마련해야 했다. 그리고 그 탐험대는 실제로 남극 근처 바다까지 항해했다. 가여운 시머스의 관 위에 성조기가 덮여 묘지에 묻힌 지 몇 달 뒤였다(시머스의 장례는 군장의 예를 갖추어 치렀다). 레이놀즈의 탐험대에서 선원들의 반란이 일어나 레이놀즈가 남아메리카에 2년간 버려졌다는 사실이 어느 정도 위로가 되었을까? 돌아온 레이놀즈는 1836년 미 하원에서 탐험대의 필요성에 대해 장장 세 시간 동안 연설했다. 그는 확신에 차 있었다. 1838년, 위대한 미국 탐험대가 남극대륙 지도를 완성하기 위해 항해에 나섰다. 지구공동설의 강연자인 제러마이아 레이놀즈는 역사를 만드는 데 일조했지만 그 역사의 일부가 되진 못했다.

지구 속 세계에 관한 소설

SF 소설가와 판타지 소설가들은 열정적으로 지구공동설을 반겼다. 지구공동설은 놀라울 정도로 유용했다. 지구 속 세계는 현대 SF소설에 나오는 머나먼 행성이나 '평행 우주' 같은 역할을 했다. 주인공이 우리 세계와는 전혀 다른 환경과 문명을 발견할 수 있는 상상 속의 세계인 동시에, 있음직하다고 여길 만한 장소인 것이다. 원래 이런 이야기의 배경은《걸리버 여행기》처럼 발견되지 않은 섬으로 손쉽게 설정할 수 있었다. 하지만 세계 지도의 빈 공간은 채워지고 있었다. 미지의 세계는 점점 좁아졌고, 이제 남은 곳은 극지방 부근과 어쩌면, 깊은 지하 세계뿐이었다.

수십 편의 SF 소설과 유토피아 소설이 지구 속 세계를 배경으로 삼았다. 대부분은 곧 잊혔지만 어떤 소설은 깊은 여운을 남겼다. 단편 소설가인 에드거 앨런 포의 한 소설도 시머스와 그의 추종자들에게서 영감을 받았다. 사실 포는 임종을 맞이했을 때 여러 번 "레이놀즈… 레이놀즈"라고 불렀다는데 아무도 그 이유를 모른다(포는 레이놀즈를 알고 있었는데, 두 사람이 개인적인 친분을 쌓았을 수도 있지만 확인된 바는 없다).

지구 속 세계를 배경으로 한 소설 중 가장 유명한 것은 쥘 베른 Jules Verne이 1864년에 발표한《지구 속 여행》이다. 베른은 시머스가 주장한 지구 속에 숨겨진 지하 세계라는 아이디어를 지리학의 새로운 가설에 섞어 넣었다. 베른은 당시로서는 새로운 발견이었던 선사시대의 동물과 서식지에 대한 그림이나 이구아노돈과 메갈로사우루스 같은 공룡들의 전투를 그린 그림에서 많은 영감을 얻었다.

종교가 된 지구공동설

지구공동설에서 영감을 받아 새로운 이야기를 써내려 간 것은 SF 소설 작가들뿐만이 아니다. 지구공동설은 또 다른 이야기에 영향을 미쳤다. 바로 미국의 신흥 종교다.

이야기는 사이러스 티드Cyrus Teed라는 남자로부터 시작된다. 그는 '대체의학'(당시 유행했던 대체요법을 활용하는 의학으로 허브를 사용한다) 의사면서 연금술에도 조예가 있었다. 어느 늦은 밤, 티드는 이렇게 기록했다. "1869년 가을, 나는 전기연금술 실험을 하고 있었다." 티드는 '생명력'을 통제할 수 있는 비술이나 숨겨진 법칙, 또는 힘을 찾으리라는 희망에 부풀어 연금술 실험을 몇 시간 동안 계속했다. 그는 죽음을 극복하는 승리를 얻기 위해 고군분투했는데, 당시 신비주의 의사들은 이를 비교적 쉬운 목표라고 생각했다. 하지만 실험은 엉뚱한 방향으로 흘러갔고, 티드는 금속을 금으로 바꾸는 비법을 발견했다!(이 일 역시 아주 쉬웠다) 티드는 다음과 같이 말했다. "'철학자의 돌'을 찾았다. 나는 그저 위대한 돌파구를 발견하기 위한 미천한 도구일 뿐이었다." 하지만 그의 위대한 밤은 아직 시작되지도 않았다.

이 운명의 시간에 티드는 명상에 잠겼다. 그는 자신의 '정신적 영혼'의 모든 에너지를 집중시켜서 가장 깊은 곳의 개념을 구체화시키기 위해 노력했다. 그게 무슨 뜻인지는 아무도 모르지만, 어쨌든 그 시도는 성공했다. 티드는 종교적 환영을 보았다. 티드는 창조자인 여신이 그에게 현신했다고 주장했다. 여신은 그에게 우주의 비밀을 알려주며 "그대는 인류를 이끌도록 선택받았다"라고 말했다고 한다.

코레샤니티

새로운 우주에 대한 지식으로 충만해진 사이러스 티드는 예언자로서 종교 사업을 시작했지만, 전적으로 종교 단체에만 매달린 것은 아니었다. 적어도 처음에는 그랬다. 몇 년 동안 티드는 대체의학을 익히려 노력했다. 걸레를 만들어 파는 부모님을 돕기도 했다. 하지만 점차 그의 새 종교가 모습을 갖추기 시작했다. 티드는 이름을 '코레쉬Koresh'로 바꾸고 '코레샤니티Koreshanity'라고 이름 붙인 '우주 과학'에 대해 설교하기 시작했다. 그는 전국의 도시와 마을 여러 곳에 작은 공동체와 신비주의 학파를 세웠다. 이 공동체들은 대부분 빠르게 붕괴되었다.

티드의 새 종교가 세력을 넓히는 속도가 너무 느렸던 것이 아무래도 터무니없는 주장을 하게 된 원인인 듯하다. 티드는 지구가 속이 비었을 뿐만 아니라 우리 모두가 지구 속 세계에 살고 있다고 주장했다. 사실 모든 것이 안에 존재했다. 속이 빈 지구는 우주다. 우주 전체가 지구의 껍질 안에 '거대한 우주 달걀'의 노른자처럼 담겨 있다. 태양, 달, 행성들, 별들은 모두 신기루이거나 작은 '에너지 덩어리'다. 지구도 그 일부분으로 천문학자들이 추정한 바와 같이 직경 1만 2800킬로미터짜리 구이며, 그저 스웨터를 뒤집어 입은 것처럼 겉과 속이 뒤바뀌었을 뿐이다.

플로리다에 세운 유토피아

티드의 주장은 기이했고, 그가 이끄는 코레샨 공동체는 논란의 대상이었다. 신문은 신자들(대개는 여성이었다)이 그의 공동체에 입회하거나 그가 주장하는 기적을 보려고 티드에게 거액의 기부금을 바칠 때마다 기사화해서 논란거리로 만들었다. 하지만 티드는 계속 나아갔다. 서서히 코레샨 공동체를 따르는 무리가 늘어났다. 1894년, 티드는 플로리다주의 광대한 황무지를 얻었다. 여기에 코레샨 공동체는 가장 성공적인 유토피아 공동체인 '코레샨 연합'을 건설했다. 이는 훗날 에스테로의 해안 마을로 옮겨 갔다.

티드가 사이비 종교 집단의 지도자이며 사이비 과학을 신봉하는 괴짜일지는 몰라도 에스테로는 살기 좋은 곳으로 보였다. 거주자가 200명 가까이 되자 마을에는 아름다운 건물과 공원, 제과점, 잡화점, 제재소, 신문사가 들어섰다. 공동체 안에서 조직한 오케스트라도 있었다. 플로리다의 따뜻한 기후가 이들의 일상을 소풍, 과일, 꽃향기로 채워주었다. 코레샨 공동체는 몇십 년 동안 계속 유지됐다(오늘날에는 코레샨 주립 유적지로 바뀌었고, 에스테로는 이제 평범한 작은 마을이다).

거대한 실험

코레샨 공동체는 음악과 오락을 즐겼지만 그들을 하나로 뭉치게 한 것은 바로 유별난 종교적 믿음이었다. 이 믿음은 이후 누구도 시도하지 못했던, 주목할만한 실험의 원동력이 된다.

영국의 지구평면론자처럼, 티드와 그의 추종자들 역시 천문학을 '오류와 헛소리'로 가득하다며 경멸했다. 우리가 거대한 구의 볼록한 표면 바깥쪽에 살고 있다는 생각은 코레샨 공동체에게는 터무니없는 소리였다. 하지만 사람들이 자연스럽게 "눈으로 볼 때 볼록하게 보이므로 지구는 볼록하다"라고 생각한다는 점을 인정해야 했다. 코레샨 공동체는 지구평면론자들이 썼던 방법을 똑같이 써서 이 불편한 사실을 얼버무렸다. 즉 모든 것이 '시각적 착시현상'이라는 것이다. 이들은 빛과 원근감이 사람들을 착각하게 만든다고 주장했다.

눈이 우리를 속이고 있다면, 지평선이 솟아오르거나 혹은 반대로 내려가는 현상을 먼 거리에서 관측할 방법은 없을까? 코레샨 공동체는 이것이 가능하다고 생각했다. 만약 아주 거대한, 예를 들어 6.4킬로미터 정도 되는 자를 만들면 어떨까? 속이 빈 구 속에 서 있다면 충분한 길이의 직선은 구의 표면과 두 점에서 만나게 된다. 그래서 코레샨 공동체는 이를 실험해보기로 했다. 그들은 3.6미터 길이의 더블 T 사각형 틀을 마호가니 나무로 세심하게 제작했다. 이 단단한 나무틀은 정확하게 일직선으로 플로리다 해안가에 세워졌다. 정교하게 측정한 결과, 그들은 이 건축물을 해안 쪽으로 몇 킬로미터 더 옮겨야 했다. 그러고 나서 다시 측정해보니 기쁘게도 그들은 믿음의 결과를 얻을 수 있었다. 먼 거리에서 보았을 때 지구가 위쪽으로 솟아오른 것처럼 보였던 것이다. 하지만 이 실험을 세심히 검토한 물리학자 도널드 시머넥은 "완벽하게 직선인 건축물 같은 건 없다"라고 지적했다. 코레샨 공동체의 노력에도 불구하고, 나무기둥으로 만든 직선 자는 여러 날에 걸친 작업과 멀어진 이동 거리 때문에 아래쪽으로 휘어진 것으로 추측된다.

아주 기괴한 결말

사이러스 티드는 영생의 비밀을 알고 있다고 주장했기 때문에 그의 추종자들은 티드가 죽은 뒤에도 시체를 매장하지 않았다. 대신 그들은 티드가 되살아나길 기다렸다. 하지만 3일 동안 기다려도 티드가 살아나지 않자 추종자들은 낙담했다.

화려한 전설의 어두운 시대

정착민과 탐험가들이 사람의 손이 닿지 않은 서부 변경 지역을 길들여 가던 시절에도 지구공동설은 여전히 매력적인 이론이었다. 새로운 변경 지역에 관한 꿈이 호소하는 바가 있었던 것이다. 하지만 대담한 탐험가들이 미지의 장소들을 하나씩 개척해 나갔다. 그에 따라 극에 있는 구멍을 통해 지구 속 세계로 가고자 했던 꿈이 결코 실현될 수 없다는 것은 분명해졌다.

하지만 소설가들은 여전히 지구공동설이라는 공상을 이용해 그럴듯한 이야기를 만들어냈다. 예를 들어 《타잔》의 작가인 에드거 라이스 버로스는 1914년에 출간된 연작소설 《펠루시다: 지구의 중심에서》에서 괴수로 가득 찬 선사시대의 지하 속 정글로 독자들을 안내했다. 이 소설은 흥미로운 모험들로 가득 찬 이야기였지만, 몇몇 섬뜩하고도 무서운 폭력적인 장면들은 지구공동설의 암울함을 암시하는 듯 했다.

그런데 지하 세계가 지금까지 '발견되지 않은 것'이 아니라 오히려 '감춰져 있는 것'이라면 어떻게 될까? 아마도 그 세계는 희망 가득한 신세계라기보다는 지하 속에서 우리를 지켜보고 있는 아주 오래된 불길한 세계일 것이다. 어둠 속에서 우리를 지켜보고 있을 것이다.

북극은 없다?

19세기에 많은 원정대가 북극으로 탐험을 나섰지만 모두 실패하고 말았다. 시시각각 변하는 북극해의 빙하를 수백 킬로미터나 건너가는 것은 어렵고도 위험한 일이었다. 북극권 지역의 극한 조건을 고려하면 북극을 정복하는 데 오랜 시간이 걸렸다는 사실이 그리 놀라운 일은 아니다.

그러나 윌리엄 리드William Reed라는 이름의 한 남성은 아무도 극에 도달하지 못하는 데 다른 이유가 있다고 생각했다. 그는 극 그 자체가 존재하지 않기 때문에 사람들이 극에 도달하지 못했다고 주장했다. 1906년에 출간된 《극지방이라는 환영》에서 리드는 극이 있어야 하는 지점에 수천 킬로미터 폭의 구멍이 있다고 말했다.

> 아무도 극지방에 도달하지 못했다는 사실은 지구의 속이 텅 비었다는 것을 증명한다. 최근 몇 년간 모든 탐험가들이 거의 같은 과정을 겪고 있다. 그들은 위도 80도에서 84도까지 갈 수 있었지만, 이 지점에서 모두 실패하고 말았다. 이는 마치 물에 비친 달을 보면서 달을 잡으려 항해하는 것과 같다. 달은 항상 같은 거리만큼 떨어져 있을 것이다. 극지방이라는 환영 역시 마찬가지이다.

리드의 책은 탐험가들이 자신이 무엇을 하는지도 모르고 극의 구멍 속으로 들어갔다고 주장하며 존 클리브스 시머스가 선전했던 지구공동설을 부활시켰다(물론 리드는 이를 인정하지 않았다). 하지만 리드 역시 시머스처럼 안락의자에 앉아 탁상공론을 하는 연구자였다. 그는 북극 근처에 가본 적이 없었다. 대신 실제 극지 탐험가에 대한 신문과 책을 읽고선 기묘한 이야기들만 뽑아냈다. 그 토막 뉴스들이 리드가 주장한 지금까지 이해되지 않았던 엄청난 진실의 근거가 되었다. 예를 들어 리드는 유성이 화산이 폭발하면서 지하에서 튀어나온 평범한 암석이라고 해석했다. 또 그는 극지방에서 나타나는 환상적인 오로라가 "구름, 빙하, 눈에 반사된 지구 속에서 활동하고 있는 화산의 불빛에 불과하다"라고 말하였다(실제 오로라는 태양의 하전 입자가 지구의 대기와 충돌하면서 만들어진다).

리드는 지하 세계에 대한 탐험이 경이롭고 풍부한 사실들을 드러낼 것이라고 확신했다. 그는 지하 세계에 "바다 괴물은 물론 농업이 가능한 광대한 토지가 있을 것이다"라고 말했다. 그리고 뉴욕에 지하철 시스템을 만드는 것보다 지하 세계에 식민지를 건설하는 것이 더 쉬울 것이라고 평했다. 그렇다면 그로부터 무엇을 얻을 수 있을까? 그것은 수십억 명이 거주할 수 있는 거대한 공간이다. 분명 지하 속 세계를 추구하는 데 이러한 꿈은 리드에게 좋은 이유였지만 또 다른 이유가 있었다. 리드는 지구공동설이 그에게 만족감을 준다는 것을 인정하였다.

> 지구가 비어 있다는 믿음을 받아들이면 당혹스러운 질문들이 쉽게 풀릴 것이고 만족을 느끼게 될 것이다. 그리고 납득할 만한 추론이 가져온 승리의 기쁨을 절대 잊지 못할 것이다.

냉정한 현실

윌리엄 리드는 극지방이 환영에 불과하다는 본인의 주장을 완벽한 사실로 믿고 있었다. 그는 "나는 모든 가능한 반론에 대해 생각했다"라며 자랑을 늘어놓곤 했다. 그는 북극이 지금까지 누구도 도달하지 못했고 또 결코 도달할 수 없는 상상의 장소라고 확신하였다.

그 후로 3년이 지난 1909년, 한 팀도 아니고 무려 두 팀이 북극을 향한 오랜 여정에서 승리를 쟁취했다는 소식이 보도되었다. 두 팀 모두 경험 많은 북극 탐험가들이 이끌었는데, 한 팀은 프레더릭 쿡Frederick Cook이, 다른 팀은 로버트 피어리Robert Peary가 이끌었다. 한때 탐험을 함께한 친구 사이였던 두 사람은 이제 숙원의 적수가 되었다. 누가 그 경쟁에서 이겼을까? 지금까지도 역사가들은 그 질문에 답하기 위해 애쓰고 있다.

육지인 남극과는 다르게 북극은 북극해의 가운데에 있다. 탐험대는 북극에 도달하기 위해 개썰매를 타고 불안정한 빙하 위에서 수백 킬로미터를 여행해야 했다. 하늘에서 탐험대를 보았다면 끝이 보이지 않는 하얀 얼음 위를 작은 점이 천천히 움직이고 있는 것처럼 보였을 것이다. 전화나 지도는 물론 그들을 관찰할 수 있는 어떤 사람도 없었다. 탐험대는 자신의 위치를 파악하기 위해 태양과 별을 이용했고 육분의라는 광학기계를 사용했다. 그런데 쿡은 자신의 탐험 기록을 분실했다고 말했고, 피어리는 그 기록을 공개하기 꺼렸다. 누구도 어떤 팀이 정말로 북극에 도달했는지 확실하게 알지 못했다(만일 피어리 팀이 성공했다면 북극에 첫발을 디딘 사람은 아프리카계 미국인인 매튜 헨슨이 될 것이다). 하지만 지구공동설에게는 화살이 심장을 관통한 것과 같은 위기일발 상황이었다. 피어리의 팀이 북극으로부터 215킬로미터 떨어진 지점까지 도달했던 것은 확실했고 아마도 96킬로미터 이내까지 도달했을 것이다. 하지만 북극에 수천 킬로미터나 되는 구멍은 없었다.

가드너의 마지막 싸움

쿡과 피어리 중 누가 북극 탐험에 성공했는지에 대해서는 논란이 많았지만 그들이 지구공동설에 돌이킬 수 없는 심대한 변화를 가져올 것이라는 점은 분명했다. 《시카고 트리뷴》은 "강력한 한 방으로 지구공동설을 산산조각 냈다"라고 보도했고, 캐나다의 《글로브 앤 메일》은 “극지방에 구멍은 없다”라고 전했다. 한 세기 동안 희망을 가지고 극지방에 구멍이 존재한다고 믿었던 추종들에게 이제 꿈에서 깨어나는 것 말고는 다른 선택지가 없었다. 그런데 과연 그들은 꿈에서 깨어났을까? 대부분의 사람들은 당시 피어리의 주장을 받아들였다(현대 학자들은 피어리가 극점으로부터 96킬로미터 이내에 도달했다고 믿는다). 하지만 여전히 남극과 북극 어디에도 가까이 간 사람은 없다고 확고하게 믿는 사람이 있었다. 바로 마셜 가드너Marshall Gardner였다.

가드너는 사업가이자 발명가였다. 그는 의류용 잠금장치와 재봉틀, ‘지리학 기구’인 속이 텅 빈 지구 모형에 관한 특허권을 보유하고 있었다. 1913년에 가드너는 자비를 들여 《지구 내부로의 여행》을 직접 출판했다(그는 1920년에 이 책을 훨씬 길고 확장된 버전으로 개정하였다). 북극과 남극이 존재하지 않는다고 주장하기에는 곤란한 시기였다. 가드너는 다음과 같이 인정했다. “탐사대에 의해 북극이 정복되었고, 이에 따라 극지방이 단단한 고체로 막혀 있어 어떠한 구멍도 발견되지 않을 것이라는 오래된 생각이 증명되었다. 이는 혁명적인 지구공동설에 대한 가장 확실한 반대 증거다.”

참으로 곤란했다! 그래서 가드너는 실제 극에 도달했던 사람들(가드너와는 달리)이 “각 극의 자전축에 위치하고 있는 지름 2200킬로미터의 거대한 구멍”을 미처 보지 못했다는 주장을 되살리려고 노력했다.

피어리와 다른 탐험가들은 어째서 북극에 있는 구멍을 찾지 못했

> 는가? 그들은 거대한 구멍의 바깥쪽의 가장자리에 도달했다. 그러나 그 구멍이 너무도 커서 탐험가들은 지하로 향하고 있는 가장자리의 곡률을 지각할 수 없었다. 또한 그 지름이 너무도 커서 반대쪽 가장자리도 볼 수 없었다.

이러한 설명은 전혀 현실적이지 않아 터무니없어 보였다(가드너가 말한 상상의 가장자리를 탐험가들이 배회했다면 어떻게 그들이 별의 위치를 식별할 수 있었겠는가?)

가드너는 과학자와 유명인은 물론 자신의 주장에 관심을 가질 만한 사람이라면 누구에게라도 책을 보냈다. 하지만 그들에게 깊은 인상을 남기지는 못했다. 미국 지리학 협회는 "재미있다기보다는 애처롭다"라며 콧방귀를 뀌었으며, 한 관측소 소장은 가드너의 책을 "'지구평면설'과 같이 현대 과학을 무시하는 괴짜 '팸플릿'으로 분류하겠다"라고 공표했다. 초자연현상의 열광적인 팬이자 《셜록 홈즈》의 저자 아서 코난 도일은 "남극과 북극이 정복되지 않았더라면, 나는 당신의 주장을 믿었을 것입니다"라며 정중한 듯하지만 조롱 섞인 답변을 보내왔다.

어떤 이유에선지 가드너는 자신의 생각이 매우 독창적이라고 믿었다. 사람들이 초기 지구공동설의 옹호자와 자신을 비교하면 몹시 화를 냈다. 특히 그는 사이비 종교 집단의 지도자인 사이러스 '코레쉬' 티드에 대해 "자신의 사념을 발전시켜 종교로 만든 괴짜"라며 분노했다. 하지만 가드너에게 더 큰 문제는 "우둔한 독자들이 새로울 것 없이 시먼스의 이론을 단순히 반복하는 것에 지나지 않는다고 우리를 비난하는 것"이었다. 가드너는 "그들은 명백히 불합리하고 완전히 어리석다"라며 시머스와의 비교를 거부했다. 그리고 시머스는 '이러저런 가정'에 근거하고 있지만, 가드너 자신의 연구는 '풍부한 증거'에 기반하고 있다고 주장했다. 하지만 이러한 독창성과 증거에 대한 자부심은 희망사항에 불과했다.

가드너는 "지구 속에는 열과 빛을 제공하는 태양이 있다"라는 주장으로 제일 유명하다. 그는 우주에 있는 모든 행성의 속이 비어 있고, 그 중심에 작은 태양이 위치하며, 지표면이 이를 감싸고 있는 구조로 되어 있다고 믿었다. 가드너는 화성과 그와 유사한 다른 천체들의 모습이 그 증거라고 해석했다. 그렇지만 이러한 생각이 새로운 것은 아니었다. 이미 핼리가 200년 전에 '기묘한 빛'이 지구 속 세계를 비추고 있을지도 모른다고 제안했다. 이어 루드비그 홀베르그와 같은 소설가들이 지구 속 태양에 대해 상상했다. 그리고 존 클리브스 시머스의 지지자들이 약 100여 년 전에 지구 속 태양에 관한 초기 이론을 인용한 바가 있으며, 시머스 역시도 모든 행성이 속이 텅 빈 구체라는 믿음을 지지하는 증거로 화성 등의 천체를 들었다.

가드너는 독창적이지는 않았지만 선동적인 인물이었다. 그는 '상상할 수 없을 정도로 풍요로운 신세계 찾기 운동'을 촉구했다. 가드너는 미국의 탐험가들이 훼손되지 않은 금광맥과 광대하고 기름진 땅, 매머드, 그리고 그밖에 특이하고 거대한 선사시대의 괴수들을 발견하게 될 것이며 "이러한 생물은 식용 가능하다"라고 장담했다.

달라진 상황

1920년 마셜 가드너는 열정적으로 '머지않아 이루어질 비행기를 이용한 탐험'에 관한 글을 썼다. 그는 끝없이 계속되는 얼음 장벽 위를 날아 비행기나 비행선이 영원히 지지 않는 태양의 영역으로 들어가게 될 것이라고 예언했다. 얼마 지나지 않은 1926년 5월 9일, 미국 해군 장교 리처드 버드Richard Byrd와 그의 조종사가 최초로 북극을 비행했다고 주장했다. 여기에는 논란의 여지가 많았다. 과연 버드가 북극에 도달했을까? 그러나 지구공동설과 관련해서 버드가 실제로 북극 위를 지났는지는 중요하지 않다. 북극에 큰 구멍이 존재했다면 그 구멍을 발견하기에 충분할 만큼 버드가 북극에 가깝게 접근한 것은 확실했기 때문이다.

하지만 버드가 북극에 도달했는지 중요하지 않은 또 다른 이유가 있었다. 불과 3일 후 다른 팀이 북극 비행에 성공한 것이다! 5월 12일 비행선 노르게가 노르웨이에서 알래스카로 이동했고 아무런 문제없이 북극 위를 지났다. 남극을 정복한 탐험가 로알 아문센Roald Amundsen의 지휘로 16명의 대원들이 탑승한 비행선 노르게는 북극을 횡단한 최초의 비행기가 되었다. 그리고 그들이 마지막이 아니었다. 수십 년 후 상업용 제트기가 북극을 정기적으로 횡단하였고, 비행기, 헬리콥터, 쇄빙선, 잠수함이 북극을 수없이 지나다녔다. 심지어 북극에서는 연례 마라톤 대회도 열리고 있다.

사라진 레무리아의 전설

증거는 확실했다. 극은 존재했고, 그곳에 구멍은 없었다. 이 곤란한 현실 때문에 지구공동설은 위기를 맞았다. 이것으로 상상의 세계로 향하는 여행은 막을 내렸을까? 아니면 추종자들은 다른 길을 찾았을까?

후자였다. 20세기가 시작되면서 지구 속 세계에 관한 믿음은 다른 두 믿음과 결합하면서 새로운 생명을 얻었다. 하나는 거대한 진실이 선 또는 악의 힘에 의해 은폐되었다는 믿음이고, 다른 하나는 한때 존재했던 신비스러운 고대의 땅이 사라졌다는 믿음이었다. 이 사라진 전설의 대륙 중에 가장 유명한 것이 바로 아틀란티스 대륙이다. 여기에서 우리가 살펴볼 대륙은 레무리아Lemuria 대륙이다.

지구공동설과 같이 레무리아는 과학적 문제들을 풀기 위해 제안된 진지한 가설로 시작되었다. 1864년 동물학자 필립 슬레이터Philip Sclater는 왜 마다가스카르섬에서 발견되는 포유류가 멀리 떨어진 인도의 포유류와 비슷한 반면, 가까운 아프리카 본토의 포유류와는 그렇게도 다른지를 설명하려고 했다. 슬레이터는 "이전 시대에 마다가스카르와 인도 사이에 어떤 육지가 있었던 게 틀림없다"라고 제안했다. 그는 대서양과 인도양 사이에 한때 위치하고 있었던 이 거대한 대륙에서 레무르 원숭이가 진화했다고 생각했다. 그래서 그는 이 대륙을 '레무리아'라고 불렀다. 당시 과학자들은 지구의 외부 지각을 구성하는 지질구조판이 천천히 움직이면서 이동한다는 '대륙이동설'을 알지 못했다. 대륙이동설은 슬레이터의 포유류 퍼즐에 대해 부분적인 답변을 제공한다. 대륙이동설에 따르면 마다가스카르는 한때 인도에 붙어 있었으나 이후 분리되어 아프리카 방향으로 이동했다. 두 대륙을 연결하는 새로운 대륙을 상정할 필요가 없는 것이다.

레무리아는 과학자들에 의해 제안되었다가 얼마 지나지 않아 폐기되었고 이후 하나의 전설로 살아남았다. 고대의 비밀스러운 지식을 접했다고 주장하는 우크라이나 출신의 작가 헬레나 페트로브나 블라바츠키Helena Petrovna Blavatsky가 레무리아 전설을 받아들였다. 비밀스러운 '지혜의 마스터' 조직으로부터 신비스런 교리를 배웠다고 주장한 그녀는 그 교리를 기반으로 새로운 종교를 창시했다. 1888년 자신의 저서《비밀 교리》에서 그녀는 레무리아와 아틀란티스가 '외계' 존재로부터 인류가 기원한 실제 장소라고 주장했다. 레무리아는 태평양에, 그리고 아틀란티스는 대서양에 위치하는 대륙이다. 레무리아인은 '제3의 눈'을 가지고 초능력을 발휘하는 거인이었던 반면, 아틀란티스인들은 하늘을 나는 장치를 비롯해 마법적인 능력과 기술을 갖고 있었다. 오늘날 이러한 고대의 지식은 '오컬트 협회 소속 도서관 비밀 지하실' 아래 보존되어 있다. 이러한 생각들이 새로운 형태의 지구공동설을 구성하는 요소가 되었다.

신비의 산

레무리아와 아틀란티스, 숨겨진 마스터와 비밀의 역사 등, 마담 블라바츠키의 생각들은 작가들에게 매우 좋은 소재였다. 그러한 작가 중에 미국의 십대 소년이 있었다. 프레더릭 올리버Frederick Oliver는 캘리포니아주의 휴화산인 샤스타산의 장엄한 정상이 보이는 곳에서 성장했다. 17세에서 18세쯤 그는 샤스타산을 배경으로 초자연적인 SF 소설을 쓰기 시작했다.《두 행성의 거주자》는 한 아틀란티스인의 영혼이 미국 남북 전쟁의 참전용사로 다시 태어나는 이야기다. 이야기 속 주인공은 자신의 과거와 우주의 비밀에 대한 가르침을 받고, 영혼의 형태로 금성을 여행하기도 하며, 심지어 사후세계도 방문한다. 이 책에서 아틀란티스의 기술은 알루미늄으로 만들어진 하늘을 나는 비행선, 무선 화상 통신과 같이 매우 발전된 것으로 그려진다. 하지만 《두 행성의 거주자》는 다른 면에서 그 독창성을 가지고 있다. 올리버는 "엄밀한 의미에서 나는 이 책의 저자가 아니다"라고 주장했다. 그는 텔레파시를 통해 전달되는 메시지를 그저 받아 적었을 뿐이라고 말했다. 이 책의 진짜 저자는 모험의 주인공인 아틀란티스인의 영혼이라고 올리버는 주장했다.

산으로 몰려가는 사람들

책이 출간되기 6년 전에 프레더릭 올리버는 죽었지만, 1905년 출간된 그의 책은 미국 사회에 큰 영향을 끼쳤다. 독자들은 비밀리에 인류를 돕고 있다는 마스터의 '신비스러운 조직'을 찾기 위해 샤스타산으로 향했다. 좀 더 현실적인 형태의 지구공동설이 시작되는 시점이었다. 고대의 엄청난 비밀이 가득한 세계가 눈에 띄지 않도록 숨겨져 있을지 모른다!

《두 행성의 거주자》의 미국인 주인공은 '퀑'이라는 이름의 중국인 친구와 함께 샤스타산의 작은 언덕에서 말타기와 산책을 즐기고 있었다. 그러던 어느 날 주인공은 숲 속에서 성난 회색 곰을 만나 위험에 처한다. 겁이나 도망가려고 몸을 돌렸을 때 퀑이 침착하게 앞으로 나섰다.

나는 꼼짝도 하지 못하고 놀란 눈으로 회색곰에게 천천히 다가가는 퀑을 바라보며 서 있었다. 곰은 네 발을 내리고 남자가 다가오기를 기다렸다! 퀑은 정신이 나간 걸까? 나는 그가 발기발기 찢길 것이라고 생각했다. 그러나 그는 곰의 머리에 손을 대고 말했다. "복종하라!" 곰은 바로 명령에 복종했다. 퀑은 엎드려 있는 곰에 기대앉아 크고 뻣뻣한 귀를 아주 부드럽게 쓰다듬었다. 곰은 마치 새끼를 핥듯이 아주 부드럽게 퀑의 손을 핥았다. 이 신비한 힘은 무엇이란 말인가?

퀑의 정체는 변장을 한 신비의 마스터였다! 며칠에 걸쳐 퀑은 우주의 비밀에 대한 가르침을 전했고, 흉폭한 퓨마를 길들였으며, 주인공을 제자로 삼았다. 그리고는 주인공을 데리고 절벽 기슭에 있는 거대한 바위로 갔다. 몇 톤은 족히 되는 거대한 바위를 주인공에게 보여주었다. 그 바위는 단순한 호기심으로 비밀 세계를 찾는 사람들을 막으려고 만든 비밀 출입구였다. 퀑이 손을 대자 바위로 된 입구가 열렸다. 그리고 주인공을 산 아래 방향으로 60미터 정도 뻗어 있는 터널로 안내했다. 청동문을 통과해 둥근 모양의 양탄자가 깔린 지하 사원으로 들어갔다. 공기 자체에서 빛이 났고, 퀑의 동료 마스터들이 나타나 기적을 행했다. 이어 주인공은 시간과 공간, 차원을 초월한 먼 여행에 휩쓸리게 되었다.

샤스타산의 레무리아

다른 작가들도 마담 블라바츠키가 묘사한 사라진 대륙과 초능력을 가진 거인을 토대로 이야기를 계속해서 만들어냈다. 블라바츠키가 창시한 신지학의 일원이었던 윌리엄 스콧 엘리엇은 《사라진 레무리아》에서 "레무리아인은 파충류의 시대에 살았다"라고 주장했다. 그는 당시를 공룡들이 땅 위를 돌아다니고 "플레시오사우르스와 이시오사우르스가 미지근한 습지에 가득하다"라고 묘사했다. 하지만 올리버의 《두 행성의 거주자》가 출판된 이후 주목을 받게 된 블라바츠키의 또 다른 주장이 하나 있었다. 그것은 레무리아는 사라졌지만 그 일부가 아직 남아 있다는 것이다. 실제로 블라바츠키는 "길고 가느다란 캘리포니아의 한 지역에 레무리아인이 살고 있다"라고 말한 적이 있었다. 또 신지학자였던 아멜리아 태핀더는 1908년 기사에서 "캘리포니아는 1800만 년 전에 번영했던 문명의 중심지였다"라고 주장했다.

1925년 '셀비우스'라는 이름의 작가는 한 발 더 나갔다. 셀비우스는 '고대 레무리아의 마지막 후손'이 샤스타산의 언덕에 위치하고 있는, 보이지 않는 보호 장벽으로 가려진 신비의 마을에 여전히 살고 있다고 주장했다. 그들의 비밀 의식에 사용되는 '환상적인 빛'이 때때로 산비탈을 환하게 비추기도 하고, 흰 옷을 입은 맨발의 신비로운 이방인이 마을에 나타나 상점에서 물건을 사는 모습이 드물게 목격되기도 했다. 그들은 금덩어리로 물건 값을 치렀다. 또한 셀비우스는 놀랍게도 "많은 사람들이 태평양을 건너온 낯선 배가 해안선에서 날아올라 허공을 항해해 샤스타산 인근에 착륙하는 모습을 목격했다"라고 주장했다(이러한 세부적인 내용은 분명 《두 행성의 거주자》에 등장하는 아틀란티스 비행선의 영향을 받았다). 1932년

《LA 타임스》는 이 기이한 주장에 큰 힘을 실어주었는데, 기자 에드워드 랜서가 자신이 레무리아의 빛을 보았다고 주장한 것이다. 하지만 기사의 대부분은 날조가 분명했고, 그 나머지 부분도 셀비우스의 주장을 글자 그대로 베낀 것이었다.

캘리포니아에 있다고 주장된 레무리아 식민지는 1931년 《레무리아: 태평양의 사라진 대륙》의 출간과 함께 미국의 마지막 전설이 되었다. 하비 스펜서 루이스가 본인의 철자를 섞어 만든 '위샤 스펜리 쎄비'라는 필명으로 이 책을 썼다. 이 책은 셀비우스의 주장을 확장하고 반복했다. 사실로 확인되지는 않았지만 소재의 유사성을 볼 때 '셀비우스'와 '쎄비'는 같은 사람으로 보인다고 샤스타산 전설에 관한 전문가인 윌리엄 미에스는 주장했다(루이스는 필명이 여러 개였다). 금덩어리를 가진 흰옷의 이방인과 조용하고 섬뜩한 '은빛이 도는' 비행선에 관한 이야기 외에도 루이스는 나중에 UFO 이야기에서 주요한 역할을 하는 요소를 첨가했다. 레무리아 마을에 가까이 간 여행자들이 이상하고 특이한 진동과 보이지 않는 힘 때문에 움직일 수 없게 되었고, 자동차는 시동이 꺼지고 모든 전기 에너지를 잃었다는 것이었다. 그러나 이 책이 지구공동설에 가장 크게 기여한 부분은 다음과 같은 제안이었다. 샤스타산 바깥쪽에 있는 신비한 레무리아 마을은 더 큰 신비의 일부분에 지나지 않는 것은 아닐까? 어쩌면 산속에는 거대한 방벽으로 숨겨져 있는 '이방인의 도시'로 향하는 터널이 있는 것은 아닐까?

증거 없이 믿는 사람들

이러한 주장은 대부분 근거가 없었던 것으로 보인다. 1930년대에 이 주장의 근거를 끝까지 추적했던 한 작가는 "산에 사는 낯선 거주자가 금덩어리를 가지고와 상품과 교환해간 적이 있다는 가게 주인은 찾을 수 없다"라고 전했다. 그리고 "레무리아산에 레무리아인의 사원이나 유적은 존재하지 않는다"라고 인정했다. 하지만 그는 "고대 사람들은 지구 표면이나 사원에는 살지 않는다!"라고 말하며, 증거 없이 여전히 자신의 믿음을 유지했다. 비밀 세계나 저승이 정말로 존재하는지 조사하기 어렵다. 그러한 세계가 은폐되었거나 실제로 찾을 수 없다면 어느 누가 그 세계를 확인할 수 있을까?

하지만 그러한 주장을 기꺼이 받아들이는 사람들이 있다. 미국에서는 레무리아와 비밀의 마스터 그리고 지하 도시의 믿음에서 영감을 받아 신흥종교가 여럿 생겨났다. 레무리안 결사회와 백색 사원 형제단, '아이엠 액티비티I AM Activity'라는 단체 등이 그러한 신흥종교다(지금도 모두 존재한다). 예를 들어 백색 사원 형제단을 창시한 '도리얼'은 개인적으로 샤스타산 깊숙한 곳에 있는 기상천외한 도시에 다녀왔다고 주장했다. 도리얼에 따르면 지구공동설의 모든 주장들은 명백한 사실이다. 그물처럼 얽혀 전 세계에 뻗어 있는 터널은 분명 존재한다. 더 깊은 중심부에는 지구 모양의 거대한 방이 존재하고, 다시 그 중심부에 다른 텅 빈 구체가 들어 있는 지구 모양의 방이 계속해서 존재한다!

이러한 종교 중 가장 성공적이었던 것은 부부인 가이 발라드Guy Ballard와 에드나 발라드Edna Ballard가 창시한 아이엠 액티비티였다. 이 운동은 1934년 가이 발라드가 쓴 《드러난 신비들》로 시작되었는데, 이 책은 승천 마스터와 함께하는 진실한 모험을 다룬 이야기다. 발라드는 샤스타산을 걷다 숲속에서 한 남자와 마주쳤다. 변장을 하고 있던 그 남자는 '생 제르맹'이라는 이름의 마스터였다. 며칠에 걸쳐 생 제르맹은 기적을 행했고 우주의 비밀을 알려줬다. 그 덕분에 발라드는 성난 퓨마를 길들일 수 있었다. 제르맹은 산속의 바위 더미로 발라드를 데려갔다. 그가 손을 대자 '거대한 바위'가 치워지고 터널의 모습이 나타났다. 터널로 들어간 그들은 '청동으로 된 커다란 문'을 지나 60미터 정도 아래로 내려갔고 구형으로 생긴 또 다른 공간으로 들어갔다. 그들은 아메리카를 건너고 세계 각지에 고대인이 건설한 놀라운 지하 요새들을 방문했다.

이보다 29년 전에 출판된 프레더릭 올리버의 《두 행성의 거주자》가 생각났다면 당신만 그런 것은 아니다. 비평가들은 발라드의 책이 올리버의 소설과 놀라울 정도로 유사하다며 그 '뻔뻔함'에 압도당해 말문이 막힌다고 평가했다. 올리버의 가족은 이에 격분했고 발라드가 올리버의 책을 베끼고 자신이 실제 경험한 것처럼 썼다며 그를 고소했다. 하지만 판사는 본인이 책을 쓰지 않았다고 말했던 올리버의 주장 때문에 재판을 기각했다. 영혼이 쓴 책의 저작권을 소유할 수 없다는 것이다!

발라드의 《드러난 신비들》은 200만 부가 팔렸다고 전해진다. 추종 세력들이 '사랑의 선물'이라는 명목으로 책을 사들여 발라드는 엄청난 부자가 되었다. 비판자들은 아이엠 액티비티를 사이비 종교이자 돈벌이를 위한 사기행각이라고 생각했다. 발라드의 가족은 끊임없이 고소를 당했다. 발라드가 죽은 후에도 그의 부인과 아들은 사기죄로 유죄 선고를 받았고, 그들은 두 번이나 항소를 했다. 1944년 대법원은 발라드가 말도 안 되는 종교적 믿음을 퍼트렸지만, 그 믿음을 본인이 믿는 한, 사기가 아니라고 판결했다. 1946년에는 의도적으로 여성을 배심원에서 배제할 수 없다는 이유로 재판을 기각하였다.

나치와 지구공동설

앞에서 살펴본 사이러스 '코레쉬' 티드는 우리가 속이 텅 빈 지구 속에 살고 있다고 주장하며 '코레샤니티'라는 종교를 창시했다. 이 믿음은 20세기 초에 뜻밖에도 독일로 건너가 파장을 일으켰다. 세계 제1차 대전 당시 독일의 조종사였던 페터 벤더Peter Bender는 코레쉬의 우주관을 우연히 알게 됐고 그와 유사한 지구공동설을 알리기 시작했다. 벤더의 이상한 이론을 믿었던 사람 중에 헤드위그 미셸Hedwig Michel이라는 여자 교장도 있었다. 1933년 인종차별주의 정책을 펴나가던 나치 정부는 독일에서 정권을 잡으면서 유대인을 공격했다. 독일에서 유대인이 위험해지자 벤더는 친구 미셸이 미국에 있는 유토피아적인 코레샨 공동체에 가입하도록 도와주었다. 그리고 미셸은 수십 년 동안 이 공동체를 이끌었다(그녀는 운이 좋았는데, 그 이후 억압을 당하던 수백만 명의 유대인이 나치에 의해 살해당했기 때문이다).

한편 벤더의 또 다른 지지자로 멘거링이라는 독일 기술자가 있었다. 멘거링은 로켓을 직선으로 발사해서 지구 반대편까지 갈 수 있다면 우리가 지구 속에 살고 있다는 것을 증명할 수 있을 것이라고 생각했다. 그는 로켓 실험 프로젝트를 지원해달라고 도시 마그데부르크를 설득했다. 윌리 레이는 이 프로젝트가 1933년에 "쥘 베른의 소설처럼 시작되었다"라고 전한다. 로켓 전문가들은 지구공동설의 옹호자를 괴짜라고 생각했지만, 프로젝트를 이끌었던 루돌프 네벨은 그 도시의 지원을 받아 로켓을 제작할 수 있었다. 그러나 이때는 아직 로켓 기술이 발전하기 시작한 초창기였기 때문에 실험 로켓이 몇 차례 폭발하고 난 후 프로젝트는 취소되었다.

벤더는 나치의 수장이었던 헤르만 괴링과의 개인적인 친분으로 겉과 속이 뒤집혀 있는 세계에 대한 또 다른 실험을 할 수 있었다고 한다. 1942년 한 섬으로 보내진 연구자들이 적외선 카메라를 가지고 하늘을 촬영하고 있었다. 영국 군함을 발견하기 위해서였다! 물론 이 실험은 성공하지 못했다. 전하는 바에 따르면 벤더는 실패의 대가를 목숨으로 치렀다고 한다. 하지만 지구공동설은 다른 독일인에 의해 계속 이어졌다.

터널 건너편의 끔찍한 세계

지하의 고대 도시와 샤스타산의 레무리아인. 추종자들은 여전히 지구 속 세계를 꿈꿨지만, 그 꿈은 비주류 지질학설이 오컬트 신비주의와 결합되면서 변화되었다. 1940년대 중반 다시 한번 변화를 겪었는데 이번 변화는 한층 더 깊은 것이었다. 그리고 그 꿈은 거의 재앙이 되었다.

그것은 1943년 《어메이징 스토리Amazing Stories》라는 싸구려 공상

과학 잡지를 만드는 출판사 사무실에서 시작되었다. 한 편집인이 괴짜가 보내온 편지를 낄낄거리며 읽고 있었다. 그 내용은 우리가 사용하는 언어에 아틀란티스인의 코드가 숨겨 있다는 내용이었다. 그는 그 편지를 한 번 읽고 휴지통으로 넌져버렸다. 하지만 그의 상사인 팔머Ray Palmer는 기회를 예감하고 그 편지를 휴지통에서 꺼내 잡지에 실었다.

팔머는 육체적으로는 왜소하지만 배포가 큰 남자였다. 7살 때 우유배달 트럭에 깔려 척추에 영구 손상을 입은 그는 사고 후 고통스러운 나날 속에서 SF 소설에 푹 빠져 지냈다. 그의 육체가 악해질수록 그 상상력과 장난기는 강해졌다.

그의 예감은 옳았다. 독자들이 아틀란티스인의 문자에 관한 그 기이한 편지를 좋아했던 것이다. 팔머는 철강 노동자이자 저술가인 리처드 셰이버Richard Shaver에게 더 많은 편지를 보내달라고 요청했다. 그러자 셰이버는 알려지지 않은 위험에 대한 경고의 메시지를 담은 1만 자 분량의 편지를 보내왔다. 팔머는 그 내용을 3배로 늘려 흥미로운 SF 소설로 다시 써냈다. "언제나처럼 이윤을 낼 수 있을 것이라고 생각했다. 그 이야기에 적절한 설명을 붙여《어메이징 스토리》의 표지에 실으면 틀림없이 판매부수를 높일 수 있을 것이라는 감이 왔다." 팔머는 당시 기억을 이렇게 떠올렸다. 결국 이 글은 1945년에 "나는 레무리아를 기억한다"라는 제목의 표지 기사로 출간되었다. 이것으로 평생 동안의 우정과 몇 년간의 공동작업, 그리고 '셰이버 미스터리'로 알려진 기이한 현대판 전설의 막이 올랐다.

끔찍한 세계의 중심

셰이버의 이야기에는 믿기 어려운 두 가지 주장이 있었다. 하나는 그 내용이 사실이라는 주장이었고, 다른 하나는 이 세상에 아주 해로운 존재가 있다는 주장이었다. 셰이버는 다음과 같이 말했다. "내가 하는 말은 소설이 아니오! 어떻게 꾸며낸 이야기로 당신을 이해시킬 수 있단 말이오?"

셰이버에 따르면 터널과 동굴, 지하 도시가 지구 도처에 있다. 강력한 힘에 의해 은폐되어 있는 이 터널들은 상상할 수 없을 정도로 오래 되었지만 버려진 것이 아니다. 어둠을 뚫고 아래로 내려가면 그곳에 우리 세계의 진정한 통치자가 있다. 그들이 바로 우리 삶의 진정한 지배자다. 그들은 광기에 휩싸여 있으며, 인간은 그들 앞에서 무력하다.

그리고 그들은 우리를 미워한다.

이 글이 나오기 10년 전에 '아이엠 액티비티'의 창시자 가이 발라드는 승천 마스터들이 비밀리에 인류를 돕고 있다는 주장으로 부자가 되었다. 하지만 셰이버와 팔머는 타락한 괴물 같은 존재가 비밀리에 인간을 파괴하려는 작업을 하고 있다는 굉장히 자극적인 내용을 독자들에게 판매했다. 이 존재는 '데로' 또는 '위험한 로봇'이라고 불렸는데, 이들은 유독물질에 오염된 살아 있는 생물로 스스로 생각할 자유가 없다. 그 대신 증오만 남아 영원히 인류를 방해하고 괴롭히려 한다. 셰이버는 "그 존재들의 행복은 인간에게 고통과 위해 그리고 죽음을 가하는 것뿐이다"라고 말했다.

셰이버가 말하는 지구의 비밀 역사

데로는 어디에서 왔을까? 셰이버는 알려지지 않은 과거를 알려준다. 아주 오랜 옛적에 선진 문명의 죽지 않는 외계 존재가 젊은 행성인 우리의 세계를 식민지로 만들었다. 그들은 이 식민지를 '레무리아'(또는 줄여서 '무')라고 불렀다. 하지만 오랜 시간이 지나면서 태양이 해로운 방사선을 방출하기 시작했고, 그 결과 외계 존재는 노화라는 새로운 질병으로 끔찍한 고통을 받게 됐다. 그들은 '독성 입자'로부터 자신을 보호하고자 지구 속 깊은 곳에 놀라운 도시를 건설했다. 또 그들은 발전된 기술을 사용해 공기와 물에서 독성을 걸러내기 시작했다. 하지만 그 후 수백 년이 지나면서 이와 같은 기술들도 제대로 독성을 막을 수 없었다. 그들은 선택의 여지가 없었다. 지구를 포기할 시간이 온 것이다.

그러나 우주선이 완성됐지만 새로운 별로의 이주는 지연되었다. 왜 그랬을까? 오랫동안 유기된 동굴에서 살아남은 극악무도한 인류의 후손들이 그들의 도시를 은밀하게 장악했기 때문이다. 무서운 힘을 가진 고대의 장비를 이용해서 이 적들은 행성에 있는 그 누구의 생각도 원격으로 읽어낼 수 있었다. 또한 원하는 대로 고통을 줄 수도 있었고, 존재를 의심하는 어떤 누구도 죽일 수 있었다.

'나는 레무리아를 기억한다'는 어떻게 이러한 데로들이 발견되었고, 외계의 선한 힘들이 어떻게 그들을 물리쳤는지 이야기한다. 마침내 오염된 지구에서 외계 존재들은 떠났고 우리의 조상인 숲속의 야생인만이 남겨졌다. 우리와 데로만이.

공포와 광기

셰이버는 괴물들이 아직도 그곳에 있다고 말한다. 더 위험한 것은 결코 사라지지 않을 고대의 무기와 기계들이 "지구 곳곳에 여전히 온전하게 남아 있다"라는 것이다. 데로는 텔레파시 기계를 이용해서 우리의 마음을 읽고 행동과 감정에 영향을 준다. 셰이버는 그들의 사악한 속삭임이 머릿속에서 들리기 시작하면서 이러한 사실을 알게 되었다고 주장했다. 또 그는 마침내 그에게 진리를 보여주는 선한 존재인 '테로'의 안내를 받아 지구 속 동굴 세계에 다녀왔다고 주장했다. 셰이버는 데로에 관해 다음과 같이 설명했다. 인간의 모습을 한 데로는 "거머리처럼 파괴적이며 기생적인 존재"다. 그리고 툭 튀어나온 큰 눈과 쭈글쭈글한 주름은 작은 도깨비 같았는데, 그 모습이 마치 죽은 사람이 걸어다는 것과 흡사했다. 사실 그들은 기형적인 몸에 의학 장치를 장착하여 치유 에너지 광선을 계속해서 비춰주지 않으면 결코 살아남을 수 없었다. 데로는 대부분 도시에 가까운 동굴에 살았다. 입구를 은폐하고 있어서 인류에 기생해서 살아가는 것이 가능했다. "거대한 도시의 중심에 있는 평범한 창고의 거대한 문으로 엄청난 양의 저장품이 들어간다. 그러나 절대 다시 나오는 법이 없었다." 거기까지 도달할 수 있는 엘리베이터가 존재했다. 그들은 원하는 것을 무엇이든 가져올 수 있었다. 셰이버는 "얼마나 많은 포드 자가용이 지표면 아래 있는 어둡고 음울한 터널을 따라 지하 세계로 내려갔는지 알면 놀라게 될 것"이라고 말했다. 하지만 무엇보다도 데로는 사람을 식량으로(우웩!) 그리고 재미로 사육한다. 착한 테로는 "아마 인간을 괴롭히는 것이 그들에게 가장 큰 기쁨이다"라고 셰이버에게 말했다. 악한 데로는 다른 데서 즐거움을 얻지 못하고 그들의 손에 떨어진 무력한 존재를 고문하는 데서 즐거움을 얻는다.

셰이버 미스터리는 최고의 SF 소설로 포장되었지만 깊이 들여다보면 상당히 형편없는 공포소설이었고 또 완전히 새로운 이야기도 아니었다. 이보다 50년 전에 H.G. 웰스는《타임머신》이라는 책에서 이와 비슷한 세계를 상상했다. 미래를 방문한 시간여행자는 지구 속이 거대한 터널로 연결되어 있고 이 터널이 새로운 종족의 거주지라는 것을 알게 된다. 이 무서운 소설에서 지상의 인간들은 터널 속에 거주하는 돌연변이 몰로크인들의 식량인 살찐 소에 불과했다. 심지어《헨젤과 그레텔》과《빨간 모자》같은 동화에서조차 사람을 잡아먹는 괴물이 나오지 않던가. 꽤 끔찍한 소재다!

그러나 셰이버의 피해망상적인 우주와 SF 소설 사이에는 중요한 차이가 있었다. 셰이버는 자신이 말하는 세계가 실재한다고 주장했다. 그에 따르면 "미쳤다는 의심을 받지 않고 나의 지식을 세상에 알리려면 그것을 소설로 가장하여 발표해야만 했다." 그럼에도 불구하고 "동굴, 고대 기계의 현명하고 선한 사용자, 고대 무기의 사악한 남용자, 이 모든 것들은 사실이며 세계의 여러 곳에 비밀리에 존재한다." 이는 거짓말일까? 우스갯소리일까?

편집장 레이 팔머는 독자들의 흥미를 끌어 잡지를 팔고자 했다. 하지만 리처드 셰이버는 팔머가 쓴 내용 중 일부분을 실제로 믿고 있었다. 셰이버는 무서운 진실을 우연히 알게 된 평범한 사람이라고 그 자신을 표현했다. 그러나 실제로는 몇 차례 정신병원에 격리

되었던 경험이 있는 문제가 있는 사람이었다. 그가 묘사한 일부 경험들은 정신병에서 흔히 나타나는 환상과 유사하다. 적에게 계속 감시당하고 있다는 믿음이나 멀리 떨어진 기계가 자신의 생각을 조종한다는 믿음 등이 그 대표적 예다. 그는 주장을 자주 바꿨고, 확실히 진실이 아닌 주장들이 많았다(태양의 바깥쪽 껍질이 석탄으로 구성되어 있다는 내용 등). 그럼에도 불구하고 사악한 데로에 관한 셰이버의 경고를 믿는 사람들이 있었다.

심조니아로 돌아가다

《어메이징 스토리》의 독자들은 셰이버 미스터리를 그 이전에 있었던 샤스타산의 레무리아 터널에 관한 전설 그리고 프레더릭 올리버의 《두 행성의 거주자》와 재빨리 연결시켰다. 편집장 레이 팔머는 좀 더 이전으로 되돌아가려고 했다. 지구공동설의 핵심으로 돌아가는 것이다.

팔머가 만든 셰이버 미스터리도 처음에는 인기가 많았으나 결국 독자들이 싫증을 내기 시작했다. 리처드 셰이버는 데로 이야기로 인생의 나머지를 보냈지만, 팔머는 초자연현상과 SF 소설의 열광적인 팬들의 상상력을 만족시키려면 새로운 이야기를 계속해서 공급해야 했다.

이 짓궂은 편집장은 1947년에 아주 특별한 것을 찾아냈다. 조종사 케네스 아놀드가 워싱턴주에서 하늘을 나는 신비한 물체를 목격했다는 것이었다. 역사에 남을 이 증언은 미국 전역에 'UFO' 파동을 일으킨 첫 번째 시발점이었다. 레이 팔머에게 이것은 돈을 부르는 소재였다! 그는 즉시 열광적으로 UFO 사업에 뛰어들었고 초자연현상을 다루는 새로운 잡지 《운명》과 《UFO》의 편집장으로 UFO 대열풍을 부추겼다. 팔머의 광고는 아주 큰 역할을 해서 사람들은 그를 'UFO를 발명해낸 사람'으로 묘사하기도 했다.

여기서 중요한 것은 독자들의 관심을 끌기 위해 UFO 이야기를 계속 변용하면서 발전시켰다는 사실이다. 팔머와 UFO 옹호자들은 추락한 우주선, 정부의 은폐, 외계인과의 접촉 등 귀가 솔깃한 흥미로운 주장들을 계속해서 제기했다. 하지만 이것으로 끝이 아니었다. 다시 지구공동설이 돌아온 것이다!

1959년 팔머의 《UFO》 잡지는 지구가 양극에 거대한 구멍을 가진 텅 빈 구체라는 사실을 증명할 '아주 강력한' 증거가 있다고 선언했다. 존 클리브스 시머스와 그의 추종자들이 100년 전에 주장했던 것처럼 말이다. 팔머의 기사에 따르면, "지구 속은 사람들이 살아가기에 아주 좋은 곳이다! 그곳에서는 식물이 무성하게 자라고 있고 동물도 아주 많다. '멸종된' 매머드도 여전히 살아 있다!" 만약 우리의 세계 안에 숨겨진 다른 세계가 존재한다면, "더 이상 우리는 우주에서 UFO를 찾을 필요가 없다. 오히려 안쪽 공간에서 찾아야 한다!"

팔머는 〈지구에서 온 UFO, 일급비밀에 대한 도전〉이라는 기사에서 새로운 UFO 이야기에 오래된 지구공동설 논쟁을 더해 흥미를 배가시켰다. "우리 《UFO》 잡지는 UFO가 지구에 왔다는 사실에 대한 엄청나게 많은 증거들을 축적해왔다."

그리고 "하나 이상의 국가 정부가 이 사실을 알고" 있지만 비밀에 부치고 있다. 왜 지구공동설을 '세계 일급비밀'로 다루는 것일까? UFO가 극을 통해 지구 속에서 왔다고 밝히면 사람들이 '공포에 빠져 정부를 전복하려고 할' 위험이 있기 때문이라고 팔머는 주장했다.

그 주장의 핵심은 극지 탐험가 리처드 버드가 1947년 북극에 있는 구멍을 통과해 지구 속을 비행했다는 것이다. 이 주장은 다소 그럴듯하게 들렸다. 앞에서 살펴보았듯, 버드는 하늘을 날아 북극에 도착한 첫 번째 사람일지 모른다. 또 그는 1929년에 남극 비행에 최초로 성공했다. 그런데 팔머는 1947년에 버드의 신비스러운 발언을 인용했다. "나는 북극 너머에 있는 땅을 보고 싶었다. 극 너머에 있는 땅은 알려지지 않은 거대한 지역의 중심부다." 북극 너머의 땅이라고? 팔머에 따르면 버드는 북극을 넘어 2700킬로미터 정도를 비행했고 녹색 숲이 우거진 미지의 땅에 도달했다. 심지어 버드는 그곳에서 덤불 속을 돌진하는 '괴수'도 목격하였다고 한다. 하지만 이 놀라운 발견은 역사책에 일언반구도 언급되지 않았다. 이것은 무언가 은폐가 일어나고 있다는 증거일까?

그렇지 않았다. 전부 거짓말에 불과했고 독자들 역시 이를 알아차렸다. 1947년에 버드는 미국 해군 4700여 명을 이끌고 남극에 있었다. 즉 그해에 버드는 북극 근처에 있지 않았던 것이다. 팔머는 버드가 북극 너머 '소설 같은 비행'을 실제로 하지 않았다고 인정할 수밖에 없었다. 팔머는 어떤 저자가 자비로 출판한 초자연현상에 관한 책에서 이 이야기를 얻게 되었다고 한다. 저자가 북극과 남극을 혼동하고 있어 신뢰하기 힘든 책이었다. 또한 이 저자가 어디서

'북극 너머에 있는 알려지지 않은 거대한 땅'에 관한 이야기를 들었는지도 알 수 없었다. 버드가 남극점에 도달할 때 가장 힘들었던 것과 관련해서 비슷한 말을 남긴 적이 있었다. 사람들은 남극점이 남극대륙의 중심에 위치해야 한다고 생각하지만 실제로는 한쪽으로 치우쳐 있다는 것이다. 이 같은 이유 때문에 사람들이 남극에 도달한 후에도 이 거대한 대륙의 넓은 영역이 오랫동안 탐사되지 않은 채로 남아 있다고 버드는 주장했다. 1947년 《내셔널 지오그래픽》의 한 기사에서 버드는 해군의 목표가 극 너머에 있는 미지의 '접근 불가능한 지역'을 통과하는 것이라고 설명했다.

수상한 시그마이스터씨

지구공동설에 관한 팔머의 이야기는 순전히 상상에 불과했다. 그럼에도 초자연현상 작가들은 팔머의 주장을 계속해서 되풀이했다. 월터 시그마이스터Walter Siegmeister가 팔머의 주장을 1960년 《지구 속 세계로부터 온 UFO》에서 다시 공표하였다. 그는 적어도 이 책에는 지구 속으로의 북극 비행이 '실제로 일어나지 않은 지어낸' 이야기에 출처를 두고 있다고 팔머가 인정한 내용을 포함시켰다. 하지만 《텅 빈 지구: 역사상 가장 위대한 지리학적 발견》에서는 팔머가 1947년 버드가 북극을 비행했다던 이야기는 사실이 아니라고 실토했던 내용을 전부 삭제했다. 오히려 시그마이스터는 그 이야기를 강력한 증거로 삼았다. 그는 마치 최면이라도 거는 듯, 그 이야기의 핵심 구절을 드럼 비트처럼 지속적으로 반복했다. "북극에서 2700킬로미터 너머에 있는 미지의 거대한 땅의 중심."

월터 시그마이스터는 신뢰할 수 없는 인물이었던 것으로 보인다. 그는 '레이몬드 버나드 박사'(그의 책《텅 빈 지구》의 필명이다), '로버트 레이먼드 박사', '우리엘 아드리아나 박사' 등 여러 이름을 사용했다. 시그마이스터는 자신의 책의 상당 부분을 다른 사람들의 글로 채웠다. 헌데 저자들이 매번 이것을 달가워한 것은 아니었다. 레이 팔머는 다음과 같이 불평했다. "내 잡지의 많은 내용이 허가 없이 무단으로 인용되고 있다. 문맥은 완전히 무시됐고 잘못 인용되는 경우도 허다하다." 그리고 그는 시그마이스터가 자신에게 광고료를 지불하지 않았다고 '사기죄'로 그를 고소하였다. 이것은 명백한 사실이었다. 시그마이스터는 건강식품 권위자로 1939년부터 1960년대 초까지 플로리다, 에콰도르, 과테말라 등에 채식주의자 또는 '과일만 먹는 사람'을 위한 유토피아 공동체를 설립했다. 그는 거짓 공약을 내세우며 공동체의 땅을 사라고 주민들을 유혹했다. 예를 들어 브라질에 있는 그의 공동체 지역이 핵전쟁의 방사능 낙진으로부터 안전하다고 했다. 공동체에 참여했던 사람들은 이것이 '완전한 거짓말'이었다고 시인했다. 시그마이스터는 미국의 우편 시스템을 통하여 미심쩍은 건강 제품을 팔다가 문제에 휘말리기도 했다. 그의 동업자는 농장에서 동물에게 주던 모이를 다시 재포장해서 값비싼 건강식품으로 판매했다고 자백했다.

시그마이스터는 수상한 구석이 있는 수완가였지만 그가 쓴《텅 빈 지구》는 아마도 지구공동설에 관한 책 중에서 가장 널리 알려진 책일 것이다. 레이 팔머에게서 차용한 음모론은 오늘날까지도 지구공동설을 믿는 사람들에게 영향을 끼치고 있다. 시그마이스터는 버드의 지구 속 세계로의 비행이 '세계에서 가장 중요한 일급비밀'이고, UFO가 지구 내부에서 왔다는 진실을 '비밀 조직'이 은폐하고 있다고 주장했다. 그것을 믿는 사람들은 지구공동설과 다른 음모론을 결합시키기도 한다. 예를 들어 레이 팔머의 《UFO》 잡지는 나치의 수장 아돌프 히틀러가 죽지 않고 지구 속 세계나 남극대륙으로 도망쳤다는 기사를 실은 적도 있었다. 또 1970년대 네오 나치(잔혹한 나치 정권을 숭배하는 사람들)는 지하에 숨겨진 나치의 UFO에 관한 책을 썼다. 그들은 심지어 '남극대륙에 있는 히틀러의 UFO기지'를 찾고자 극지방을 탐사하기 위한 탐험대를 모집하기도 하였다. 그러나 그러한 탐사는 결코 성사된 적이 없었다. 그렇지만 좋든 싫든 아마도 상상의 행성을 꿈꾸며 지구 속으로 가는 길을 찾아나서는 지구공동설 추종자는 계속해서 존재할 것이다. 번역 김보은·서효령

4부

저세상에 관한
이상한 믿음

돌아가신 어머니가 보내는 신호

제시 베링

어머니가 돌아가신 지 얼마 지나지 않아 사후 세계에 회의적이던 나의 믿음을 뒤흔드는 사건이 나타나기 시작했다. 객관적인 관찰자의 입장에서는 딱히 의미가 있어 보이지 않을 그 사건들은 평소 같았으면 내 의식에 기록되지 않을 만큼 사소하고 예사로운 것들이었다. 그러나 어머니를 여읜 후 슬픔에 짓눌려 있던 내 마음 속에서 이 하찮은 사건들은 특별한 의미를 가지게 됐다. 마치 어머니의 영혼이 고집 센 무신론자인 자신의 아들과 대화를 나누고자 이승과 저승을 가르는 장벽을 넘으려고 하는 것만 같았다.

어머니를 떠나보낸 다음 날 아침, 나는 어머니의 침실에서 들리는 희미하지만 감미로운 풍경 소리에 잠에서 깼다. 고요한 아침에

불어온 산들바람이 풍경을 건드린 것이 틀림없었다. 하지만 순간적으로 머리에 스친 생각은 나의 신념과 전혀 달랐다. "어머니가 틀림없어." 나도 모르게 이런 말이 나왔다. "괜찮다는 말을 하려고 나를 찾아온 거야."

어느 날 저녁에 침대에서 책을 읽던 나는 시끄러운 소음을 들었다. 유리가 와장창 박살나는 소리였다. 무슨 일인지 확인하러 아래층으로 내려갔더니 오래된 교회에서 뜯어낸 스테인드글라스가 산산이 깨져 있었다. 선반에 장식용으로 세워두었는데 어찌된 영문인지 콘크리트 바닥에 떨어졌다. 그 이유를 찾던 내 가슴은 두방망이질 쳤다. 고양이 짓일까? 하지만 녀석은 내 침대 발치에서 새근새근 자다가 느닷없는 소음을 듣고 나처럼 소스라쳤다. 지금도 확실치는 않지만 내가 그것을 선반에 위태롭게 기대놓는 바람에 처참히 부서졌을 공산이 매우 크다.

하지만 풍경 때도 그랬듯 내 머리에 처음 스친 생각은 전혀 논리적이지 않았다. 오히려 초자연적이었다. 어머니는 그 스테인드글라스를 싫어했다. 몇 해 전 루이지애나의 골동품 상점에서 그 물건에 눈독을 들이는 나를 보고 어머니는 이렇게 말했다. "내 취향은 아니다. 그래도 네 마음에 들면 사야지 어쩌겠니." 그런데 바로 그 물건이 바닥에 떨어져 산산조각이 난 것이다. 더욱이 이 일이 어머니가 돌아가시고 맞은 첫 생일에 일어났다는 사실도 덧붙여야겠다. 그날 하루 종일 어머니 생각이 머리를 떠나지 않았다. 어쨌거나 내 안의 합리주의자는 그런 초자연성을 모조리 밀어냈지만 그것이 어떤 신호일지 모른다는 느낌은 지울 수 없었다.

임종 직전 어머니와 나눈 대화도 생각이 났다. 어머니는 종교를 믿지는 않았지만, 사후 세계에 대해서는 불가지론자였다. "누가 아니?" 한동안 생각에 잠겼던 어머니는 다음과 같이 말했다. "나는 너희를 찾아갈 거야… 네 형과 누나는 영혼을 믿으니 증거가 필요 없을 거야. 가능하면 너에게 신호를 보낼게."

내가 어리석었던 걸까? 다정하고 어진 어머니가 저승에서 내 관심을 끌기 위해 필사적으로 애를 쓴다고 생각하자 나는 감정이 북받쳤다. 결국 나는 마음을 열지 않고 신비한 현상을 거부하는 냉정한 과학자처럼 구는 것에 죄책감을 느끼기 시작했다.

정말 이런 사건들에 초자연적 요소들이 개입하고 있는지는 궁극적으로 철학적인 문제다. 나는 그때나 지금이나 이런 현상이 초자연적이라고 생각하지 않는다. 하지만 사람들이 그런 믿음을 갖는 것이 뭐 그리 큰 문제일까? 나는 내 마음이 자연적으로 이런 사건들을 어떤 징표로 인식한다는 사실에 흥미를 느꼈다. 인지심리학자인 나는 이 기묘한 주관적 현상의 원인을 밝히고 싶었다. 부인하려는 안간힘에도 불구하고 어째서 인간의 마음은 평범한 사건을 저승에서 오는 메시지로 슬그머니 해석해버리는 것일까?

종교 인지심리학을 연구하면서 나는 인간이 자연적인 사건에서 의미(쉽게 말해 대부분의 사람이 '신호'나 '징표'로 부르는 것들)를 찾는 성향에는 특별한 형태의 사회적 지능이 필요하다고 주장했다. 그런 심리적 능력을 전문 용어로 마음이론theory of mind이라고 한다.

일상적인 사회생활을 하면서 우리는 끊임없이 마음이론을 사용한다. 타인의 예상치 못한 행동에 이 개념을 적용해보면, 마음이론이 무엇인지 쉽게 이해할 수 있다. 어느 화창한 날에 당신이 혼자 생각에 빠진 채 공원을 거닐고 있다고 해보자. 그때 저 앞의 덤불 뒤에서 벌거벗은 남자가 비틀대고 있다. 이제 그 남자가 당신 쪽으로 다가오고 있다. 그 순간 당신이 느낄 당혹감을 생각해보자. 그는 도움이 필요한 사람일까? 범죄 피해자거나 정신병 환자는 아닐까? 수상한 겉모습과 행동을 보니 질이 나쁜 사람은 아닐까? 당신 앞에 보이는 것은 알몸과 이리저리 두리번거리는 두 눈뿐이다. 당신에게 보이지도 않고 볼 수도 없는 것은 눈 뒤에 감춰진 생각, 즉 의문의 남자를 그렇게 움직이도록 조정하고 있는 정신이다.

정신 상태는 직접 지각할 수 없는 추상적인 대상이다. 중력이나 질량과 같은 인과적 개념처럼 정신 역시 이론적 구성물일 뿐이다. 그 남자의 머릿속에 무슨 일이 일어나고 있는지 추측하려 애쓰는 그 순간 맹렬하게 작동했을 마음이론은 본능적으로 발휘된다. 근본적으로 이 사회적 인지 능력이 타인의 생각에 대한 생각을 가능하게 한다.

마음이론을 통해 우리는 우리 자신을 타인의 입장에 놓고 그 관점에서 세상을 보려고 노력하기 때문에 타인의 행동을 잘 설명하고 예측할 수 있다. 물론 종종 실수를 할 때도 있다. 예를 들어 위에서 가정한 그 남자는 사실 잔인한 장난의 피해자였지만, 우리가 그를 성도착자로 오해할 가능성이 있는 것처럼 말이다. 하지만 진화학자 니컬러스 험프리Nicholas Humphrey는 우리가 하루 종일 쉴 새 없이 감정, 의도, 믿음과 같은 눈에 보이지 않는 정신 상태를 해독하려 애쓴다는 사실을 근거로 인간 종을 동물 왕국의 '타고난 심리학자'라고 일컫는다.

이 모두가 자연적인 사건에서 징표를 찾는 인간의 습관과 어떤 관계가 있을까? 마음이론은 그 핵심에 놓여 있다. 신이든 유령이든 초자연적 존재의 공통적인 특징은 물리적 신체가 없는 의식적 존재로 추정된다는 점이다. 이 존재들은 신체를 가지지 않기에 행동이나 표정 혹은 언어를 바탕으로 그들의 마음을 추정할 수 없다. 대신 우리는 자연적 사건에서 나타나는 소통의 흔적들을 통해 그들을 인식한다. 마음이론이 없다면 풍경은 그냥 풍경일 뿐이고 유리가 갑자기 깨지는 날카로운 소음은 그냥 소음일 뿐이다. 이런 마음이론에 더해 감정 상태가 적당히 조합되면 이런 사건은 특별한 의미를 갖게 된다. 그러면 이제 우리의 마음이론이 시동을 걸기 시작하고 우리는 이런 의문을 품게 된다. "그녀는 내게 무슨 말을 하려는 걸까? 그녀의 의도는 무엇일까?"

모든 일에는 이유가 있을까? 물론이다! 그렇지 않다면 과학을 할 이유가 어디 있겠는가? 과학은 환원주의적 학문이다. 우리의 임무는 자연 현상이 가진 근본적인 인과적 이유를 서서히 파고드는 것이다. 그러나 많은 사람이 이런 식으로 질문을 던지지 않는다. 그들의 질문은 과학적 메커니즘이 아닌 창조적 설계에 관한 것이다. 사람들은 현상의 근저에서 작용하는 무형의 정신이 우리 삶의 사건들을 의도적으로 일으키는 게 아닌지 의문을 품는다. 종교나 영적인 영역에서 의미에 대한 질문은 사건이 '어떻게' 일어났는지보다 '왜' 일어났는지에 대한 의문을 제기한다.

나는 사실 '왜'라는 질문이 올바른 질문이 아니라고 믿는다. 이런 질문들은 우리 종의 민감한 마음이론이 마음이 없는 영역까지 침범하기 때문에 제기된다. 물론 궁극적으로 저세상에서 우리에게 신호를 전하려 하는 무형의 초자연적 존재가 우리 개인의 경험(특히 우리의 기대에서 벗어난 경험)을 조율하고 있는지는 우리 각자가 판단할 문제이기는 하다. 잘못된 판단일지라도 의미를 찾으려는 그런 시도를 막기는 어렵다.

이런 성향은 일곱 살 전후에 나타나는 것으로 보인다. 《발달심리학Developmental Psychology》에 실린 한 연구에서 나와 베키 파커Becky Parker는 3~9세 어린이들에게 눈에 보이지 않는 '앨리스 공주'가 그들과 어떻게든 의사소통을 하고 싶어 한다는 정보를 주었다. 그런 다음 방 안에서 그림을 떨어뜨리거나 테이블 램프를 켰다 껐다 하는 등 '이례적인' 사건을 일으켰다. 그러자 7~9세 아이들만이 이런 현상을 앨리스 공주가 보낸 메시지로 해석했다. 이들 중 몇몇은 우리가 의도하지 않은 현상에서도 공주의 징표를 보았다고 보고했다. 한 남자아이는 대학교 시계탑에서 울리는 종소리가 앨리스 공주가 자신에게 '말을 거는 것'이라고 했고, 여덟 살의 여자아이는 구석에서 거미집을 만들고 있는 거미에게서 앨리스 공주의 손짓을 보았다고 했다.

정신 의학의 관점에서 이런 유형의 사고를 하는 성인은 실제로 위험할 수 있다. 예를 들어 조현병 환자는 전혀 관계없는 사건에서 의미 있는 관계의 패턴을 보는 고통스러운 아포페니아apophenia 증세를 보인다. 정신과 전문의 조너선 번스Jonathan Burns는 이 병에 대해 다음과 같이 말한다. "유신론과 철학적 현상이 그들의 환각에 거주한다. 지향성intentionality에 대한 과도한 집착과 오귀인misattribution이 사고 주입, 관계 망상, 편집 망상 같은 증상의 중심에 놓여 있다."

회의주의자든 신앙인이든 우리 대부분은 삶의 어느 순간 이런 형태의 미신적 사고에 굴복한다. 대개 이런 생각은 무해하다. 물론 이를 어리석다고 치부할 수도 있지만, 이런 생각을 자제하는 일은 때때로 인지적 노력을 필요로 한다. 공항으로 가는 길에 타이어에 구멍이 나거나 면접을 보러 가는 길에 비둘기 똥이 어깨에 떨어지는 사건은 우주가 재난을 피하라고 우리에게 보내는 신호라고 볼 수도 있다. 심각한 문제는 광신도가 일반 신도들에게 신이 동성 결혼을 노여워하여 무시무시한 지진을 일으켰다고 설교하는 것과 같이 사회적 차원에서 사람들이 도덕에 대한 자신의 비뚤어진 견해를 우주의 직물에 짜 넣기 시작할 때 발생한다.

앨리스 공주 연구에 대해 마지막으로 한마디 덧붙이려 한다. 실험이 끝나고 우리는 실험에 참여한 모든 아동에게 앨리스 공주가 사실 꾸며낸 이야기라고 털어놓았다. 어떻게 전등이 꺼졌다 켜지고 그림이 떨어지는지 직접 아이들에게 시연하기도 했다. 그럼에도 불구하고 많은 아이가 앨리스 공주를 진짜로 받아들였다. 사실 몇 년 동안 아이들의 부모들은 집에서 이상한 일이 일어날 때마다 아이들이 앨리스 공주를 탓했다고 보고했다.

이것이 아이들의 단순한 장난인지 아닌지 나는 정확히 알 수 없다. 그럼에도 나는 오자크 지역 어딘가에 있는 무형의 공주를 기리는 제단 앞에서 이십 대 젊은이들의 비밀 조직이 은밀히 모임을 갖는다고 생각하면 싫지는 않는다. 사실 나 역시도 이런 광경을 흐뭇하게 내려다보고 있을 내 어머니 앨리스가 눈에 선하다. 번역 김효정

과학은 예지몽을 어떻게 설명하는가

리처드 와이즈먼

애버판은 웨일스 남부에 있는 작은 마을이다. 1960년대 마을 주민 중 많은 사람이 양질의 석탄이 풍부하게 매장된 근처 탄광에서 일했다. 채굴 작업으로 발생한 폐기물이 마을을 둘러싸며 가파른 언덕을 이루었고, 1966년 10월 내내 큰비가 내리자 빗물이 언덕에 쌓인 모래 사이로 흘러들었다. 흘러든 빗물로 인해 고체였던 폐기물이 서서히 부드러운 슬러리 상태로 변해갔지만 누구도 알아채지 못했다.

10월 21일 9시가 조금 지났을 때 언덕 한쪽이 내려앉으면서 약 50만 톤의 폐기물이 마을을 향해 빠르게 쏟아졌다. 특히 애버판에 있는 마을 학교를 강타해 교실이 10미터 높이의 폐기물로 뒤덮였다. 산사태가 발생하기 불과 몇 분 전 학생들은 강당에서 〈아름답고 찬란한 세상All Things Bright and Beautiful〉이라는 찬송가를 부른 후 막 교실로 돌아온 참이었다. 부모와 경찰이 학교로 달려와 폐기물 더미를 미친 듯이 파냈다. 구조된 아이들도 있었지만 비극적이게도 139명의 학생과 5명의 교사가 목숨을 잃었다.

다음 날 정신과 의사 존 바커John Barker가 마을을 찾았다. 오랫동안 초자연적 현상에 관심이 컸던 그는 많은 사람이 애버판의 끔직한 사건을 예감했을지도 모른다고 생각했다. 그는《이브닝 스탠더드Evening Standard》 신문에 애버판 사태를 예견한 사람이 있다면 그에게 연락을 달라는 광고를 실었다. 잉글랜드와 웨일스 전역에서 60통의 편지가 날아왔고 발신자 중 절반 이상이 꿈에서 비극을 예견했다고 답했다.

예지몽을 믿는 사람이 예상외로 많다. 최근 실시된 조사들에서 응답자 중 약 3분의 1이 이제까지 살면서 꿈에서 미래를 본 적이 있다고 말할 정도다. 하지만 사람들이 꿈에서 정말 미래를 본 걸까? 역사적으로 이 질문은 당대 수많은 사상가를 고민에 빠뜨렸다. 지난 세기가 돼서야 과학자들이 답을 내놓기 시작했다.

링컨, 자신의 암살을 꿈으로 예견하다

초자연적 현상에 관한 대부분의 책은 역사상 가장 유명한 예지몽인 에이브러햄 링컨Abraham Lincoln 대통령의 꿈을 다룬다. 전해지는 바에 따르면 1865년 4월 초 링컨 대통령은 친한 친구이자 자신의 경호원인 워드 힐 러몬Ward Hill Lamon을 찾아가 얼마 전에 꾼 불길한 꿈에 관해 이야기했다. 꿈에서 링컨은 자신의 몸이 죽은 듯 고요하다고 느꼈고, 백악관 아래층에서 흐느끼는 소리를 들었다고 했다. 소리가 나는 곳으로 가보니 이스트룸에 수의로 덮인 시신이 있었고, 시신 주변에는 한 무리의 사람이 슬피 울고 있었다. 링컨이 누가 죽었냐고 물어보자 그들은 대통령이 암살당했다고 대답했다.

꿈을 꾼 뒤 2주 후 링컨과 영부인은 워싱턴 DC에 있는 포드 극장에 연극을 보러 갔다. 연극이 시작되고 얼마 지나지 않아 링컨은 남부군 스파이 존 윌크스 부스John Wilkes Booth가 쏜 총에 맞아 사망했다.

수면에 대한 과학적 연구가 링컨의 일화를 설명할 수 있을지도 모른다. 1960년대 말 과학자들은 큰 수술을 받은 환자들을 대상으로 획기적인 실험을 했다. 피험자들은 수술 후 정신적 후유증을 치료하기 위해 심리치료를 받고 있었다. 과학자들이 며칠에 걸쳐 환자들이 꾼 꿈을 조사한 결과, 낮에 심리치료를 받은 경우 의료 문제에 대한 꿈을 꿀 확률이 훨씬 높았다. 예를 들어, 한 환자는 수술 후 몸에 연결한 배농관 때문에 어려움을 겪고 있었다. 낮 동안 이 문제에 대해 심리치료를 받고 나면, 그날 밤 자신이나 주변 사람 몸에 관을 삽입하는 꿈을 꾸는 경우가 많았다. 다시 말해 환자들의 꿈에는 각자의 불안이 반영되는 경향이 있었다.

초자연적 현상 연구가 조 니켈Joe Nickell은 이를 바탕으로 링컨의 꿈을 설명할 수 있다고 주장한다. 니켈은 역사책들을 잠깐만 훑어봐도 링컨이 암살에 대해 충분히 걱정할 만한 이유들이 있었음을 강조한다. 링컨의 취임 직전 보좌관들은 볼티모어에서 암살이 모의

된 사실을 발견했고 이후 링컨은 볼티모어를 우회해서 다녀야 했다. 재임 동안에도 수차례 암살 협박에 시달렸다. 많은 사람이 기억하는 일 중 하나는 저격수가 발사한 총이 링컨의 모자를 관통한 사건이었다. 확실히 이런 기록들을 살펴보면 링컨의 꿈이 덜 기이해 보인다.

애버판 비극의 놀라운 예언들도 똑같은 원리로 설명할 수 있을지도 모른다. 사태가 발생하기 전 여러 해 동안 지역 당국은 언덕에 채굴 폐기물을 쌓는 것이 위험하다고 경고했지만 탄광 운영자들은 이를 귀담아 듣지 않았다. 장담할 수는 없지만 애버판 예지몽 중 일부는 이러한 지역 당국의 우려가 반영됐을 수 있다.

하지만 비극이 일어나기 전에 예견을 제시했다는 확실한 증거가 있는 경우와 불안이나 걱정을 반영하지 않은 듯한 꿈들은 어떻게 설명할 수 있을까?

대수의 법칙

이런 초자연적 현상처럼 보이는 경험들을 이해하기 위해서는 통계에 대한 감각이 필요하다. 우선 영국에서 무작위로 한 사람을 고른다. 이 사람을 브라이언이라고 부르고, 브라이언이 15세부터 75세까지 매일 밤 꿈을 꾼다고 가정해보자. 1년은 365일이므로 브라이언은 60년 동안 2만 1900번의 꿈을 꿀 것이다. 그리고 애버판의 비극과 같은 사건이 한 세대에 한 번 일어나며, 언제 일어날지는 무작위로 정해진다고 가정하자. 또 브라이언은 비극적 사건과 관련이 있는 끔찍한 꿈을 평생 한 번 꾼다고 해보자. 그렇다면 실제 비극이 일어나기 전날 밤 비극과 관련이 있는 꿈을 꿀 가능성은 약 2만 2000분의 1이다. 이런 일이 실제로 일어난다면, 브라이언이 놀라는 건 당연하다.

여기에서 통계가 중요한 역할을 한다. 우리는 비극과 관련된 꿈의 가능성을 추측하는 데 브라이언만을 다뤘을 뿐이다. 1960년대 영국의 인구는 4500만이었고, 누구에게나 브라이언과 같은 일이 일어날 수 있다. 4500만 명 중 누군가가 비극적인 사건이 일어나기 전날 이 비극을 예측하는 꿈을 꿀 확률이 2만 2000분의 1이라면, 대략 2000명 정도가 일생 동안 이런 놀라운 경험을 할 수 있다. 이들의 꿈이 정확하다고 말하는 것은 화살을 쏜 후 그곳에 과녁을 그린 후 '이런 확률이 도대체 얼마나 될까'하고 감탄하는 일과 같다.

이런 현상은 '대수의 법칙Law of Large Numbers'으로 설명할 수 있다. 대수의 법칙이란 특이한 사건이더라도 발생 기회가 많으면 발생 가능성이 높아진다는 것이다. 이는 복권의 당첨자가 매주 나오는 이유기도 하다. 누군가 복권에 당첨될 확률은 수백만 분의 일이지만 시곗바늘처럼 규칙적으로 매주 당첨자가 나오는 이유는 많은 사람이 복권을 사기 때문이다.

수면에 대한 과학적 연구와 통계학은 각각 불안과 대수의 법칙을 예지몽의 원인으로 지목한다. 하지만 많은 예지몽이 이런 식으로 설명된다 하더라도, 누군가는 여전히 설명할 수 없는 진짜 예지몽이 존재한다고 주장할 수 있다. 이런 주장들을 시험하는 일은 이론상 간단해보이지만 실제로는 매우 까다롭다. 자연재해나 대형 사고가 발생한 후 사후적으로 조사하는 경우, 예지몽을 꿨다고 주장하는 사람들은 이제까지 꿨던 꿈 중 하나를 얘기할 공산이 크거나 운 좋게 대수의 법칙에 해당되는 경우일 수 있다(또는 거짓으로 예지몽을 꿨다고 말하며 관심을 끌려는 사람일 수도 있다). 그렇다고 예측 가능한 사건으로 실험을 할 수도 없는 노릇이다. 따라서 남은 방법은 '예측 불가능한 일'이 일어나기 전에 이에 관한 사람들의 예언을 가능한 한 많이 기록하는 것이다. 대수의 법칙에 따르면 이런 수많은 예견 중 소수만이 옳은 것으로 판명될 것이다. 반면 실제로 예지몽이 초자연적이라면, 많은 예견이 미래의 특정한 사건을 지목할 것이다. 다행히도 이에 대한 연구가 이미 이뤄졌다.

예지몽은 유괴범을 지목하지 못했다

1927년 25세 아메리칸 에어 메일American Air Mail 조종사 찰스 린드버그Charles Lindbergh는 무착륙 단독 비행으로 대서양을 건너면서 세계적으로 유명해졌다. 2년 뒤 작가인 앤 스펜서 모로Anne Spencer Morrow와 결혼한 후 그녀와 함께 세계 최초로 아프리카에서 남미로, 또 북미에서 극지방을 지나 아시아로 비행했다. 부부는 이처럼 여러 차례 신기록을 쓰며 계속해서 세간의 관심을 끌었다. 1930년 린드버그 부부는 첫 아이인 찰스 린드버그 주니어Charles Lindbergh Jr.가 태어나자 뉴저지 호프웰의 인적이 드문 대저택으로 이사했다.

하지만 1932년 3월 1일, 린드버그 가족이 일군 세계는 그날로 영원히 변해버렸다. 밤 10시경 유모가 찰스 린드버그를 다급히 찾아와 유괴범들이 5만 달러를 요구하는 쪽지를 남기고 찰스 주니어를 데리고 사라졌다고 소리쳤다. 찰스 린드버그는 곧바로 총을 집어 들고 아들을 찾아 나섰지만, 2층에 있던 아들 방으로 침입하는 데 사용된 자신이 직접 만든 사다리 말고는 어떤 흔적도 남아 있지 않았다. 경찰이 출동했고 노먼 슈워츠코프Norman Schwarzkopf 대령(걸프전에서 '사막의 폭풍 작전'을 지휘한 육군대장 H. 노먼 슈워츠코프H. Norman Schwarzkopf의 아버지)이 사건을 맡아 대대적인 수색에 나섰다. 린드버그 부부가 워낙 유명했기 때문에 언론의 엄청난 관심이 집중됐다. 한 기자는 '예수 부활 이후 가장 큰 사건'이라고 말할 정도였다.

유괴 소식이 알려지고 며칠 후 하버드대학교 심리학자 헨리 머리Henry Murray는 이 유명한 사건으로 예지몽을 연구할 계획을 세웠다. 그는 한 신문사에 연락해 린드버그 유괴 사건과 관련이 있는 예지몽을 꾼 사람들에게 제보를 요청하는 기사를 부탁했다. 이후 여러 신문사가 머리 박사의 연구를 다루었고 그 결과 약 1300명이 연락을 취했다. 정확한 분석을 위해 그는 사건이 해결될 때까지 2년을 기다렸다.

린드버그는 아들이 사라진 후 며칠 동안 유괴범에게 협상을 하자고 여러 차례 공개적 제안을 했지만 어떠한 답도 없었다. 하지만 은퇴한 교사인 존 콘던Jonn Condon이 신문에 투고해 협상가를 자처하며 몸값에 자신의 돈 1000달러를 추가하겠다고 하자 자신이 유괴범이라고 주장하는 사람이 수차례 편지를 보내왔다. 4월 2일 유괴범은 콘던에게 브롱크스에 있는 공동묘지로 5만 달러의 금증권을 가져오면 아이가 어디에 있는지 알려주겠다고 했다. 콘던이 약속한 대로 린드버그에게 받은 금증권을 전달하자 유괴범은 아이가 매사추세츠 해변에 정박된 배에 있다고 말했다. 린드버그는 곧장 비행기를 타고 가 그가 말한 배를 찾았지만 어디에도 없었다.

1932년 5월 12일 린드버그 저택과 몇 킬로미터 떨어진 곳에서 한 트럭 운전수가 용변을 보기 위해 길가에 차를 세우고 숲으로 들어갔다. 그곳에서 그는 얕게 파인 엉성한 구덩이에 묻혀 있는 찰스 린드버그 주니어를 발견했다. 두개골은 심하게 파열되었고 왼쪽 다리와 양손이 없었다. 이후 이뤄진 부검에서 아이는 약 두 달 전에 얼굴을 가격당해 사망한 것으로 밝혀졌다.

경찰은 2년 넘게 사건에 매달렸다. 1934년 9월 휘발유 20리터를 넣으면서 10달러짜리 금증권으로 계산을 한 한 남성을 수상히 여긴 주유소 직원이 남성의 차량 번호를 적어둔 다음 경찰에 신고했다. 자동차 주인은 목수로 일하는 독일인 불법 이민자 브루노 리하르트 하우프트만Bruno Richard Hauptmann이었다. 경찰은 하우프트만의 집을 수색해 1만 4000달러를 발견했고 바로 그를 체포했다. 검찰은 재판에서 그의 필체가 콘던이 받은 편지의 필체와 일치하고 그의 집 마룻바닥이 린드버그 집에서 발견된 사다리와 재질이 같다고 주장했다. 배심원단은 11시간의 심리 끝에 유죄 결정을 내렸고 하우프트만은 사형선고를 받았다.

사건이 종결되자 머리 박사는 연구에 착수하였다. 그는 경찰 수사에 결정적이었던 세 가지 정보, 즉 아이가 사망했고 구덩이에 묻혔으며 구덩이가 나무 근처에 있었다는 정보와 관련이 있는 예견들을 취합했다. 1300개의 예견들 중 5퍼센트만이 아이가 사망했음을 암시했으며, 그중 4개의 예견만이 나무 근처에 아이가 묻혔다고 언급했을 뿐이다. 더군다나 사다리나 협박 편지, 몸값과 관련된 예견은 하나도 없었다. "예지몽은 초자연적 힘이 아닌 일반적인 능력"일 것이라는 많은 사람의 예측과 같이 미국 전역에서 수많은 사람이 예지몽을 꿨지만 후에 정확한 것으로 판명된 것은 없었다. 머리 박사는 자신의 연구가 "먼 미래의 사건과 꿈 사이에 인과관계가 있다"라는 주장을 지지하지 않는다고 결론지었다.

수천 년 동안 사람들은 꿈이 미래를 알려준다고 믿었다. 하지만 과학은 예언이라 불리는 수많은 행위를 규명했다. 이와 같이 과학을 통해 실상이 밝혀진 원인들을 배제하고 나면 꿈을 통해 내일을 아는 일이 불가능하다는 사실을 알 수 있다. 잠에 대한 많은 비밀이 아직 밝혀지지 않았지만, 한 가지는 분명하다. 초자연적 현상을 믿고 싶어 하는 사람들에게 수면 과학은 악몽이다. 번역 하인해

모두가 다른 천국을 보았다

코리 마컴

임사체험을 경험한 모든 사람이 자신이 속한 문화나 종교에 관계없이 같은 것을 보고, 같은 일을 겪고, 같은 장소를 방문했다고 말한다면 어떻게 될까? 임사체험에 대하여 극히 회의적인 사람조차도 최소한 죽음과 내세에 대한 자신의 철학적 믿음에 대하여 다시 한번 생각하게 될 것이다.

천국과 임사체험을 믿는 사람들에게는 유감스러운 일이지만 임사체험은 경험한 사람에 따라 그리고 그가 속한 문화권에 따라 다양한 차이를 보인다. 임사체험 중에 유체이탈을 경험하는 사람도 있고 그렇지 않은 경우도 있다. 터널 끝에 있는 빛을 향하여 나아간 경험을 한 사람과 전혀 하지 못한 사람이 있다. 종교적인 인물이나 사망한 친척을 만나는 사람도 있고, 엘비스 프레슬리 같은 유명인이나 다른 낯선 사람을 만나는 경우도 있다. 아마도 더욱 중요한 것은 임사체험을 겪은 사람들이 방문했다고 설명하는 장소가 서로 현저하게 다르다는 점이다. 이는 서로 다른 문화권의 사람들뿐만 아니라 동일 문화권에 속한 사람들의 경우에도 마찬가지다.

사후세계에 관한 문헌에서는 임사체험이 사례들 간에 연관성이 있는, 본질적으로 보편적인 현상이라고 주장하는 경우가 흔히 있다. 불변성 가설invariance hypothesis로 불리는 이런 주장은 임사체험이 문화에 따라 변하지 않는다는 것이다. 이 주제를 진지하게 조사한 학자 및 과학자 모두가 세계 각지의 임사체험 간에 명백한 다양성이 있음을 인정하지만, 불변성 가설을 주장하는 사람들은 그 이유가 경험자들이 이야기를 날조해냈기 때문이 아니라 기억의 '주관성'이라는 특질 때문이라고 주장한다. 즉 기독교인이 빛을 내는 인간 형상을 목격했을 때는 예수나 천사를 보았다고 할 가능성이 크지만, 무신론자가 같은 형상을 보았을 때는 종교와 관계없는 존재로 묘사하리라는 것이다.

임사체험연구재단Near Death Experience Research Foundation, NDERF의 연구원인 조디 롱Jody Long은 "임사체험에 대한 한 가지 진실은 모든 경험자가 자신의 기존 신념 체계에 임사체험을 통합한다는 것이다"라고 설명한다. 이런 설명은 일견 그럴듯하게 들린다. 아마도 사후세계에 대한 보고에 일관성이 없는 것은 임사체험을 겪은 사람들의 설명이 각자의 개인적 믿음과 편견의 영향을 받기 때문일 수도 있다. '임사체험'이라는 용어를 만들어낸 장본인인 레이먼드 무디Raymond Moody 박사는 프랑스를 방문한 열 사람의 비유를 들었다. 그는 열 사람의 체험이 모두 다를 것은 명백하다고 주장한다. 예를 들면 아름다운 건축물을 보고 경탄하는 사람도 있을 것이고, 훌륭한 요리를 즐긴 경험을 말하는 사람도 있을 것이다. 단지 경험담이 서로 일치하지 않는다는 사실이 그들 모두가 실제로 프랑스에 가지 않았음을 의미하지는 않는다는 것이다.

그러나 이런 설명을 모든 임사체험 사례에 적용할 수는 없다. 그런 식으로 일반화하기에는 체험 내용의 차이가 너무 크고 세부 사항의 차이점이 너무도 분명한 임사체험의 사례가 있기 때문이다. 무디의 비유를 차용하면 한 사람은 파리를 설명하고, 다른 사람은 네바다 주 라스베거스에 대하여 이야기하는 것과 비슷하다.

근래에 가장 유명한 임사체험 두 건은 신경외과 의사인 이븐 알렉산더Eben Alexander와 목사의 아들인 콜튼 부포Colton Burpo의 사례다. 알렉산더의 임사체험은 그의 도발적 제목의 베스트셀러 《나는 천국을 보았다Proof of Heaven》에, 부포의 체험담은 그의 아버지가 쓴 《소년의 3분은 천상의 시간이었다Heaven is for Real》에 기술되어 있다(소년 자신이 모두 꾸며낸 것이라고 고백함으로써 불미스러운 결과로 끝난 앨릭스 말라키Alex Malarkey의 《천국에서 돌아온 소년The Boy Who Came Back From Heaven》과 혼동하지 말 것). 매력 있고, 지성적이며 성공한 외과의로 알려진 알렉산더는 스스로에게 급성 그람음성 세균성수막염acute gram-negative bacterial meningitis을 감염시켜서 인위적 혼수상태를 유도했다. 그는 혼수상태에 빠져 있던 중 어느 시점엔가 깨어났지만, 기억도 없었고 신체의 감각을 포함하여 자아에 대한 어떤 느낌도 없었다. 어느 정도 시간이 지난 후에 그는 서서히 자신과 주변 환경을 구별하기 시작했다. 알렉산더는 마치 진흙 속에 묻혀 있는 것처럼 캄캄한 암흑 속에 있었다. 마침내 그는 눈부신 빛의 존재를 깨달았고 찬란하게 빛나는 출구를 통하여 자신이 '땅벌레의 눈에 비친 세계Realm of Earthworm's-Eye View'라고 명명한 장소를 떠나 위쪽으로 올라갔다. 그리고 나서 도착한 천국은 나무, 들판, 시냇물, 폭포가 있고, 사람과 개까지 있는(고양이는 확실히 없었다고 한다.) 장엄하고 아름다운 전원이었다는 것이다.

알렉산더는 부지중에 자신이 거대한 나비의 날개 위에 앉아 있으며 더욱이 혼자가 아님을 알았다. 그는 자신과 같이 있던 사람이 이미 작고하여 만나볼 기회가 전혀 없었던 친척이었음을 나중에 깨달았다. 사실상 이런 이례적인 만남 때문에 알렉산더는 이 체험이 실재라는 것을 확신하게 되었다. 만일 이 친척을 만나지 않았다면 대뇌피질 기능 결핍의 결과로 생각했을 수도 있다. 흥미롭게도 그는 신(그의 표현으로는 '옴Om')과도 조우했다고 한다. 신은 그에게 자유의지가 어떤 식으로든 악의 존재를 정당화한다는 것과 우리 세계 밖에서는 인과관계가 다른 방식으로 작용한다는 것 등 몇 가지 진부한 정보를 알려주었다고 한다.

이제 알렉산더의 천국을 모든 사람이 날개를 가지고 있고 늙지도 않는다는 콜튼 부포의 천국과 비교해보자. 콜튼은 맹장 파열로 위급한 상태에서 수술을 받아야 했다. 전해지는 바로는 수술이 진행되던 중에 콜튼의 영혼이 육체를 떠나 자신의 수술 광경과 병원의 다른 방에서 대기하고 있던 부모의 모습을 볼 수 있었다고 한다.

그리고는 천국으로 갔는데, 그곳은 '금이나 은 같은' 것으로 이루어진 도시라고 했다. 콜튼은 예수의 무릎에 앉았던 것을 기억했으며, 예수가 갈색의 머리칼과 턱수염, 아름다운 눈을 가졌고 황금관을 머리에 쓰고 자주색 띠가 있는 흰색 로브를 입고 무지갯빛 말을 타고 있었던 것으로 묘사했다. 또한 콜튼은 이전에 작고하여 만나본 적이 없는 할아버지와 유산되어 태어나지 못했던 누이도 만났다. 그 외에도 콜튼은 세례자 요한, 다윗 왕, 삼손, 심지어 성령Holy Spirit까지 만났다고 했는데, 성령은 '다소 우울해kind of blue' 보였다고 주장했다. 콜튼은 하느님의 옥좌를 보았다고 말하면서 "우리를 진정으로, 진실로 사랑하는" 상상할 수 없을 정도로 거대한 하느님의 오른편에 아들 예수가 앉아 있던 광경을 묘사했다.

물론 이런 이야기들은 멋지게 들린다. 여기서 우리의 목적에 비추어 볼 때 흥미로운 점은 콜튼의 설명이 알렉산더의 체험과 전적으로 배치된다는 것이다. 알렉산더의 임사체험에서 그는 자신에게 일어나는 사건과 사물을 의도적으로 조종할 수 있었지만, 그런 자유의지가 콜튼의 임사체험에 없다는 점은 분명하다. 콜튼은 전형적인 유체이탈을 경험했지만 알렉산더는 육체와 분리된 상태에서 깨어났다. 반면에 콜튼은 임사체험 중에 실제로 육체를 소유했으며 자신의 정체성을 기억하는 데 아무런 어려움이 없었다. 콜튼은 천국을 황금의 도시로 묘사했는데, 이는 푸르고 활기찬 알렉산더의 전원과 대비된다. 콜튼이 알렉산더처럼 거대한 나비를 타 볼 기회가 없었음도 확실하다.

또한 이 두 사례는 그들이 기존에 가지고 있던 문화적 지식이 임사체험에 서로 다른 방식으로 반영되었음을 보여준다. 콜튼의 임사체험에는 무지갯빛 말을 탄 예수가 나온다. 예수는 심지어 콜튼에게 숙제까지 주었다고 한다. 알렉산더의 임사체험이 목사의 아들인 콜튼에 비하여 종교적 색채가 매우 옅다는 사실에도 주목해야 한다. 콜튼은 (성서에 따라) 미래에 선과 악 사이에서 벌어질 종말론적 성전을 보여주는 천상의 계시를 받았지만 알렉산더에게는 이런 정보가 주어지지 않았다. 콜튼의 천국에서는 모든 사람에게 날개와 머리 위의 후광이 있었으며 많은 기독교의 성인이 나타났지만, 알렉산더의 체험에는 이들 중 아무도 없었다. 콜튼의 임사체험 중 많은 부분이 기묘하게도 성경 그림책, 교회의 예배 의식, 주일 학교 등을 연상시키는 반면에 알렉산더의 체험에는 그런 부분이 없는 것은 단순한 '우연의 결과'일까?

그리고 신의 문제도 있다. 알렉산더가 경험한 신은 단지 육체가 없을 뿐만 아니라 모든 것을 아우르면서 텔레파시로 소통하는 존재인 반면에, 콜튼이 만난 신은 기본적으로 엄청나게 큰 옥좌에 앉은 거대한 인간 형상의 존재였다. 또한 알렉산더는 기독교적 삼위일체의 실재를 확인하지 못한 반면에 어린 콜튼은 천국에 있는 동안 이를 확실히 알았다. 이런 차이점들은 단순한 주관성의 차이에서 나온 부산물이 아니다. 두 사람의 임사체험에서 상충하는 정보나 편견을 (어떻게든) 배제하더라도 여기서 일관된 체험을 이끌어낼 수는 없을 것 같다. 두 사람의 설명은 너무 달라서 '양자 모두' 사실일 수는 없으며, 둘 중 하나 혹은 둘 다 사실이 아니다. 필자는 이를 '불일치 문제problem of incongruence'라고 부른다. 이 문제는 미국과 여타 서구권 밖의 임사체험 사례를 비교하면 더욱 분명해진다.

서구권 밖에서 가장 잘 알려진 임사체험은 힌두교 국가인 인도의 사례다. 다음 두 가지 예를 전형적인 것으로 볼 수 있다. 차주 바니아Chhajju Bania라는 남자가 열병으로 사경을 헤맸다. 그의 가족들은 그가 죽었다고 생각해 시신의 화장을 준비했다. 그런데 갑자기 그가 의식을 회복하고 가족들에게 자신이 사후세계에 다녀왔다고 말하여 모두를 놀라게 했다. 그는 자신이 '검은 전령들'에게 붙잡혀 노란 옷을 입고 큰 의자에 앉아 있는 힌두의 신 얌라즈Yamraj• 앞으로 끌려갔다고 했다. 차주는 자신이 책과 기록물 더미 속에 앉아서 천국의 등록 절차를 주관하는 여러 서기와 펜을 든 노부인을 보았고, 한 서기가 이 사람은 '짐꾼' 차주 바니아가 아니고 '장사꾼' 차주 바니아라고 소리쳤다고 했다. 장사꾼 차주 바니아는 그곳에서 머물고 싶다는 희망을 피력했지만 자신의 남아 있는 생을 마저 살도록 돌려보내졌다는 것이다.

또 다른 인도인은 열 명의 사람들에게 끌려간 끔찍한 경험을 설명했다. 그가 도주하려 하자, 그들은 그가 다시는 도주를 못하도록 벌로 무릎부터 다리까지를 절단했다고 했다. 그후에 사오십 명이 탁자에 둘러앉아 있는 장소로 끌려갔는데, 앞의 사례와 같이 그의 이름이 '서류'에 없어서 다시 현생으로 돌아왔다는 것이다.

일반적으로 말해서 이런 인도의 임사체험 사례들과 서구의 전형적인 사례들 사이에는 여러 가지 주목할 만한 차이점이 있다. 예

• 죽음의 신이며 사후세계의 통치자(당신이 힌두교도일 경우에만). 산스크리트어로는 야마Yama. 한국 무속신앙에서는 염라대왕으로 알려져 있다.

를 들면 서구에서는 임사체험과 동의어가 되다시피 한 유체이탈이 나 터널 안에 있는 느낌 같은 체험이 인도의 사례에서는 거의 없어 보인다는 점이다. 또한 서구의 사례, 특히 기독교도의 임사체험에 항상 나타나는 초월적 요소도 찾아보기 어렵다. 인도의 임사체험은 훨씬 더 세속적이다.

또 다른 차이점은 소위 '삶의 회고'와 관련된다. 서구권 사람들은 흔히 자신의 삶 전체와 그것이 주위 사람들과 세계에 미친 영향이 삼차원의 천연색 파노라마처럼 펼쳐지는 경험을 묘사한다. 반면 인도에서는 아카식 레코드Akashic Record•를 꺼내 읽는 경우 외에는 삶을 회고하는 경험이 없다. 또한 서구인은 현생의 삶으로 돌아가고자 하는 (적어도 마지막에는) 경우가 더 많은 반면에 인도인은 대체로 현생으로 돌아오기를 주저하는 경향이 있다. 이와 관련하여 인도의 임사체험은 일종의 '사후세계 이민 통제 부서afterlife immigration control department'를 포함하는 경우가 많다. 이곳에서 죽음이 예정된 당사자가 아니고 착오로 오게 된 것으로 밝혀진 사람은 현생으로 돌아가야 한다. 그러면 통상 자신의 희망과는 반하여 조용히 현세로 돌려보내진다. 서구의 임사체험에서 이런 기묘한 상황이 기술된 사례는 없는 듯하다. 오히려 서구인들은 자신이 가족이나 아직 현생에서 하고 싶은 일 때문에 돌아오는 쪽을 선택했다고 말하거나, 돌아온 이유에 대한 설명을 전혀 하지 않기도 한다.

이 모든 사례들 간의 불일치를 단순한 해석의 차이로서 설명하

• 오컬트 문화에 등장하곤 하는 우주의 모든 진리에 대한 기록. 미래의 일도 모두 기록되어 있어서 점술가들은 이것을 읽고 예언을 내린다고 한다.

기는 불가능하다. 우리에게는 인도뿐 아니라 지구상의 모든 지역에 걸친, 역사가 기록된 기간의 대부분을 아우르는 임사체험의 기록이 있다. 그 모든 사례가 독특한 특징을 지니며 문화에 따른 고유한 특성을 보인다는 것은 놀라운 일이 아니다. 이것은 무엇보다도 임사체험을 사후세계가 실재한다는 증거로 삼으려하는 사람들에게 문제가 된다. 장소나 사건에 대한 설명에서 동일한 지점이 없기 때문이다.

임사체험을 겪고 돌아온 사람들 모두가 동일한 설명을 한다면 상황이 얼마나 달라질 것인가? 그것이 사후세계의 실재에 대한 매우 강력한 주장이 되리라는 점은 분명하다. 예컨대 무슬림, 무신론자, 힌두교도 등이 모두 예수 그리스도와 성 삼위일체를 말하면서 기독교적 특성을 가진 천국을 보고한다고 상상해보라. 그러나 실제로 우리가 임사체험 동안 보는 것은 임사체험이 두뇌 내부 작용의 산물일 경우 예측할 수 있는 것과 정확히 일치한다. 기독교도는 예수의 모습을 보고 힌두교도는 얌라즈를 보며, 아이들의 임사체험은 성인보다 단순한 경우가 많다. 임사체험이 사람들의 주변 세계에 대한 인식과 그들이 간직한 믿음(양자 모두 물리적 두뇌에 의하여 조정됨은 명백하다.)의 영향을 받는다면, 사실상 임사체험 또한 물리적 두뇌의 산물이라고 추론하는 것이 합리적이지 않을까? 번역 장영재

뇌의 전기자극과 유체이탈경험에 대하여

제임스 앨런 체인

올라프 블랑케Olaf Blanke와 그의 연구 팀이 2002년에 발표한 연구가 언론의 주목을 받았다. 《네이처》에 실린 이 논문은 43세 스위스 여성의 우뇌 각회angular gyrus에 전기자극을 주어서 유체이탈경험을 유도한 결과를 기술했다.

이 여성은 우측 측두엽 간질로 인한 복합 부분 발작을 겪는 환자였다. 뇌 지도를 만드는 과정에서 환자 뇌 표면에 직접적인 자극을 주자 전정계 반응이 유도되어 환자는 '침대로 가라앉는 듯한' 느낌과 '높은 곳에서 떨어지는' 느낌을 받았다. 같은 부위에 자극을 증가시켰더니 환자는 유체이탈을 경험했다. 환자는 당시 상황을 이렇게 묘사했다. "나는 침대에 누워 있는 나를 위에서 내려다보고 있어요. 그런데 다리와 몸 아래쪽만 보여요." 같은 자극을 두 번 반복해도 같은 효과를 나타냈고, 환자는 '몸이 가볍고, 떠다니는 듯한' 기분을 느꼈다. 유체이탈을 경험하는 동안 환자는 침대에서 2미터가량 높은 곳, 천장 바로 아래에 떠 있었다고 대답했다.

이 연구는 그 자체로 매혹적인 주제를 다룰 뿐만 아니라 초자연적 현상의 강력한 증거로 이용되는 유체이탈경험을 자연 현상으로 설명한다는 점에서 큰 주목을 받았다. 이상한 경험에 대한 신경과학의 경험적 분석과 이론 모두가 점점 정교해지면서 한때 유행했던 초자연주의는 점차 낡고 초라해지고 있다. 사실상 초자연주의는 모든 분야에서 주변부로 밀려나고 있다. 이제 초자연주의는 과학적으로 설명할 수 없는 '어떤 것'의 미스터리를 붙들려는 노력으로 보일 뿐이다. 이렇듯 누더기가 된 초자연적 현상 중 하나가 유체이탈경험이다.

미스터리 최후의 보루를 수호하기 위해서는 끝내 수수께끼가 풀리는 상황을 막고자 시시하고 수상쩍은 주장에 기대야 한다. 흔한 시간 끌기 전략 중 하나로 자연주의적 증거가 가짜라며 무시하는 방법이 있다. 즉, 자연주의 측의 설명이 잘못됐다고 주장하는 것이 아니라, 정확한 대상을 설명하지 못했다고 주장하는 것이다. 이런 진위 논쟁은 모호성 때문에 정확하게 밝히기가 힘들고 어렵다. 나는 이런 사실을 유념하며 J. M. 홀든J. M. Holden 연구 팀이 《임사경험회보Journal of Near-Death Experiences》에 발표한 몇 가지 관련 주장을 분석했다. 그들은 논문에서 블랑케 연구 팀이 발표한 유체이탈경험은 '전형적인' 유체이탈경험이 아니며, 진짜 유체이탈경험과 혼동해서는 안 된다고 주장했다.

전형적인 유체이탈이란 무엇인가?

블랑케의 유체이탈 연구를 비판하면서 홀든은 《네이처》 논문에서 사용한 유체이탈경험의 정의가 전반적으로 유럽과 북아메리카 연구자들이 수용하는 정의와 일치하며, "모든 면에서 스위스 환자의 경험은 유체이탈경험이라는 정의에 적합하다"라고 인정했다. 사실 블랑케 연구 팀은 명확하고 폭넓게 받아들여지는 정의를 채택하기 위해 다수의 연구를 분석한 여러 논문을 이용해 유체이탈경험의 정의를 상당히 세부적인 면까지 다뤘다. 그들은 유체이탈경험이 다음의 조건으로 이뤄졌다고 봤다. (1) 자신의 몸에서 분리된 느낌. (2) 자신의 몸을 바라본 경험. (3) 위쪽에서 내려다본 경험. 《네이처》에 발표한 스위스 여성의 경험은 이 세 조건을 모두 충족한다.

누군가는 처음부터 이런 홀든의 양보가 계획을 망쳤을 것으로 생각할지도 모르지만 그렇지 않았다. 홀든 연구 팀은 내가 '전형성 논쟁typicality argument'이라고 부르는 애매한 논쟁으로 방향을 튼다. 홀든 연구 팀은 C. E. 그린C. E. Green이 1968년 발표한 《유체이탈경험Out-of-Body Experiences》에 나온 일화를 소개하며 시작한다.

> 의식이 돌아오기 전, 나는 방 모서리의 천장에서 병원 침대를 내려다보았다. 이불이 말려 올라가 있었고 다리의 무릎 아랫부분이 이불 밖으로 나와 있었다.
>
> 오른쪽 발목 주변과 무릎 아래쪽에 붕대가 감겨 있었다. 각각은

반창고로 다리에 고정되어 있었다. 나는 하얀 붕대에 대비된 붉은 피부를 보고 충격을 받았다.

다시 의식이 돌아왔을 때, 두 명의 간호사가 침대 발치에 서서 기계 화면을 보고 있었다. 그중 한 명은 상당히 젊었다. 그들이 병실을 나가자마자 나는 몸을 일으켰고, '몸 밖에서' 보았던 것과 정확히 동일한 광경을 목격했다.

더운 날씨로 인해 아마 발이 이불 밖으로 나와 있었을 것이다. 특이한 방식으로 감은 붕대는 방 모서리 천장에서 본 것과 같았고, 붉은 피부와 하얀 붕대의 대비는 놀랍게 보였다.

홀든 연구 팀은 이 사례와 블랑케의 환자의 진술을 비교하면서 두 사례가 전형성의 네 가지 측면에서 다르다고 했다. 그것은 몸 전체와 일부분의 관찰, 건강상 문제가 있는 신체 부위를 보는 시선, 몸의 뒤틀림, 몸의 움직임이었다.

홀든 연구 팀은 유체이탈이 유도된 환자가 자신의 몸 일부분만을 본 경우는 전형적이지 않다고 주장했다. 하지만 그들은 관찰된 신체 정도가 왜 전형성에서 중요한지 설명하지 않았다. 다른 문헌들을 살펴보면, 자신의 몸을 일부도 보지 못한 사례도 많아서 이 부분에는 상당히 많은 변수가 존재한다. '전형적인' 유체이탈경험에서 자신의 몸 전체를 보는 조건이 중요하다면, 유체이탈경험으로 알려진 수많은 사례 역시 비전형적인 유체이탈이 된다. 여기에는 홀든 연구 팀이 제시한 '전형적인' 사례도 포함되는데, 여기에서도 환자는 자신의 무릎 아랫부분만을 봤다고 보고했기 때문이다.

불행하게도 유체이탈경험의 대부분 사례는 일화적 기록이든 임상 연구 사례든 세부 사항이 자세히 기록되지 않아서, 유체이탈 경험자들이 "나는 나를 보고 있어요"라고 말할 때 무엇을 보고 있는지 정확하게 알 수 없다. 유체이탈을 하는 동안 몸의 어느 부분을 얼마나 봐야 '전형적' 사례인지 결정하려면 더 체계적인 연구가 필요하다. 하지만 관찰된 신체 부위 범위가 유체이탈경험에 대한 기준처럼 보이지는 않는다.

두 번째 '전형성'은 '건강상의 우려'에 근거한 부상 부위에 대한 강박적인 관찰이다. 마찬가지로 홀든 연구 팀이 왜 이를 유체이탈경험의 중요한 기준으로 여기는지 알 수 없다. 이 이야기에 나오는 사람이 몸 안에 있든, 밖에 있든 신체적 관심 부위를 주목하고 살펴본 것은 놀랍지 않지만, 왜 이것을 유체이탈경험의 '전형적인' 특징으로 여기는지 혹은 어떤 연관성을 갖는지는 설명하지 않는다.

세 번째는 블랑케의 환자가 보고한 몸의 뒤틀림이 유체이탈경험의 특징이 아니라는 것이다. 떠다니는 느낌, 날아가는 느낌, 떨어지는 느낌처럼 강렬한 신체 감각과 달리, 몸의 뒤틀림은 유체이탈경험 기록에서 아주 드물게 나타난다. 홀든 연구 팀은 수백 건의 유체이탈 사례에서 "유체이탈경험 도중에 몸이 뒤틀린 사례는 한 건에 불과하다"라고 말했다. 그러나 블랑케 논문에 나타난 몸의 뒤틀림은 유체이탈경험 도중에 일어나지 않았다는 데 주목해야 한다. 몸이 뒤틀리는 현상은 각각 다른 조건에서 나중에 주어진 자극에 대한 반응으로 나타났다. 양쪽 다리와 왼쪽 팔이 짧아지는 뒤틀림은 환자가 눈을 뜨고 자기 몸을 쳐다보는 도중에 일어났다. 따라서 환자 몸의 뒤틀림은 환자가 유체이탈경험을 하지 않을 때 일어난 것이다. 이런 뒤틀림은 확실히 유체이탈경험의 신경학적 특성을 암시하는 흥미로운 현상일 뿐 전형성 논쟁과는 상관이 없다.

마지막으로 홀든 연구 팀은 환자의 경험이 '비현실적이고, 단편적이며, 왜곡되었고, 환상적'이라고 주장했다. 이런 형용사는 위에서 논한 본인들의 주장을 단순히 반복하는 어구일 뿐이다.

여기에서 '환상적'이라는 단어는 다소 모호한 방식으로 사용되었다. 혼란이 생긴 원인은 블랑케도 환자의 경험을 설명할 때 '환상적'이라는 단어를 썼기 때문이다. 홀든은 이 단어를 근거로 블랑케 연구 팀의 환자가 겪은 경험이 비전형적이라고 주장했다. 짐작건대, '진짜' 유체이탈경험은 '환상적'으로 느껴지기보다는 '현실'처럼 느껴지기 때문일 것이다. 하지만 이것은 단순히 말장난일 뿐이다. 블랑케 연구 팀이 그 단어를 선택한 것은 환자의 경험이 환상에 불과하다는 연구 팀의 강한 믿음에 의한 것으로 환자가 자신의 경험에 대해 직접 느낀 주관적인 인식과는 상관없다. 사실 환자의 말을 간략하게 언급한 부분을 살펴보면, 환자는 자신의 경험이 '현실'이었으며 '환상'이 아니라고 생각한 것을 알 수 있다.

경험의 현실성과 환상

명백히 이례적인 경험을 설명할 때는 경험의 기괴함이나 현실 가능성, 경험을 할 때 느낀 '현실성'을 구분하는 것이 중요하다. 내가 연구한 가장 기이한 경험을 한 사람 대부분은 그 경험이 '생생했으며' 매우 강렬했다고 주장하지만, 지금은 그것이 환상이라고 여기고 있다. 분명히 사람들은 경험의 현실성과 현상의 환상적 본질을 동시에 수용할 수 있다.

의식의 내용과 관련해 우리에게는 개인적인 유체이탈경험을 그대로 받아들이는 것 말고는 다른 선택권이 없다. 현재의 방법과 기술로는 이런 주장들에 대한 사실 여부를 확인할 수 없기 때문이다. 이런 주장을 평가할 때는 분별력, 공감, 모의실험, 관용을 최대한 이용하는 수밖에 없다. 하지만 우리는 유체이탈경험이 몸 밖에서 일어나는 무언가를 대표한다는 개인의 경험적 주장을 수용할 필요도 없고, 수용해서도 안 된다. 이런 주장은 독립적으로 평가해야 한다. 그렇다고 해서 경험에 대한 개인적 보고의 가치와 진정성을 평가절하하거나 의심하는 것은 아니다. 단지 개인의 경험담에서 가치 있는 결론을 끌어내기 위한 논리적인 제약이 있을 뿐이다.

홀든 연구 팀은 블랑케 연구 팀이 전형적인 유체이탈경험과는 연관성이 낮은, 그저 '유체이탈경험의 단면'만을 끌어냈다고 결론 내렸다. 홀든 연구 팀은 삼두근을 움직여서 겨우 찻잔을 더듬었다고 비유했다. 하지만 블랑케의 환자는 자신의 몸에서 분리된 느낌을 받았고, 천장 근처 높은 곳에 떠 있는 감각을 느꼈으며, 그 위치에서 방과 자신의 몸 일부분을 보았다고 했다. 명백하게 유체이탈경험의 주요 특징이 모두 나타난 것이다. 블랑케 연구 팀과 이 분야의 다른 연구 팀이 제시한 더 명확한 정의를 무시하고 찾기도 힘든 '전형적인 유체이탈경험'의 기준을 확장하면서 홀든 연구 팀은 치명적인 모호함을 끌어들였다. 그들은 무더기 역설Sorites Paradox이라 불리는 오류를 범하고 있다(무더기가 무더기가 아니게 될 때는 언제일까? 포도가 한 무더기가 되려면 몇 개나 있어야 할까?). 이는 그저 필요에 따라 기준을 확장해서 달갑지 않은 증거를 증거 무더기에서 제외하는 처사일 뿐이다. 왜 이런 방식으로 논쟁해야 하는지 되묻는 것은 당연하다.

방 안의 코끼리

전형성 논쟁에 숨어 있는 코끼리는 홀든 논문 마지막 두 번째 쪽에서 모습을 드러낸다. 본질적으로 논쟁의 쟁점은 유도된 유체이탈경험의 전형성이 아니라 실재성veridicality으로 보인다. 즉, 이는 그 경험이 어느 정도까지 뇌 밖의 존재를 나타내는지에 대한 논쟁이다(예를 들어 다른 차원들을 잇는 다리, 천국 등). 홀든 연구 팀이 제시한 사례가 유체이탈경험을 초감각 지각의 한 형태로 설명한 그린의 책 마지막 부분에 나온다는 점은 흥미롭다. 홀든 연구 팀은 자연과학의 접근 방법으로 인해 유체이탈경험이 초자연주의적 존재에 대한 증거에서 배제될까봐 두려워했다. 과학에서 '환상'이나 '환각' 같은 꼬리표는 더 높은, 혹은 더 깊은 실재의 가능성을 부정한다는 징표기 때문이다. 홀든 연구 팀은 이런 가정을 매우 모욕적이라고 생각했다.

홀든 연구 팀은 "미래에 과학이 뇌의 특정 영역에 전기자극을 주면, 일관되게 전형적인 유체이탈경험을 유도할 수 있다고 확정적으로 증명하더라도, 이 발견이 유체이탈경험과 관련된 진실한 지각을 설명할 수는 없다"라고 주장했다. 물론 맞는 이야기다. 하지만 이 연구는 진실한 지각을 탐구하기 위해 설계된 실험이 아니었다. 실재성에 관한 질문에 답하기 위해서는 완전히 다른 실험설계가 필요하다. 뇌를 포함하는 자연주의적 설명이 왜 유체이탈경험을 설명하기에 충분하지 않은지 분명하지 않지만, 그전에 다음과 같은 질문을 먼저 던져야 한다. 경험의 실재성을 진지하게 검증할 만한 과학적 방법이 있는가? 자신들의 주장이 모호하다는 사실은 홀든 연구 팀 논문 마지막에서 분명히 드러난다. 그들은 "과학이 유체이탈 지각의 정확성에 관한 질문을 아직 해결하지 못했다"거나 "의식이 신체와 독립적으로 기능한다"라고 주장한다. 그리고는 마치 위대한 과학 논쟁처럼 대등하게 균형을 이루어 일종의 교착 상태에 빠진 것처럼 말한다.

유체이탈경험의 물리적 원인이 가지는 함축

홀든 연구 팀은 이런 비판과 함께 인과관계에 관한 중요한 질문을 제기했지만, 그 과정에서 독립된 두 주제를 섞어버렸다. 먼저 홀든 연구 팀은 "뇌가 유체이탈경험과 연관을 갖는다고 말하는 것과 뇌의 전기자극이 전형적인 유체이탈경험을 일으킨다고 주장하는 것은 전혀 다른 문제"라고 주장했다. 이 문장은 기술적으로는 옳지만, 그들의 반론은 부당하다. 블랑케 연구 팀이 한 일은 대뇌피질의 특정 영역을 직접 자극해 반복적으로 유체이탈경험을 일으킨 것이다. 자극을 받은 특정 구조가 유체이탈경험과 고유한 인과적 관계를 갖는 것인지는 또 다른 문제로 첫 번째 문제와 혼동해서는 안 된다.

블랑케 연구 팀이 《네이처》에 발표한 논문의 부제는 다음과 같이 대담하다. “유체이탈경험을 유도할 수 있는 뇌 영역이 밝혀지다.” 이 주장에 일부 문제는 있지만, 특정 영역에 주어진 자극이 유체이탈경험을 유도했다는 사실은 과학적 관점에서 중요한 정보를 제공한다. 여기에서 중요한 것은 유체이탈경험을 유도하기 위해 어떤 기술을 고안해냈는지가 아니다. 숙련된 전문가들이 수년 동안 이 일을 해왔다. 또한 생리학적 과정을 통해 이런 일이 일어난다는 단순한 사실이 중요한 것도 아니다. 그보다는 유체이탈경험을 일으키는 것으로 발견된 뇌 영역이 이전에 보고된 수많은 과학 문헌 내용과 일치하며, 더 깊은 정보를 제공하느냐가 중요하다.

이전에 발표된 특발성 유체이탈 경험자에 대한 수많은 신경학 논문은 두정엽, 측두엽, 후두엽 연결 부분의 교란을 계속해서 암시했다. 이 부분은 평형 감각, 운동 감각, 그 외 다른 신체 감각을 통합하는 중요한 부분으로 여겨진다. 이 결과는 개인에 따른 다양한 전정 감각의 교란, 수면에 빠질 때 일어나는 유체이탈경험과도 일치하며, 두정엽이 연관되었을 가능성을 다시 한번 암시한다. 이런 발견은 특정 뇌 영역 기능에 관한 지식을 통합하고, 유체이탈경험뿐만 아니라 평형기능장애 전반에 관한 신경학적 모형을 세우는 데 도움이 된다. 내가 이 점을 강조하는 이유는 유체이탈경험 같은 현상에 대한 과학적 분석과 설명이 과학적 세계관의 관점에서 형이상학적인 다른 세계관을 비난하려는 것이 아니라, 인간의 경험에 대한 과학적 이해를 넓히려는 시도임을 알리고 싶어서다.

유체이탈경험이나 다른 특이한 경험에 과학적으로 설명할 수 없는 ‘다른 무언가’가 있다면, 이런 가능성은 여기에서 고려한 것과는 다른 종류의 연구가 필요하다. 이 다른 연구는 유체이탈경험의 실재성을 관찰하고 통제된 방법으로 엄격하게 이뤄질 필요가 있다. 이와 관련된 연구는 현재 진행 중이지만, 내 지식에 비추어볼 때 긍정적 결과는 아직 보고되지 않았다. 번역 김보은

심령사진의 비밀

대니얼 록스턴

최초의 심령사진은 지금으로부터 150년 전 미국에서 등장했다. 사진사였던 윌리엄 멈러William Mumler가 찍은 사진에 죽은 사람의 모습이 나타난 것이다. 이 일로 멈러는 심령사진사로 유명해지고 많은 돈도 벌게 되었다. 멈러가 심령사진을 찍고 난 이후, 여기저기서 다른 사진사들도 카메라로 유령을 찍을 수 있다고 떠들고 다녔다. 과연 그 심령사진들은 진짜였을까? 만약 속임수가 있었다면, 우리는 어떻게 그것을 밝혀낼 수 있을까? 그리고 왜 그토록 많은 사람들이 이들의 주장을 믿었던 걸까? 속임수가 난무하는 심령사진의 세계를 파헤쳐보자.

뭐! 유령이 사진에 찍혔다고?

심령론자들이란 사람이 죽은 뒤에도 그 영혼은 계속 남아 있다고 믿는 사람들을 말한다. 이들은 강령회를 열어 죽은 사람의 영혼과 대화를 하려고 한다. 이때 '영매靈媒'라는 사람들은 영혼과 인간의 매개자를 자처하며 강령회 장소로 혼령들을 불러내 말을 거는 역할을 한다.

사실 영매가 영혼과 말하는 척하면서 사람들을 속이는 것은 식은 죽 먹기나 다름없다. 심령론자들도 모든 영매가 믿을 만한 사람이 아니라는 것 정도는 알고 있다. 심령사진이 조작될 수 있다는 것도 모르진 않다.

멈러가 처음 심령사진을 들고 나왔을 때, 심령론자들은 심령사진이 '영혼이 존재한다는 증거!'라면서 크게 환영했다. 그러나 멈러의 심령사진을 의심하는 사람들이 등장하자 심령론자들 또한 멈러의 사진을 조금씩 의심하기 시작했다. 결국 멈러는 사기 혐의로 재판에 회부되었고, 멈러의 위신은 크게 떨어졌다. 특히 사진 속에 등장한 몇몇 유령들이 당시 생존해 있던 사람들이라는 사실이 밝혀지면서 멈러의 사진이 조작되었다는 의혹은 확증되었다.

이 한바탕 소동으로 심령사진은 사라졌을까? 그렇지 않다. 오히려 유령이 찍혔다는 심령사진들이 급속히 많이 등장했다. 천재 마술사로서 온갖 강령술의 거짓을 밝혀냈던 해리 후디니는 이것을 '모방 효과'라고 말했다. "강령술은 조금만 파헤쳐보면 누구든지 쉽게 따라할 수 있다. 심령사진도 마찬가지였다. 멈러가 처음 심령사진이라는 희한한 기술을 선보이자 다른 영매들도 금방 그 속임수를 익혀 따라 하기 시작했다."

심령사진에 대한 의혹이 끊이지 않는데도 심령론자들은 왜 심령사진이 영혼의 증거가 될 수 있다고 생각했을까? 심령론자들은 심령사진으로 어떻게든 영혼의 존재를 증명해보이고 싶어 했기 때문이다. 1872년 런던에서 발행된 잡지 《심령 매거진The Spiritual Magazine》은 "만약 단 한 장의 사진이라도 진짜 유령이 찍힌다면, 그것만으로 심령론은 설득력을 가지게 된다"라고 말하기도 했다.

유령에 사로잡힌 영국

심령사진 열풍은 영국에서도 이어졌다. 멈러가 법정에 선 이후 3년 만에 런던에서는 전문적인 심령사진관이 문을 열었다. 사진사 프레더릭 허드슨Frederick Hudson이 거의 매일같이 심령사진을 찍어대기 시작한 것이다. 누구라도 이 사진관에 오면 심령사진을 한 장씩 받아갈 수 있었다. 사람들은 허드슨의 사진관으로 앞다투어 몰려들기 시작했다.

허드슨의 사진 속에 등장한 유령들은 이미 세상을 떠난 사랑하는 사람들의 모습과 비슷했다. 한 남자는 죽은 딸의 모습이 찍힌 것 같다며, 다음과 같이 말했다. "너무 놀라고 기뻤어요. 그 사진은 지금껏 본 심령사진 중 최고예요."《심령 매거진》은 '근래 런던에서 본 가장 흥미로운 유령 사진'이라는 제목의 기사를 발표하며 흥분을 감추지 않았다. 어떻게 죽은 사람의 영혼을 찍을 수 있었을까?

사진에 찍힌 유령

허드슨의 심령사진이 유명해진 계기는 또 있다. 영국에서 가장 유명했던 '유령'이 허드슨의 심령사진에 포착된 것이다.

당시 런던에서 가장 많이 알려진 영매는 찰스 윌리엄스Charles Williams와 그의 파트너 프랭크 헌Frank Herne, 그리고 십대 소녀 플로렌스 쿡Florence Cook이다. 이들은 주기적으로 강령회를 열어 영혼들을 불러냈는데, 이 영혼들 또한 영매들만큼이나 유명했다. 그리고 1872년 8월 어느 날, 이들은 허드슨의 사진관에서 이 유령들의 사진을 찍는 데 성공했다. 드디어 영혼의 증거를 얻게 되었으니, 아마도 심령론자들은 축포를 터트렸을 것이다.

사실 이 영매들은 사진사 프레더릭 허드슨과 굉장히 긴밀한 사이였다. 영매들은 자신의 고객을 허드슨의 사진관으로 데려와 소개해주곤 했다. 사진을 찍는 동안 영매들은 사진관의 대기실에서 기다리다가 사진을 다 찍고 나면 허드슨과 함께 사진 인화 과정에 참여했다. 과연 허드슨의 사진관에서는 무슨 일이 벌어졌던 걸까? 왜 영매들이 사진 인화실에 따라 들어갔을까?

의혹의 실마리

모두가 심령사진에 빠져들었던 것은 아니다. 어떤 사람들은 재빠르게 허드슨의 사진에서 속임수의 단서를 발견해냈다.

우선 허드슨의 사진 속 영혼들은 그야말로 '너무' 유령 같은 복장을 하고 있었다. 한 신문은 "심령사진을 찍기란 얼마나 쉬운가. 그저 흔한 홑이불 한 장만 걸쳐 놓으면 되니"라며 비웃기도 했다.

허드슨의 심령사진

이 사진들 속에 등장하는 영매들은 사진관에서 일어난 속임수에 개입했음이 틀림없다.
일부 사진에서 '유령'들은 투명한 것이 아니라 완전한 형체를 띤 모습으로 등장하기도 한다.

딸의 영혼이 사진에 찍혔다며 기뻐했던 사람도 결국 자신도 속았다며 그 영혼이 자신의 딸의 모습이 아니라고 말했다. 그는 허드슨의 사진을 '날조'와 '사기'라고 맹렬히 비난했다.

게다가 허드슨의 속임수는 너무 쉬웠다. 그는 '이중노출' 기법으로 사진을 찍었다. 우선은 하얀색 홑이불을 뒤집어쓴 인물을 사진으로 찍는다. 그리고 그 음화陰畫(피사체와는 명암 관계가 반대인 사진)를 현상하지 않고 다시 사진기에 넣는다. 이 사진기로 사진을 찍으면 원판에 남아 있던 '유령' 이미지 위에 현재 사진에 찍히는 사람의 이미지가 덧씌워진다. 허드슨은 이 방법으로 유령 사진을 찍었던 것이다.

이 방법은 지극히 단순하다. 사진사라면 누구라도 허드슨이 사진을 어떻게 조작했는지 금방 눈치챌 정도였다. 그의 사진에는 살

아 있는 사람의 이미지 위로 사진의 뒷배경이 비춰지는 경우도 있었다. 허드슨은 이런 것들을 가리기 위해 사진을 수정하기도 했다.

유령은 어떻게 찍힌 것일까?

허드슨이 찍은 사진에 대한 논란이 커지자, 심령론자들 사이에서도 논쟁이 불거졌다. 우선 《심령 매거진》은 허드슨을 전적으로 지지했다. 허드슨과 친했던 영매들도 그의 편이었다. 물론 허드슨이 속임수를 썼다고 판명되면 영매들의 평판은 크게 떨어질 것이며, 반대로 허드슨이 정직한 것으로 밝혀지면 엄청난 돈을 끌어들일 수도 있는 상황이었다. 영매들이 모두 믿을 만한 사람들인 건 아니지만, 적어도 심령론자들의 세계에서는 매우 존경을 받던 사람들이었기에 그들의 말에는 무게가 실릴 수밖에 없었다.

그러나 허드슨을 믿지 않는 심령론자도 있었다. 《심령 매거진》과 쌍벽을 이루던 잡지 《심령론자들the Spiritualist》의 편집장인 윌리엄 해리슨William Harrison이 그중 한 사람이다. 《심령론자들》은 심령론에 좀 더 비판적인 입장을 취하고 있던 잡지다. 이 잡지에서 해리슨은 계속해서 허드슨의 속임수를 비판하는 기사를 썼다. 이렇게 심령론자들은 허드슨의 반대파와 지지파로 갈려서 상대편을 향해 잘도 속아 넘어간다느니 혹은 완고하기 짝이 없다느니 하며 서로 비난을 멈추지 않았다.

일단 해리슨은 허드슨의 사진에는 중대한 두 가지 문제점이 있다고 지적한다. 그중 하나가 앞에서도 언급한 이중노출의 증거다. 다른 하나는 좀 더 기묘하다. 바로 영매 프랭크 헌, 그 자신이 유령으로 찍혔던 것이다!

살아 있는 유령?

"이 유령이 프랭크랑 똑같이 생겼다는 것이 바로 프랭크가 허드슨을 도와 엉터리 사진을 찍었다는 명백한 증거다. 다른 설명은 할 필요도 없다."

이 사진에서 프랭크 헌은 속이 비치는 하얀 홑이불을 걸치고 마치 유령처럼 등장한다. 어떻게 살아 있는 사람의 유령이 있을 수 있을까? 해리슨은 이 사진이 바로 허드슨이 사진을 조작했다는 중대한 증거라고 주장한다. 물론 프랭

'살아 있는 유령'이라고?
논란이 되었던 프랭크 헌의 사진

크 헌은 조작설을 부인했다. 프랭크는 허드슨과 함께 공동 서명으로 신문에 편지를 보냈다. "나는 영혼인 것처럼 보이도록 유령 옷을 입고 사진을 찍었다는 혐의를 강력히 부인한다!"

그렇다면 왜 그 '유령'은 프랭크와 똑같은 모습을 하고 있었을까? 프랭크의 대답은 간단하다. "나도 도저히 설명할 길이 없다. 영혼의 현시라는 것은 때로 설명이 불가능하다." 영혼은 신비한 것이라고 물러서는 이런 애매한 태도는 그들이 심령사진을 옹호하는 주요한 방어 전략 중 하나였다.

드디어 유령이 말을 하다!

허드슨의 지지자는 또 있다. 그것은 다름 아닌 유령들 그 자신이다. 좀 더 정확히 말하자면, 영매들은 유령을 통해 허드슨을 옹호하는 메시지를 지속적으로 퍼뜨렸다. 허드슨의 사진에 나타난 이중노출의 흔적들은 속임수가 아니라 영혼들의 힘에 의해서 우연히 발생했다는 것이다.

> "내 사진 속에 나타난 형상들은 영혼의 오라 때문이다. (중략) 이론적으로 설명할 수 없지만 빛이 영혼의 오라를 통과할 때 영혼의 굴절된 상이 종종 감광판 위에 아주 선명하게 드러나기도 한다."(허드슨)

허드슨은 모든 의혹에 대해 이렇듯 간단한 설명으로 대응했다. 그리고 심령사진을 믿고 싶어 하는 심령론자들은 사진 조작의 흔적에 별 의미를 두지 않았다. 《심령 매거진》은 "전문적인 사진사들이 심령사진술의 독특한 기법을 잘 이해하고 있어야지만, 그들의 의견이 권위를 가질 수 있을 것이다"라고 주장했다. 그러나 명백하게 드러난 조작의 흔적조차도 무시한다면, 진짜 심령사진(만약 그런 게 존재한다면)과 조작된 가짜 사진은 대체 어떻게 구분할 수 있단 말일까?

프랭크 헌의 살아 있는 유령 문제는 해결되었을까? 프랭크 헌과 찰스 윌리엄스는 강령회에서 살아 있는 유령이 나타나는 상황을 재현하기도 한다. 외모뿐 아니라 목소리 그리고 느낌도 헌과 똑같은 사람이 나타나 모든 상황에 대해 설명했다는 것이다. 이 유령은 "나는 프랭크 헌의 형인 윌리 헌이다. 내가 바로 사진에 나타났던 그 형상이다"라고 주장한다. 또한 그는 이 모든 사실을 《심령론자들》의 편집장인 윌리엄 해리슨에게도 전하라는 말도 덧붙였다.

현장에서 딱 걸림

1878년 찰스 윌리엄스는 강령회가 열리는 동안 영혼인 척 행세를 하다가 발각되었다. 회원들 사이에 주먹이 오가고 온갖 집기들이 부서지기도 했다. 붙잡힐 당시 윌리엄스는 가짜 수염을 단 채 몇 폭짜리 흰 천을 뒤집어쓰고 형광색 액체가 담긴 병을 들고 있었다.

이 소식을 들은 해리슨은 "그들은 자신을 옹호하기 위해 온갖 방법을 동원하고 있다"라며 비웃었다. 하지만 허드슨을 지지하는《심령 매거진》은 프랭크 헌의 주장이 설득력 있다며 "영혼 스스로가 나서서 옹호한 것이다"라고 받아들였다. "영혼은 결코 쓸데없는 짓을 하지 않는다고 생각한다."

과학자 vs. 과학자

월리스는 동료 과학자들에게 영혼에 대한 '실험적 증거'를 보다 진지하게 받아들이라고 힐책했다. 과학자의 관점에서 볼 때, 심령사진은 영혼이 존재한다는 것을 입증하는 분명한 증거라는 것이다. 월리스의 주장에 동료 과학자들도 조금씩 반응을 보이기 시작했다. 그 대표적인 과학자가 초자연현상 연구자 엘리너 시지윅Eleanor Sidgwick이다.

엘리너는 1891년 심령연구협회 회보에서 어떻게 월리스의 심령사진 속에 그의 어머니가 나타날 수 있는지 밝혔다. 먼저 지적할 것은 월리스처럼 유명한 사람이라면 허드슨도 월리스의 가족 중 누가 고인이 되었는지 쉽게 알아낼 수 있다는 점이다. 보통 심령사진사들은 다른 심령론자들과 친하게 지내면서 그들의 개인적 정보를 쉽게 얻을 수 있다.

두 번째로 사진사들은 영매를 통해 고객들의 정보를 얻을 수 있다. 사진사와 영매가 모종의 결탁을 하는 것이다. 대부분의 고객들은 영매의 소개로 심령사진관을 찾아가는 게 일반적이며 심령사진관을 찾아가기 전에 사진사와 미리 만날 약속을 잡거나 혹은 첫 번째 방문 때는 사진을 찍지 않고 두 번째 방문 때까지 준비 기간을 가진다. 그 동안 영매는 고객의 정보(그리고 '유령'의 사진)를 사진사에게 제공하고, 사진사는 재빨리 고인의 유령 이미지가 포함된 원판을 준비한다. 윌리스의 친구였던 구피 여사는 허드슨과도 친분이 있었다. 그녀는 허드슨의 초기 심령사진에 등장하기도 했고, 실제 허드슨에게 처음 심령사진에 대한 아이디어를 제공하기도 했다. 구피 여사는 윌리스와도 각별한 친분을 맺고 윌리스의 집을 여러 차례 방문했던 사람이므로, 허드슨에게 윌리스 모친에 대한 정보나 사진을 넘겨주는 것은 아주 쉬웠을 것이다.

풀리지 않는 미스터리

심령사진에는 미스터리가 또 있다. 조사관들이 사진사가 심령사진을 찍는 과정을 낱낱이 지켜봤음에도 그 어떤 속임수도 찾아내지 못했다는 점이다. 사실 심령사진이 등장한 직후부터 그러한 종류의 속임수에 대해 의구심을 품고 사진사의 행동을 예의주시했던 사람들도 많았다. 그럼에도 불구하고 그들은 아무것도 찾아내지 못했다. 사진사들은 어떤 속임수를 써서 그토록 진짜 같은 심령사진을 찍었던 걸까?

윌리스는 사진을 찍는 전 과정을 면밀히 조사하면 심령사진에 속임수가 없다는 것이 밝혀지리라고 생각했다. "사진에 대한 지식을 가진 사람이 직접 감광판을 가져오고, 카메라나 사용된 다른 부속품들을 모두 조사하고, 사진을 찍는 전 과정을 지켜보도록 하자. 그러고도 어떤 형상이 사진에 나타난다면 그것은 심령사진을 부인할 수 없는 명백한 증거다. 분명 그 방 안에는 보이지 않는 유령이 존재하는 것이다."

실제로 허드슨은 여러 명의 조사관들이 지켜보는 가운데 자신의 스튜디오에서 심령사진을 촬영하기도 했다. 한 조사관은 다음과 같이 말했다. "허드슨 씨는 매우 진솔한 마음으로 저희를 맞아주셨고, 전혀 불편한 내색 없이 우리가 하자는 대로 그냥 두었어요. 그리고 나는 촬영이 진행되는 내내 줄곧 허드슨과 그의 감광판을 지켜보았어요. 그러한 환경에서 속임수를 쓰는 일은 불가능하다고 생각해요." 또 다른 조사관도 두 눈을 부릅뜨고 허드슨의 일거수일투족을 지켜보았기 때문에 속임수는 있을 수 없다고 믿었다. 은퇴한 한 사진가는 허드슨의 심령사진의 속임수를 밝히기 위해 손님인 척하며 허드슨의 사진관을 방문하기도 했다. 그러나 그는 허드슨의 속임수에 대한 어떠한 단서도 찾지 못했다. "제가 모두 샅샅이 살펴보았지만 그 어떤 단서도 발견하지 못했어요. 심령사진을 인정할 수밖에 없겠어요. 대체 어떻게 영혼이 사진에 찍혔는지 알 길이 없어요."

윌리스를 비롯하여 심령론자들은 그러한 증언들이 결정적 증거라고 생각했다. 그러나 과연 그 증언들이 결정적이었을까? 초자연현상을 조사하는 엘리너 시지윅의 생각은 달랐다.

마술인가? 사기인가?

"조사관들이 아무것도 찾아내지 못했다는 것은 분명 주목할 만한 사실이다. 그러나 윌리스를 비롯한 일부 심령론자들은 이 점에 중요성을 지나치게 부여한 것 같다. 문제는 아무리 똑똑한 사람이라도 속임수를 알아채기 어렵다는 점이다. 이런 종류의 속임수는 거의 마술과도 같다. 더욱이 누군가 작정하고 수를 쓴다면, 이를 알아채는 일은 절대 쉽지 않다. 아마 허드슨의 작업을 지켜본 대부분의 사람들이 자신만큼은 뭔가 대단한 걸 발견할 수 있으리라 지나친 기대를 했던 것은 아닌지 묻고 싶다. 언제, 어떤 방법으로 속임수가 일어나는지를 감지하지 못한다고 해서 그들이 우매하다는 의미는 결코 아니다. 마술사들이라고 해서 언제나 속임수를 다 포착해 낼 수 있는 것은 아니고 또 다른 마술을 모두 알아야 할 필요도 없다. 이런 종류의 사기 행위를 지켜 본 증인들이 흔히 저지르는 실수는 자신의 관찰력과 기억력을 과신하는 것이다. 특히 그들은 단 한순간도 놓치지 않고 눈을 부릅뜨고 지켜봤다고 강조하는데 정녕 단 한순간도 놓치지 않고 대체 얼마나 오랫동안 지켜보았다는 의미인지 알 수도 없다. 그래서 나는 이를 진실로 받아들이지 않는다."

마술쇼를 보는 관객들도 "한순간도 눈을 떼지 않고 지켜봤다"라고 말한다. 허드슨의 사진관을 방문했던 사람들도 일종의 마술쇼를 본 것과 마찬가지다. 그리고 그들이 경이에 차서 하는 말들은 바로 그들이 마술사에게 속아 넘어갔다는 증거라고 볼 수 있다.

허드슨은 마술사들이 쓰는 눈속임을 사용했던 게 아닐까? 1936년에 나온 《고스트 헌터의 고백Confessions of a Ghost-Hunter》이라는 책에 이런 내용이 담겨 있다. "허드슨의 심령사진 대부분은 이중노출에 의해서 촬영되었는데, 그때마다 그는 자신이 직접 개발한 카메라를 사용했다. 그 카메라는 호웰이라는 런던의 유명한 마술 도구 제작자에 의해서 만들어진 것이다. 사실 그에 대한 정보를 준 사람이 바로 나왔다." 이 마술 카메라 안에 숨겨진 장치가 감광판에 유령의 이미지를 드러나게 했고 카메라가 노출되면 감쪽같이 사라지게 만들었던 것이다. 마술처럼!

마침내 밝혀지는 속임수

시지윅이 심령사진에 대한 비판 글을 썼던 그해《여러분도 영매가 될 수 있습니다!Revelations of a Spirit Medium》라는 책이 출간되었다. 이 책은 영매들이 속임수에 사용하는 각종 방법을 공개했다. 그 중에는 심령사진사들과 결탁하여 돈벌이를 하는 방법도 포함되어 있었다! 영매들은 자신을 신뢰하는 사람들의 소망과 슬픔을 이용해 그들을 현혹하고 돈을 벌었던 것이다. 이 책은 영매들에게 고객들의 집을 직접 방문해 신뢰를 쌓고, 방문 시에는 사진기를 지참하기를 추천한다.

> "가족 앨범을 들춰보면 아마도 많은 지인들이나 친척들의 얼굴을 발견하게 될 것이다. 사진 속 인물들의 이름이나 관계를 알아내고 그들의 모습도 찍어라. 그 이유는? 간단하다. 바로 그 안에 돈 버는 방법이 들어 있기 때문이다. (중략)
> 본격적으로 돈을 벌려면, 일단 심령사진사에게 여러분이 알아낸 정보를 상세히 전달하고 그들의 모습을 찍은 사진기도 넘겨줘라. 그러면 사진사는 여러분이 찍어온 사진을 현상한 후 그 사진들을 자기 사진기의 감광판 위에 복제하고 현상을 시키지 않은 상태로 둔다. 그다음은 영매의 연기가 필요한 시점이다. 영매들은 심령론

자들과 함께 강령회를 연 후, 그 심령론자의 지인 중 한 명의 영혼을 불러내어 심령사진을 건네주고 싶다는 메시지를 전하고, 만약 사진을 얻고 싶다면 심령사진사 ○○○ 씨에게 찾아가면 얻을 수 있다고 말한다. (중략)

심령론자인 그는 당연히 매우 기뻐할 것이며 곧 당신 친구의 사진관을 방문할 것이다. 그는 사진기 앞에 선다. 감광판에 복제되어 있던 죽은 친구의 얼굴이 현상된다. 그는 매우 흡족해 한다. 한 번 사진을 찍는 비용은 5달러이므로, 만약 그가 사진을 네 번 찍으면 합산하여 20달러를 지불한다. 자, 그러면 당신은 다음 날 사진사를 찾아가 거래가 성사된 대가로 10달러를 받을 수 있다."

사진 조작 혐의가 제기되면서 허드슨의 심령사진 사업도 큰 타격을 입었다. 허드슨은 자신이 찍은 사진이 심령사진이라고 주장하지는 않을 것이며, 그 진위 여부는 각자의 결론에 맡기겠다고 발표했다. 모두 법적인 문제를 피해가기 위한 의도였던 것이다. 비평가들은 이 같은 언급을 자백으로 받아들였다. 결국 허드슨은 심령사진 사업을 시작한 지 2년 만에, 스튜디오의 임대료도 지불하지 못하고 장비까지 저당 잡히는 신세로 전락하고 말았다. 부유한 심령론자들이 저렴한 스튜디오를 구해주고 중고 장비를 마련해주기도 했다. 하지만 얼마 안 가 그는 거의 백수나 다름없는 신세가 되고 말았다.

번져나가는 사기극!

멈러와 허드슨은 몰락했지만 심령사진 사업은 결코 몰락하지 않았다. 이번에는 프랑스에서 한바탕 소동이 일어났다.

에두아르 부게Edouard Buguet는 파리 시내의 멋진 건물 꼭대기 층에 자신의 스튜디오를 갖고 있는 저명한 전문 사진사였다. 1873년, 윌리엄 멈러가 만들어낸 심령사진을 본 부게는 그 나름의 심령사진들을 만들어내기 시작했다. 그가 찍은 사진들은 프랑스와 영국의 심령론자들에게 호평을 받았다. 심령사진에 회의적인 시각을 갖고 있던 《심령론자들》의 편집장 윌리엄 해리슨마저도 깊은 인상을 받았다. 물론 교묘한 속임수가 있었다. 여기에는 꼭두각시 인형도 동원되었다.

1875년 4월, 부게는 사기행각을 벌인 혐의로 파리 경찰에 의해 체포되었다. 부게는 즉시 조작을 자백했고 경찰은 부게가 사용했던 모든 소품과 도구들을 압수했다. 다음은 부게가 심령사진을 조작한 방법이다.

고객들이 부게의 사진관으로 찾아오면, 먼저 매력적인 젊은 여성 비서가 그들을 맞아주었다. 시간을 끌기 위해 그녀는 고객들을 장시간 대기실에서 기다리게 하고 고객들로부터 사진 촬영 비용을 받고 또 그들과 대화도 나누었다. 바로 이때를 틈타서 그녀는 고객들이 사진 속에서 만나기를 희망하는 영혼에 대한 알짜 정보를 얻어 냈다. 그러나 부게가 법정에서 증언했듯이 굳이 정보를 캐내려 애쓸 필요가 없었다. 필요한 정보는 고객들이 먼저 술술 흘렸으니까.

부게는 비서에게서 넘겨받은 고객의 정보를 이용해 이중노출에 필요한 음화를 준비했다. 또한 판지를 잘라 미리 만들어둔 250장의 얼굴 중에서 고객의 정보와 가장 근접한 모형을 선택하여 그럴듯하게 만든 인체 모형에 붙였다. 그렇게 만들어진 꼭두각시 인형 위에 부드러운 하얀 천을 뒤집어 씌웠다(초기에는 배우를 시켜 유령 역할을 맡기기도 했지만, 다양한 사진을 찍기에는 배우들만으로는 한계가 있었다고 한다). 유령의 형체가 준비가 되면 음화 위에 노출시키고, 마지막으로 고객을 스튜디오 안으로 들어오게 했다.

부게는 스튜디오의 분위기도 그럴듯하게 연출했다. 그는 사진을 찍는 동안 '최면 상태'에 들어갔다. 뮤직 박스에서는 으스스한 음악이 흘러 나왔다. 그래서 그의 깜짝쇼가 끝날 때쯤 대부분의 고객들은 꼭두각시 모형이 자신들이 사랑하던 사람이었다는 믿음을 갖고 스튜디오를 나서게 된다.

진실을 믿지 않는 사람들

부게의 자백은 당연히 많은 사람들의 분노를 일으켰다. 《심령론자들》의 해리슨은 부게를 '교활하기 그지없는 악당'이라며 맹렬히 비난했다.

그러나 법정 증언에서 놀라운 일이 벌어졌다. 부게가 그들을 속이기 위해 어떤 방법을 사용했는지 이미 털어놓았는 데도, 증인들은 그 심령사진이 진짜라고 말한 것이다.

부게는 분명히 유죄였다. 그는 자신이 '약간의 기술을 가진 일개 사진사'에 불과하다는 사실을 인정했다. 그러나 정작 고객들은 자신들이 속았다는 사실을 인정하기를 거부했다. 경찰은 부게의 스튜디오에서 압수했던 꼭두각시와 판지로 만든 얼굴 모형들을 증거물로 제시했다. 여러 고객들의 사진에 똑같은 모형을 이용하기도 했음이 드러났다. 심지어 부게는 사기 행각을 벌이고 있던 현장에서 체포되었다. 프랑스의 유명한 초자연현상 연구가 카미유 플라마리옹Camille Flammarion은 부게가 음화를 준비하는 것을 직접 목격했다고도 밝혔다.

부게는 일 년의 징역형과 벌금을 선고받았다(그러나 그는 복역을 하는 대신 국외로 달아났다). 상황이 이런데도 일부 심령론자들은 부게의 자백을 받아들이려 하지 않았다. 한 저명한 작가는 "나는 단순히 믿는 게 아니라, 내가 알고 있는 사실에 확신을 가집니다. 부게가 찍은 사진의 일부는 진실입니다"라고 말하기도 했다. 경찰이 부게를 압박하여 심령술을 부인하게 만들었다는 음모론이 제기되기도 했다. 부게는 이런 음모론을 더 부추기긴 했지만, 어쨌든 그는 속임수를 썼다는 사실을 인정했다.

과학의 검증을 피하라!

심령사진 사업은 미국에서도 계속 고객을 끌어들였다. 미국의 영매들 중에는 슬픔에 빠진 사람들을 이용해 돈을 싹쓸이하던 두 형제가 있었다. 그들의 이름은 피에르 키러Pierre Keeler와 윌리엄 키러William Keeler다. 피에르는 '석판에 새긴 글씨'(영혼들이 나타나 석판 위에 메시지를 적는다)로 유명했고, 윌리엄은 오랫동안 활동한 심령사진사로 잘 알려져 있었다.

1880년대에 펜실베이니아 대학은 영매들의 주장을 파헤치기 위해 과학 연구 단체를 구성했다. 이 연구 단체의 이름은 '시버트 위원회Seybert Commission'로, 이들은 심령사진 촬영을 지켜보기 위해 윌리엄 키러를 찾아갔다. 키러는 조사단을 위해 강령회를 3회 열어 사진촬영을 하겠다며 회당 100달러의 비용을 요구했다. 당시 일반 사진 촬영 비용은 2달러였다. 시버트 위원회의 회장은 그때의 일을 다음과 같이 회상한다. "300달러나 요구하는 것은 상당히 이례적인 일이었으므로 우리는 그가 다분히 조사를 피하려는 심산이었다고 받아들일 수밖에 없었다. 의도적으로 감당 못할 금액을 요구함으로써 조사원들을 애초에 차단시키려는 것이었다. 게다가 그는 자신의 전용 카메라와 전용 암실을 사용할 것이며, 만약 사진에 아무것도 찍히지 않아도 돈은 지불해야 한다고 요구했다. 결국 우리 위원들은 그가 내건 조건이 우리를 그저 바보로 만들려는 것이라며 포기하기에 이르렀다."

키러가 공정한 과학적 방법으로 자신의 능력을 검증할 기회를 회피했던 데는 그럴 만한 이유가 있었다. 그는 사기꾼이었기 때문이다.

1919년 초자연현상 연구가 월터 프랭클린 프린스Walter Franklin Prince는 키러의 심령사진의 비밀을 폭로했다. 키러의 사진들에 대해 방대한 연구를 했던 프린스는 수천 장의 사진들이 켐퍼 보콕이라는 남자의 사진 두 장을 재사용하여 만들어졌음을 밝혀냈다. 키러는 보콕의 얼굴 사진을 배경이나 몸의 형태를 다르게 한 사진에 가져다 붙였던 것이다. 얼굴과 몸체가 받는 빛의 방향이 다른 경우도 종종 있었다. 때로는 머리와 몸체가 서로 너무 엉성하게 붙어 있어서 프린스는 "무심결에 손톱으로 그 가장자리를 뗄 수 있을 정도였다"라고 말한다.

대담한 사기꾼들

부게의 자백과 유죄 선고의 여파로 심령사진은 오랫동안 빛을 보지 못했다. 그러나 돈이 된다면 어둠 속에서도 기꺼이 일을 하는 사람들이 어디든 있기 마련이다. 결국 어느 정도 시간이 지나자 또다시 심령사진이 유행하기 시작했다. 조작 혐의로 많은 사람들이 체포되기도 했다. 그러나 언제나 그렇듯 그들을 찾는 고객들과 그들을 옹호하는 사람들이 있었다.

영국의 리처드 보스넬Richard Boursnell은 1890년대부터 1909년 세상을 떠날 때까지 지속적으로 심령사진을 찍었다. 그는 오랫동안 유명세를 떨쳤던 심령사진사였는데, 그의 인기 비결이 정확히 무엇인지는 이해하기 어렵다. 그가 속임수를 썼다는 정황도 상당히 많이 포착되었다. 역사학자 프랭크 포드모르Frank Podmore는 다음과 같이 적고 있다. "내가 본 그의 심령사진에는 이중노출의 증거가 뚜렷이 드러나 있었다. 예를 들어 사진에 찍힌 내 여동생 영혼의 다리 뒤로 스튜디오 바닥의 문양이나 커튼이 그대로 보였다." 심령작가 우스본 무어는 보스넬이 찍은 심령사진 중에는 진짜로 영혼이 등장하는 심령사진이 있다고 믿었으나, 결국은 그가 사진을 위조했다는 사실을 인정해야만 했다.

"보스넬의 심령사진은 수도 없이 복제된다. 몇 년 전에는 한 남자가 나를 찾아왔었는데, 내가 갖고 있던 사진 속의 인물과 정확히 일치하는 세 명의 영혼들이 찍힌 사진을 가져왔다. 태도, 얼굴, 체형들이 너무 닮았고 입고 있던 옷의 주름 잡힌 모양도 똑같았다. 보스넬의 말에 따르면, 영혼들이 그의 스튜디오를 한 번 찾아오고 난 후, 반복적으로 나타났다고 한다. 아마 그의 말이 맞을지도 모른다. 그러나 내가 보기에 보스넬은 한 장의 사진 속의 형상을 또 다른 사진에 투사시키는 방법을 썼고 그래서 그는 미세한 차이점들을 놓친 것으로 보인다."

한술 더 떠서 보스넬은 누가 봐도 알 수 있게 다른 책이나 신문기사에 난 인물들을 베껴서 심령사진을 찍기도 했다. 더 놀라운 것은 그를 옹호하는 사람들은 이것이 보스넬이 속임수를 썼다는 증거가 아니라 바로 보스넬이나 그 영혼들이 사람들의 마음을 읽음으로써 그들의 기억 속에 있던 이미지를 재현해내는 증거라고 주장한 것이다.

코난 도일도 속았다!

아마 여러분들은 탐정 소설《셜록 홈즈의 모험》의 작가 코난 도일에 대해 잘 알 것이다. 그런데 코난 도일도 심령론자였다는 것은 잘 모를 것이다.

유명한 심령사진사들의 주장이 거짓으로 판명되는 일이 되풀이되었다. 그러나 끊임없는 스캔들과 비난, 사기 행각의 발각에도 불구하고 여전히 많은 사람들은 심령사진을 믿었다. 실제로 멈러가 심령사진을 찍는 사업을 시작하고 60년이 지난 이후에도, 많은 심령론자들은 심령사진은 진실일 뿐 아니라 확고한 과학적 근거를 갖고 있다고 믿었다.

이들 중 한 사람이 코난 도일이다. 그는 자신이 쓴 책과 언론을 통해 심령사진을 강력히 옹호하고 나섰다. 1918년 그는 사람들과 함께 런던에서 '초자연적 사진 연구회the Society for the Study of Supernormal Pictures'라고 불리던 한 단체를 만들고 성명서를 발표하기도 했다.

회의론자들은 코난 도일이 심령사진이나 영매들의 초자연적 능력에 대하여 지나친 확신을 갖고 있다는 사실에 적잖이 당황했다. 이미 심령사진은 사기 행각임이 밝혀졌고 그것도 여러 번 드러났는데도 왜 코난 도일은 그것이 속임수가 아니라고 확신한 걸까? 어떤 회의론자는 "이런 데 속아 넘어가다니, 도일 경은 귀가 매우 얇은 것 같다"라고 푸념하기도 했다.

당시 코난 도일은 영국의 한 시골 마을에서 온 영매, 윌리엄 호프William Hope에게 많은 영향을 받았다. 호프는 추종자들로부터 '살아 있는 가장 위대한 영매'로 불릴 정도로 유명한 영매였다. 그는 전직 목수 출신으로, 노동자들이 대개 그러하듯 간단하고 쉬운 화법을 구사했다. 코난 도일의 눈에 그런 호프의 모습은 상당히 매력적으로 보였다. 이는 호프를 묘사한 그의 글을 통해서도 알 수 있다. "지금껏 그런 사람은 본 적이 없다. 그는 대중을 기만할 사람으로 보이지 않았다."

그러나 호프는 대중을 속였다. 그의 사기 행각은 여러 차례(그중 몇 번은 그를 강력하게 지지하던 사람들에 의해) 폭로되었다. 1920년 한 회의론자는 가명으로 호프에게 생존해 있던 사람의 사진을 보내서 그의 사기 행각의 덜미를 잡게 되었다고 폭로했다. 아무것도 모르고 있던 호프는 평소처럼 사진을 받은 즉시 그 사람의 영혼 사진을 찍고 가명으로 영혼의 메시지를 만들어 냈던 것이다. 1922년, 초자연현상 연구가인 해리 프라이스Harry Price는 호프가 사진 감광판을 자신이 미리 준비해 두었던 다른 감광판으로 슬쩍 맞바꾸는 현장을 붙잡았다(코난 도일은 프라이스가 함정을 파두고 호프에게 누명을 씌운 것이라며 호프를 두둔했다). 그로부터 얼마 지나지 않아 1933년 호프는 세상을 떠나며 자신이 오랜 시간 잘못을 저질러 왔음을 시인했다. 정말로 호프는 사람들을 속여 왔던 것이다.

사람들은 왜 계속 속는가?

수많은 사기행각이 드러났음에도 사람들이 계속 심령사진을 믿는 이유는 무엇일까? 속임수의 흔적이 뻔히 보이는데도 말이다.

한 가지 문제는 고객들이나 조사관들은 현장에만 가면 속임수를 바로 잡아낼 수 있으리라는 착각을 했다는 것이다. 한 전문 사진사는 심령사진을 찍는 과정을 꼼꼼히 살펴 본 후 당혹감을 감추지 못했다. "한마디로 그 사진들은 엉터리다. 그런데 대체 어떻게 이 사진을 찍은 건지 도저히 모르겠다. 분명히 조작할 만한 틈이 전혀 없었다."

이러한 확신이 바로 큰 문제가 되었던 것이다. 조사관들은 속임수를 분명하게 밝혀내지 못하면 속임수가 없는 것으로 결론 내린다. 그래서 심령사진에 대한 논쟁은 "속임수는 불가능했다"라는 주장으로 끝난다. 그러나 그 조사관의 대부분은 전문 수사관도, 마술사도 아니다. 그냥 눈으로 봐서 숨겨진 속임수를 잡아내기는 쉽지 않다는 사실을 그들은 깨달았어야 했다.

심령사진에 대해 회의적인 시각을 갖고 있던 마술사들은 교묘한 속임수로 얼마나 간단히 사진을 조작할 수 있는지 보여주었다. 1921년 윌리엄 매리엇William Marriott이라는 마술사가 도전장을 내밀었다. 그는 코난 도일과 다른 두 명의 검사관이 예의주시하는 가운데 조랑말의 영혼 사진을 찍어 보였다. 그 시도가 성공하자 코난 도일은 속임수가 불가능해 보이는 상황에서도 사기 행위가 가능하다는 것을 인정할 수밖에 없었다.

심령사진에 대한 믿음이 지속되었던 또 다른 이유는 심령론자들이 자신들은 함정에 빠진 것뿐이라고 주장했기 때문이다. 그들은 사진에 찍힌 영혼들 일부가 살아 있는 사람들의 모습으로 판명이 나자 그 영혼들이 '살아 있는 영혼'이라고 주장했다. 그리고 그림이나 책, 잡지에서 복사된 것으로 드러난 영혼 사진에 대해서는 이것이 바로 심령사진이 영혼의 초상화가 아니라 영혼에 의해 그려진 이미지라는 증거라고 우겼다. 심령사진의 이중노출의 흔적이 문제가 되자 그것은 영혼들의 에너지가 기이한 방법으로 빛을 굴절시켰기 때문이라고 주장했다.

이런 주장들은 심령사진에 별 도움이 되지 않는다. 심령론자들은 이렇게 '반증 불가능'한 주장을 하면서 진위 여부를 알아낼 수 있는 모든 방법을 배제시켰다. 그러나 가짜 심령사진과 진짜 심령사진 사이에 아무런 차이점을 찾을 수 없다면, 심령사진이 대체 무슨 쓸모가 있을까? 그러니 더 이상의 진전은 이루어질 수 없었다. 사진으로 영혼의 존재를 증명할 수는 없었던 것이다. 번역 서효령

저자 소개

니콜라 고브리트 Nicolas Gauvrit

프랑스 파리의 아르투아대학교 수학과 실험심리학과 부교수. 통계, 사이비과학, 추론의 심리학에 대한 많은 책을 썼다. 프랑스의 회의주의 잡지인 《과학과 사이비과학Science et Pseudo-sciences》의 편집위원이다.

대니얼 록스턴 Daniel Loxton

저술가이자 회의주의자로 유사과학에 대한 비판적 시각을 담은 글을 《스켑틱Skeptic》과 《스켑티컬 인콰이러Skeptical Inquirer》 등에 정기적으로 기고하고 있으며 어린이를 위한 《주니어 스켑틱Junior Skeptic》의 편집인이다. 지은 책으로는 어린이를 위한 《진화란 무엇인가: 우리와 살아 있는 모든 것들은 어떻게 생겨났을까?Evolution: How We and All Living Things Came to Be》 등이 있다.

데이비드 자이글러 David Zeigler

노스캐롤라이나대학교의 생물학 교수다. 본래 그는 무척추동물을 연구하는 동물학자지만 동물의 행동에도 큰 관심을 가지고 있다. 저서로는 《생물 다양성의 이해Understanding Biodiversity》와 《진화: 구성요소와 메커니즘Evolution: Components &

Mechanisms》이 있다.

도널드 프로세로 Donald Prothero

미국의 고생물학자이자 지질학자로 포유류 고생물학 및 자기층서학 분야의 전문가이다. 1982년 컬럼비아대학교에서 지질학 박사 학위를 받았고, 27년 동안 로스엔젤레스의 옥시덴탈칼리지의 지질학 교수로 지질학과 고생물학, 지구생물학을 가르쳤다. 현재는 로스앤젤레스 국립 역사 박물관에서 척추고생물학 분야의 연구를 이어가고 있다. 미국 지리학회와 고생물학회, 런던 린네학회의 회원으로 퇴적지질학회 Society of Sedimentary Geology의 태평양 분과 부회장을 역임했으며, 척추동물 고생물학회에서 5년 동안 프로그램 위원장을 맡았다. 1991년에는 고생물학회에서 40세 이하의 뛰어난 고생물학자에게 수여하는 슈체르트상을 수상했다. 지은 책으로는《화석은 말한다: 화석이 말하는 진화와 창조론의 진실Evolution: What the Fossils Say and Why It Matters》《공룡 이후After the Dinosaurs》 등 다수가 있다.

레베카 앤더스 버크너 Rebecca Anders Buckner

응용심리학자로 학습과 발달을 주로 연구한다. 디트로이트 머시대학교에서 산업 및 조직 심리학으로 석사 학위를 받았다.

리처드 와이즈먼 Richard Wiseman

허트포드셔대학교 심리학과 교수. 주류심리학에서 다루지 못한 거짓말, 속임수, 미신, 행운, 사랑, 웃음, 마술 등의 주제들을 다루는 괴짜심리학을 통해 심리학의 대중화에 앞장선 공로를 인정받아 2002년 영국에서 최초로 심리학 대중화 교수직에 임명되었다. 저서는《괴짜심리학Qirkology》《미스터리심리학Paranormality》《잭팟심리학 The Luck Factor》 등이 있다.

박진영

노스캐롤라이나대학교 채플힐 의과대학 통합의학프로그램 소속 연구원으로 심리학을 연구하고 있다. 주요 주제는 '자기 자신에게 친절해지는 법' '겸손' '마음 챙김'이다. 지은 책으로《나는 나를 돌봅니다》《나, 지금 이대로 괜찮은 사람》《나를 사랑하지 않는 나에게》《여전히 휘둘리는 당신에게》가 있다. 삶에 도움이 되는 심리학 연구를 알기 쉽게 풀어낸 글을 통해 독자들과 꾸준히 소통하고 있으며 '지뇽뇽'이라는 필명으로도 활동하고 있다.

버나드 레이킨드 Bernard Leikind

플라스마 물리학자로, 숯불걷기firewalking의 비결을 물리학적으로 설명한 것으로 잘 알려져 있다. 코넬대학교에서 공학으로 석사 학위를 취득했으며 메릴랜드대학교에서 물리학으로 박사 학위를 받았다. 그 후 메릴랜드대학교와 캘리포니아 주립대학교에서 물리학을 가르쳤으며, 로렌스 리버무어 연구소Lawrence Livermore Laboratory에서 플라스마 물리학을 연구했다.《스켑틱SKEPTIC》의 편집차장을 지냈다.

스타니슬라스 프랑포르 Stanislas Francfort

프랑스에서 스켑틱 팟캐스트와 블로그(http://mangouste.org)를 운영하고 있다. 응용수학 분야의 연구원이다.

이덕환

서울대학교 화학과를 거쳐 코넬대학교 화학과에서 박사 학위 취득. 프린스턴 대학교의 연구원을 거쳐 서강대학교 화학과와 과학커뮤니케이션협동과정에서 교수로 재직 중이다. 전공은 비선형 분광학, 양자화학, 과학 커뮤니케이션이다. 저서로는《이덕환의 과학세상》이 있고, 옮긴 책으로는《질병의 연금술》《화려한 화학의 시대》《같기도 하고 아니 같기도 하고》《먹거리의 역사》《거의 모든 것의 역사》《아인슈타인》《물리학으로 보는 사회》《거인들의 생각과 힘》《강아지도 배우는 물리학의 즐거움》《양자혁명》 외 다수가 있으며, 대한민국 과학문화상(2004), 닮고 싶고 되고 싶은 과학기술인상(2006), 과학기술훈장 웅비장(2008)을 수상했다.

이지형

주역 연구자. 10여 년에 걸쳐 주역과 불교를 공부했다.《이번 생, 어디까지 알고 있니?》《주역, 나를 흔들다》《강호인문학》《꼬마 달마의 마음 수업》《사주 이야기》《공간 해석의 지혜, 풍수》《바람 부는 날 이면 나는 점 보러 간다》와 사진작가 허영한과 함께 한 유라시아 횡단의 기록《끝에서 시작하다—시베리아에서 발트까지》등 또 다른 몇 권의 책을 썼다. 서울대학교에서 경영학과 미학을 공부했다.

제시 베링 Jesse Bering

뉴질랜드 오타고대학교 과학커뮤니케이션센터 책임자이자 실험심리학자다. 플로리다애틀랜틱대학교에서 발달심리학으로 박사 학위를 받은 뒤 아칸소대학교 부교수와 퀸스대학교 벨파스트의 부교수 및 인지문화연구소장을 역임했다. 심리학적 관점에서 인간의 성 문제 등 민감한 사안들을 기탄없이 풀어내며 과학 대중화에 앞장서 왔다. 2010년에는 미국과학진흥협회AAAS로부터 '올해의 과학자상'을 받기도 했다. 지은 책으로는《종교본능The Belief Instinct》《Perv, 조금 다른 섹스의 모든 것Perv: The Sexual Deviant in All of Us》등이 있다.

제임스 앨런 체인 James Allan Cheyne

캐나다 워털루대학교 심리학과 명예교수이다. 인지심리학과 실험심리학을 연구했다.《성 역할: 온타리오 교육학 매체와 사회과학 연구에서 발견되는 생물학적·문화적 상호작용Sex roles : biological and cultural interactions as found in social science research and Ontario educational media》《처벌Punishment》등의 저서가 있다.

존 버크너 5세 Dr. John Buckner V.

응용심리학자로, 직원 고용 및 평가에 대해 집중적으로 연구한다. 루이지애나공과대학교에서 산업 및 조직 심리학으로 박사 학위를 받았다. 그는 직장에서의 감정과 건강, 성격, 기술의 관계에 대해 여러 편의 논문을 발표했다.

찰스 S. 레이카트 Charles S. Reichardt

덴버대학교의 심리학 교수로, 통계학 및 연구방법론, 프로그램 개발, 인과관계 평가법을 연구하고 있다. 프로그램 평가와 관련해 세 권의 책을 출간했다. 연방기금의 지원을 받는 수십 건의 연구에 통계학 자문을 맡았으며, 통계 및 연구 설계 워크샵을 개최하기도 했다. 미국평가협회American Evaluation Association의 이사진이며 미국심리학회American Psychological Society의 회원이다. 미국평가협회로부터 퍼로프 상Perloff award을 수상했으며, 다변량실험심리학회에서 다나카 상을 수상했다.

최낙언

서울대학교와 동 대학원에서 식품공학을 전공하고, 1988년 12월 해태제과에 입사하여 기초연구 팀과 아이스크림 개발팀에서 근무했다. 2000년부터 서울향료에서 소재 및 향료의 응용기술에 관하여 연구했고, 현재는 (주)편한식품정보 대표로 있다. 2009년 첨가물과 가공식품에 대한 세간의 불량지식을 사실인 양 다룬 TV 프로그램에 충격을 받고는 올바른 답변을 찾기 위해 www.seehint.com을 만들어 여러 자료를 모으기 시작했다. 식품을 공부하던 중 자연과학 공부에 매료되었고, 이미 밝혀진 다른 분야의 지식을 그대로 연결하고 활용만 해도 식품의 많은 문제가 해결된다는 것을 알게 된 후, 2016년에 (주)편한식품정보를 설립하여 지식을 구조화하고 시각화하면서 전체와 디테일을 모두 확인할 수 있는 수단을 개발 중에 있다. 지은 책으로는《향신료 과학》《감각·착각·환각》《물성의 기술》《물성의 원리》《맛의 원리》《식품에 대한 합리적인 생각법》《내 몸의 만능일꾼, 글루탐산》등 다수가 있다.

코리 마컴 Cory Markum

브래들리대학교에서 철학과 종교를 연구했다. 적극적으로 도그마적 믿음을 거부하고 무신론자의 입장을 대변하는 세계 무신론자들의 모임인 〈무신론 공화국(www.atheistrepublic.com)〉의 운영자이자 대표 필진이다.

역자 소개

김보은

이화여자대학교 화학과를 졸업하고 동대학교 분자생명과학부 대학원을 졸업했다. 가톨릭대학교 의과대학에서 의생물과학 박사 학위를 마친 뒤, 바이러스 연구실에 근무했다. 옮긴 책으로는《의학에 관한 위험한 헛소문》《인공지능은 무엇이 되려 하는가》《슈퍼 휴먼》《GMO 사피엔스의 시대》 등이 있다.

김성훈

치과 의사의 길을 걷다가 어린 시절부터 꾸었던 과학자의 꿈을 나눌 공간을 찾기 위해 과학 도서를 번역하기 시작했다. 옮긴 책으로는《어떻게 물리학을 사랑하지 않을 수 있을까?》를 비롯해《수학의 이유》《생명의 경계》《에이지리스》《뇌와 세계》《나를 나답게 만드는 것들》 등이 있다.《늙어감의 기술》로 제36회 한국 과학 기술 도서 번역상을 수상했다.

김영미

이화여자대학교 식품영양학과를 졸업했다. 현재 바른번역 소속 번역가이다. 옮긴 책으로는《메디컬 허브 백과》《굿 칼로리 배드 칼로리》가 있다.

김효정

연세대학교에서 심리학과 영문학을 전공했다. 현재 바른번역 소속 번역가로 활동하고 있으며 옮긴 책으로는《나는 달리기가 싫어》《당신의 감정이 당신에게 말하는 것》《상황의 심리학》《어떻게 변화를 끌어낼 것인가》《철학하는 십대가 세상을 바꾼다》 등이 있다.

박선진

서울대학교 응용화학부에서 학사 학위를 받고, 동대학교 과학사 및 과학철학 협동과정에서 심리적 작용과 그 물리적 기반에 대한 연구로 석사 학위를 받았다. 과학잡지《스켑틱》 한국어판의 편집장을 역임했다. 옮긴 책으로는《수학하는 뇌》《휴먼 네트워크》《우리 인간의 아주 깊은 역사》가 있다.

서효령

이화여자대학교 과학교육과를 졸업한 후 중·고등학교에서 교직 생활을 하였다. 현재 바른번역 소속 번역가로 활동 중이다. 옮긴 책으로는《악의 심장》《NASA 연구원에게 배우는 중학 과학 개념 65》 등이 있다.

장영재

공학과 물리학을 공부하고 국방과학연구소 연구원으로 근무했으며, '글밥아카데미' 수료 후 현재《하버드 비즈니스 리뷰》 및《스켑틱》 번역에 참여하는 등 '바른번역' 소속 번역가로 활동하고 있다. 옮긴 책으로는《경이로운 과학 콘서트》《신도 주사위 놀이를 한다》《남자다움의 사회학》《한국, 한국인》《워터 4.0》 등이 있다.

하인해

인하대학교 화학공학부를 졸업하고 한국외국어대학교 통번역대학원에서 석사 학위를 취득했다. 졸업 후 정부 기관과 법무법인에서 통번역사로 근무했다. 옮긴 책으로는《우주는 계속되지 않는다》《사피엔스의 멸망》《이끼와 함께》《플라스틱 없는 삶》 등이 있다.

우리는 모두 조금은 이상한 것을 믿는다

초판 1쇄 발행 2022년 7월 22일
초판 3쇄 발행 2023년 3월 10일

엮은이 한국 스켑틱 편집부
책임편집 김은수 권오현 김정하
디자인 studio forb

펴낸곳 (주)바다출판사
주소 서울시 종로구 자하문로 287(부암동)
전화 02-322-3885(편집), 02-322-3575(마케팅)
팩스 02-322-3858
e-mail badabooks@daum.net
홈페이지 www.badabooks.co.kr

ISBN 979-11-6689-098-7 03400